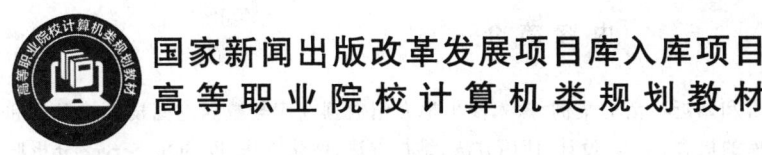

国家新闻出版改革发展项目库入库项目

高等职业院校计算机类规划教材

数据仓库与数据挖掘实务
（第2版）

主　编　谷　斌

副主编　张　昶　靳艳峰　张翠轩

　　　　耿科明　赵宝柱

北京邮电大学出版社

www.buptpress.com

内 容 简 介

本书力求通过浅显易懂的语言和贴近生活的案例,深入浅出地介绍数据仓库与数据挖掘技术的概念和相关理论。本书内容覆盖数据仓库的概念、结构、设计、使用方法、维护方法、优化方法,以 SQL Server 分析服务器为例介绍了数据仓库的构建方法,以 Tableau 为例介绍了多维分析及数据可视化的主要操作。在数据挖掘部分,本书从数据挖掘的基础工作和流程开始,对常见的模型和方法做了全面介绍,并利用 SPSS Modeler 工具介绍了如何通过工具实施真实的数据挖掘过程。

本书可作为高职高专类院校电子商务、信息管理、数据库营销等专业的教材,也可作为数据分析方向的培训教材。

图书在版编目(CIP)数据

数据仓库与数据挖掘实务 / 谷斌主编. -- 2 版. -- 北京:北京邮电大学出版社,2021.1
ISBN 978-7-5635-6339-5

Ⅰ. ①数… Ⅱ. ①谷… Ⅲ. ①数据库系统—教材②数据采集—教材 Ⅳ. ①TP311.13②TP274

中国版本图书馆 CIP 数据核字 (2021) 第 027100 号

策划编辑:马晓仟　　责任编辑:王小莹　左佳灵　　封面设计:七星博纳

出版发行:北京邮电大学出版社
社　　址:北京市海淀区西土城路 10 号
邮政编码:100876
发 行 部:电话:010-62282185　传真:010-62283578
E-mail:publish@bupt.edu.cn
经　　销:各地新华书店
印　　刷:保定市中画美凯印刷有限公司
开　　本:787 mm×1 092 mm　1/16
印　　张:14
字　　数:363 千字
版　　次:2014 年 8 月第 1 版　2021 年 1 月第 2 版
印　　次:2021 年 1 月第 1 次印刷

ISBN 978-7-5635-6339-5　　　　　　　　　　　　　　　定价:36.00 元
・如有印装质量问题,请与北京邮电大学出版社发行部联系・

前　言

随着人工智能、大数据、物联网等新技术越来越多地融入我们的生活和工作中,社会已进入大数据时代。数据作为企业新的生产要素,如何使用数据创造价值已成为企业经营管理必须关注的焦点。除了数据挖掘应用成熟的零售、金融和电信等行业外,依托数据和数据分析开展的数据库营销也为更多的行业所接受。在此背景下,市场营销、电子商务等专业对数据分析相关知识和能力有了越来越具体而明确的需求。

数据仓库(Data Warehouse,DW)与数据挖掘课程在高校中通常作为高年级本科生或研究生的专业课程。相关教材主要围绕数据仓库和数据挖掘的概念、设计、算法等方面展开,重点侧重知识教授。但这种教材编写思路无法适应高职高专类院校的基本学情。一方面,职业技术学院的学生逻辑思维能力较弱,对于需要大量计算的理论推导和模型推演接受和理解起来比较吃力,更愿意学习操作性强的技能类课程;另一方面,企业数据分析的应用仍主要集中在传统分析应用上,对传统分类、聚类、关联规则等方向的研究型、开发型工作较少。企业更迫切地需要将数据可视化、OLAP 分析和数据挖掘应用到决策和营销一线,更需要能够利用各类工具快速解决实际岗位问题的员工。在这种情况下,在高职高专类院校中开设数据仓库与数据挖掘课程时就必须对课程重新定位,不能直接沿用本科或研究生教材。

作者根据多年教学实践和企业数据分析工作的经验,在原来各类教材的基础上,对数据仓库和数据挖掘两部分教学内容进行了仔细筛选,并针对操作技能做了重点倾斜。在具体的工具软件方面,本书结合市场上较为流行的工具软件,简要介绍了数据分析工作开展的基本思路和方法。

数据仓库部分主要强调了数据仓库与数据库(Data Base,DB)的差异性,在数据仓库管理、建设、优化等几个方面做了侧重介绍。本书结合 SQL Server 分析服务器介绍了数据仓库的构建与实施,结合 Tableau 介绍了 OLAP 分析和数据可视化操作,在数据挖掘部分介绍了传统分类、聚类、关联规则挖掘,并介绍了针对互联网和与电子商务紧密相关的 Web 挖掘和文本挖掘。同时为了给读者一个较为全面的数据库、数据仓库、大数据演进历程的展示,本书在最后补充了一分部分 NoSQL 数据库的内容,形成了较为完整的技术脉络。

全书分为 8 章。第 1 章综合介绍了数据仓库与数据挖掘的基本情况。第 2 章主要介绍了数据仓库的生命周期和基本体系结构。第 3 章为数据仓库的设计,从概念模型、逻辑模型和物理模型三个层面介绍了数据仓库的设计方法。第 4 章为使用数据仓库的方法,包括 OLAP 分析、元数据、数据仓库的管理和维护以及数据仓库的优化方法等内容。第 5 章为数据预处理,将数据仓库的数据导入过程和数据挖掘的预处理过程合并在一章介绍。第 6 章介绍了数据挖掘的难点和知识表示等数据挖掘的基础知识。第 7 章是本书的重点章节,介绍了数据挖掘中主要的几种挖掘方法。第 8 章简单介绍了大数据的概念。

参与本书编写的还有张昶、靳艳峰、张翠轩、耿科明、赵宝柱等几位老师。

由于作者水平有限，欢迎读者对书中不足给予指正。

在此对参考文献中列出的以及未列出的所有文献作者表示由衷的感谢。

作　者

"北邮智信"App 使用说明

目　　录

第1章　数据仓库与数据挖掘概述 1

1.1　数据库与数据仓库 1
1.1.1　数据的层次性 1
1.1.2　数据仓库出现的原因 2
1.1.3　数据仓库的概念 4
1.1.4　数据仓库与数据库的差异 7
1.1.5　数据仓库的商业应用 8
1.2　数据分析与数据挖掘 8
1.2.1　数据挖掘的概念 10
1.2.2　数据挖掘的商业流程 12
1.2.3　数据挖掘的典型应用 13
1.2.4　基于电子商务的数据挖掘技术 16
1.2.5　典型的数据挖掘方法 17
1.3　商务智能 20
思考题 21

第2章　数据仓库分析 22

2.1　数据仓库的生命周期 22
2.1.1　数据仓库规划分析阶段 23
2.1.2　数据仓库设计实施阶段 23
2.1.3　数据仓库使用维护阶段 25
2.1.4　数据仓库开发的特点 25
2.2　数据仓库的基本体系结构 26
2.2.1　外部数据源 27
2.2.2　数据抽取 27
2.2.3　抽取存储区 27
2.2.4　数据清洗 27
2.2.5　数据转换 28
2.2.6　数据集市 28

  2.3 数据仓库的构造模式…………………………………………………………… 29
 思考题 ……………………………………………………………………………………… 31

第 3 章　数据仓库设计……………………………………………………………… 32

 3.1 数据仓库中的数据模型概述…………………………………………………………… 32
 3.2 概念模型设计…………………………………………………………………………… 33
  3.2.1 企业模型的建立 ………………………………………………………………… 34
  3.2.2 数据模型的规范 ………………………………………………………………… 35
  3.2.3 常见的概念模型 ………………………………………………………………… 36
 3.3 逻辑模型设计…………………………………………………………………………… 40
  3.3.1 数据仓库的数据综合 …………………………………………………………… 41
  3.3.2 数据仓库中的时间分割 ………………………………………………………… 42
  3.3.3 数据仓库中的数据组织形式 …………………………………………………… 42
  3.3.4 数据仓库的粒度设计 …………………………………………………………… 43
 3.4 物理模型设计…………………………………………………………………………… 48
  3.4.1 物理模型的设计要点 …………………………………………………………… 48
  3.4.2 事实表的设计 …………………………………………………………………… 49
  3.4.3 维度表的设计 …………………………………………………………………… 50
  3.4.4 物理模型的设计对数据仓库性能的影响 ……………………………………… 51
 思考题 ……………………………………………………………………………………… 52

第 4 章　数据仓库的使用…………………………………………………………… 53

 4.1 数据仓库与 OLAP ……………………………………………………………………… 53
  4.1.1 OLAP 的基本概念 ……………………………………………………………… 53
  4.1.2 OLAP 系统与 OLTP 系统的区别 ……………………………………………… 53
  4.1.3 OLAP 带来的好处 ……………………………………………………………… 54
  4.1.4 数据仓库与 OLAP ……………………………………………………………… 55
  4.1.5 OLAP 多维数据分析 …………………………………………………………… 56
 4.2 元数据…………………………………………………………………………………… 59
  4.2.1 元数据的概念 …………………………………………………………………… 59
  4.2.2 元数据的作用 …………………………………………………………………… 60
  4.2.3 元数据的使用 …………………………………………………………………… 62
 4.3 数据仓库的管理与维护………………………………………………………………… 62
  4.3.1 数据管理 ………………………………………………………………………… 63
  4.3.2 系统管理 ………………………………………………………………………… 65
 4.4 数据仓库的优化………………………………………………………………………… 71

  4.4.1 索引技术 ································ 71
  4.4.2 物化视图 ································ 75
  4.4.3 其他优化手段 ························ 76
 4.5 主流的数据仓库厂商及产品 ················ 77
 4.6 基于 Analysis Services 的数据仓库构建过程 ················ 79
  4.6.1 数据准备 ································ 79
  4.6.2 数据仓库的构建过程 ············ 82
  4.6.3 开展 OLAP 分析的方法 ········ 92
 4.7 基于 Tableau 的多维分析与数据可视化 ················ 94
  4.7.1 Tableau 的基本操作 ·············· 94
  4.7.2 在 Tableau 中开展 OLAP 分析的方法 ············ 99
  4.7.3 在 Tableau 中完成数据展现的方法 ············ 103
 思考题 ·· 107

第 5 章　数据预处理 ······························ 108

 5.1 数据预处理的重要性 ························ 108
 5.2 数据清洗 ·· 110
  5.2.1 缺失数据处理 ························ 110
  5.2.2 噪音数据的处理 ···················· 110
  5.2.3 不一致数据处理 ···················· 112
 5.3 数据集成与转换 ································ 112
  5.3.1 数据集成 ································ 112
  5.3.2 数据转换处理 ························ 112
 5.4 数据规约 ·· 114
  5.4.1 数据立方合计 ························ 114
  5.4.2 维规约 ···································· 115
  5.4.3 数据压缩 ································ 116
  5.4.4 数据块的消减 ························ 117
 5.5 离散化和概念层次树生成 ················ 118
  5.5.1 数据概念层次树生成 ············ 119
  5.5.2 类别概念层次树生成 ············ 121
 思考题 ·· 122

第 6 章　数据挖掘基础 ···························· 123

 6.1 数据挖掘的任务 ································ 123
 6.2 数据挖掘的实施 ································ 125

  6.2.1 数据挖掘的基本过程 ································· 125
  6.2.2 数据挖掘的实施难点 ································· 125
 6.3 知识表示方法 ·· 126
  6.3.1 产生式表示方法 ····································· 126
  6.3.2 产生式系统 ·· 127
  6.3.3 其他知识表示方法 ··································· 130
思考题 ··· 131

第7章　数据挖掘的主要方法 ······························· 132

 7.1 关联规则挖掘 ·· 132
  7.1.1 关联规则的定义和属性 ······························· 132
  7.1.2 关联规则的挖掘 ····································· 134
  7.1.3 关联规则的分类 ····································· 135
  7.1.4 关联规则挖掘的相关算法 ····························· 135
  7.1.5 关联分析的实际应用 ································· 141
 7.2 分类与预测 ·· 145
  7.2.1 分类问题与预测问题 ································· 145
  7.2.2 决策树 ··· 148
  7.2.3 人工神经网络 ······································· 155
  7.2.4 其他分类方法 ······································· 158
  7.2.5 预测 ··· 160
  7.2.6 分类与预测的实际应用 ······························· 161
 7.3 聚类分析 ·· 171
  7.3.1 聚类的定义 ··· 171
  7.3.2 聚类分析中的数据类型与结构 ························· 172
  7.3.3 层次方法 ··· 173
  7.3.4 划分方法 ··· 174
  7.3.5 聚类的实际应用 ····································· 175
 7.4 遗传算法 ·· 182
  7.4.1 遗传算法的历史和现状 ······························· 182
  7.4.2 遗传算法常用的操作算子及实施步骤 ··················· 183
 7.5 文本挖掘 ·· 184
  7.5.1 文本挖掘的主要应用 ································· 185
  7.5.2 文本表示方法 ······································· 188
  7.5.3 中文的分词 ··· 188
 7.6 Web挖掘与电子商务 ····································· 191

  7.6.1 Web 挖掘定义 ……………………………………………………………… 191
  7.6.2 Web 挖掘与电子商务 …………………………………………………… 192
  7.6.3 Web 挖掘的数据来源与类型 …………………………………………… 193
  7.6.4 Web 使用模式挖掘 ……………………………………………………… 194
 思考题 …………………………………………………………………………………… 198

第 8 章 大数据 ……………………………………………………………………… 199

 8.1 大数据的基本内涵 ………………………………………………………………… 199
  8.1.1 大数据概念 ……………………………………………………………… 199
  8.1.2 大数据的典型特征 ……………………………………………………… 199
 8.2 大数据技术演进 …………………………………………………………………… 200
  8.2.1 关系理论与关系型数据库 ……………………………………………… 200
  8.2.2 非关系型数据库的兴起 ………………………………………………… 202
  8.2.3 典型的 NoSQL 系统及其特点 ………………………………………… 203
 8.3 大数据的作用 ……………………………………………………………………… 205
  8.3.1 数据机遇 ………………………………………………………………… 206
  8.3.2 数据回报 ………………………………………………………………… 207
 8.4 大数据应用案例 …………………………………………………………………… 207
  8.4.1 塔吉特百货孕妇营销分析 ……………………………………………… 207
  8.4.2 试衣间的大数据应用 …………………………………………………… 208
  8.4.3 路易斯维尔利用大数据治理空气污染问题 …………………………… 208
  8.4.4 阿里信用贷款和淘宝数据魔方 ………………………………………… 209
  8.4.5 大数据时代的总统选举,奥巴马团队如何处理数据 ………………… 209

参考文献 …………………………………………………………………………………… 212

第1章 数据仓库与数据挖掘概述

1.1 数据库与数据仓库

1.1.1 数据的层次性

随着互联网的迅速发展和"大数据时代"的到来,数据已经成为人们生活和工作中不可缺的组成部分。每个行业都想要在这场浩大的变革中获取优势地位,制胜的关键在于对数据进行掌握、理解和使用。

对于数据的理解,可以从生活中的实例开始。39是一个用来描述对象的数值,比38大,比40小,但是这个数值的具体含义只有在提供了额外的描述后才能更好地被理解。例如,39变为39℃后,对这个数据的理解就映射为对温度的感受。当明确为体温39℃后,对这个值的理解就更丰富到"发烧""生病"了。对于同一个数值理解的巨大差异体现在数字背后,这些就是数据内涵和数据抽象。

按照以彼得·德鲁克博士(Peter F. Drucker)和斯威比博士为代表的知识管理理论来看,我们已经生活在知识经济和知识管理的环境当中。每时每刻,我们身边都充满了各种各样的数据。但只有将这些杂乱无章的数据转换为信息和知识,才能帮助我们做出合理、科学的选择。可见知识是从数据到智慧划分为不同层次的。

从图1-1中可以看出来,数据、信息、知识(可扩充智慧层次)构成了知识层次结构,代表了人类认识世界的不同层次。

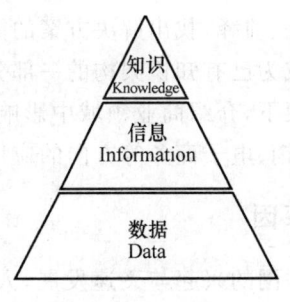

图1-1 知识层次

第一个层次是数据。数据作为最基础的层次提供了对现实世界的理性描述。在众多的定义中从多样的角度定义出数据是对客观事物的数量、属性、位置及其相互关系进行抽象表示,以适合在这个领域中用人工或自然的方式进行保存、传递和处理。这个层次是我们认识世界的基础和最直接的手段。

第二个层次是信息。"信息"是现在出现频率很高的一个词,由于很难给出基础科学层次上的信息定义,所以系统科学界曾下决心暂时不把信息作为系统学的基本概念,留待条件成熟后再做弥补。到目前为止,围绕信息定义所出现的流行说法已不下百种。以下是一些比较典型、有代表性的说法。1948年信息论的创始人C.E.香农在《通信的数学理论》的论文中指出:"信息是用来消除随机不定性的东西"。1950年数学家、控制论的奠基人诺伯特·维纳认为,信息是人们在适应客观世界并使这种适应被客观世界感受的过程中,与客观世界交换内容的名称。1963年Weaver、Bar-Hillel、Carnap、Popper等人提出信息论研究应当从香农信息发展到语义信息。语义不仅与所用的语法和语句结构有关,而且与信宿对于所用符号的主观感知有关,是一种主观信息。

作为第二个层次,信息与数据紧密相关。虽然信息表现为各种各样的数据,但是其所蕴含的内在意义是单纯的数据无法提供的,例如,39℃不仅代表了数值大小,还作为温度的度量描述了冷暖差异。所以如果用一句话来说明什么是数据,什么是信息的话,那就是数据是信息的载体,信息是数据的内涵。用公式来表达信息与数据的关系的话,可以描述为信息=数据+处理+时间。也就是说,信息是具有一定时效性的、有逻辑的、经过加工处理的、对决策有价值的数据流。

第三个层次是知识。知识之所以在数据与信息之上,是因为它反映了客观世界的规律性,与决策相关。一般认为这些知识的经典定义都有其价值和意义,信息虽给了数据中一些有一定意义的内涵,但它往往会在时间效用失效后价值开始衰减,只有通过人们的参与,对信息进行归纳、演绎、比较等手段进行挖掘,使其有价值的部分沉淀下来,并与已存在的人类知识体系相结合,这部分有价值的信息才会转变成知识。例如。北京7月1日,气温为30 ℃,12月1日气温为3 ℃。这些信息一般会在时效性消失后,变得没有价值,但当人们对这些信息进行归纳和对比就会发现,北京每年的7月气温会比较高,12月气温比较低,于是总结出一年有春夏秋冬四个季节,有价值的信息沉淀并结构化后就形成知识。知识作为对信息的抽象和提炼,是人类改造客观世界的重要指导。

除了以上三个层次外,如果再进一步划分的话,还可以划分出智慧层次。智慧是人类解决问题的一种能力,是人类特有的能力。智慧的产生需要基于知识的应用,根据这些共识并沿承数据、信息和知识。一般认为智慧是人类基于已有的知识,针对物质世界运动过程中产生的问题,根据获得的信息进行分析、对比、演绎,找出解决方案的能力。这种能力运用的结果是将信息的有价值部分挖掘出来并使之成为已有知识架构的一部分。

本书在数据、信息、知识的框架下,介绍商业领域中影响力越来越大的数据仓库和数据挖掘技术,以及相关技术在数据库营销、电子商务等方向的应用。

1.1.2 数据仓库出现的原因

随着20世纪90年代后期互联网的兴起与飞速发展,人类社会进入信息爆炸的时代。企业中大量的信息和数据,需要用科学的方法去整理,需要从不同视角对企业经营的各方面信息精确分析、准确判断。面临激烈的竞争环境,及时做出正确决策是企业生存与发展的重要环节。企业利润的降低使得很多企业必须从粗放经营转变到集约经营,经营决策需要快速、尽可能多的定量分析,而不是似是而非的定性分析。而随着ERP、CRM等信息系统的广泛应用以及互联网的蓬勃发展,企业数据量激增,企业想要获得更高层次的数据分析,数据库已越来越难以满足这种需求。

关系型数据库系统作为目前最重要的数据库应用,在企业经营的方方面面都起到极其重要的作用,承担着重要责任,同时在日常生活中 QQ、淘宝、各大银行的业务系统等绝大部分重要应用也都基于关系型数据库系统。但是正如上文说到的,数据库系统在经历了几十年的发展后正面对着越来越多的挑战。有些问题可以通过新技术来加以解决,如并行、分布、NoSQL(非关系型数据库系统)等。但是就数据库系统整体而言,其面对越来越复杂的决策需求和综合性快速分析需求显得力不从心。

从整体上看,数据库系统在新形势下表现出的问题主要有以下几个方面。

(1) 数据量增长迅速,处理复杂问题的性能明显下降。

数据库系统的性能与其承载的数据量紧密相关,且两者之间不是线性关系。随着数据量的增长到一个量级后,数据库系统的性能会迅速下降。一般来说,数据库性能与系统架构和硬件性能有紧密关系,如磁盘、网络、内存、CPU 等。要解决其中任何一个问题都需要不菲的、持之以恒的投入。特别是在这个数据不断膨胀的时代,企业数据量从过去的 MB 级到 GB 级再到 TB 级,增长到现在的 PB 级数据规模。虽然近十来年分布式、内存数据库等新技术应用越来越多,但是数据增长的速度相比硬件投入和系统优化带来的性能提升速度要快得多。数据库性能与需求之间的矛盾越来越突出。特别是在当今,电子商务如此发达的时代,越来越多的商业应用集中于对客户的分析和特征模式识别,再加上企业在管理中对科学决策和数据分析方面的广泛需求,传统数据库系统已经难以满足复杂查询要求,需要一种主要针对分析应用的高性能数据管理工具。

(2) 存在信息孤岛现象,异构环境的数据转换和共享困难。

现在企业的各项经营管理活动已经无法离开各类信息系统的支持,对数据库系统的依赖程度越来越高。但在企业实际运行中,业务数据库系统的条块与部门分割,导致数据分布的分散化与无序化。在一个企业内部,供应、生产、销售、财务等部门往往各自使用着一套满足自身工作需要的应用程序。另外,各部门的应用程序与业务数据库系统在规划、建立时,缺少通盘的考虑,有些应用系统更是由行政管理部门指定使用,企业自己没有选择的权力,也就没有统筹考虑的可能。这样,企业内部尽管拥有的数据量极大,但却各成体系、封闭存在,构成相互独立的所谓"信息孤岛",无法形成一个统一的整体。

有些企业认识到了这种问题的存在,试图以 IT 部门为主,连接企业内的各个信息孤岛,以改变这种状况完成数据共享。但企业的 IT 部门并不从事一线的业务工作,大多缺乏足够的业务知识,且受限于开发商的技术保密等原因,往往无法真正打破信息孤岛之间的藩篱。同时由于业务数据库缺乏统一的定义与规划,导致数据定义存在差异。由于各应用程序源自不同的开发商,所以所使用的数据库系统依托的平台种类各异,变量的定义也缺乏统一的规范和标准,往往出现变量类型和名称完全相同的字段,出现在不同应用系统的数据库中却具有完全不同的含义,又或者具有相同含义的字段,在不同应用系统的数据库中变量类型和名称却完全不同。这些问题都严重限制了企业整合内部数据的发展,制约了以内部数据库系统存储的数据开展综合决策分析的尝试。

(3) 数据主要面向事务处理,缺少对决策和数据分析的支撑。

数据库的核心工作是完成事务处理,为了保证由于任何原因造成的异常不会影响数据库的安全和数据的一致性,数据库管理系统设计了各种复杂的机制来解决这些异常。典型的如并发控制问题,为了解决可能存在的并发冲突,数据库管理系统通过两段锁协议实现事务的可串行化。但是在处理分析问题时,这些机制并没有太多的用处,反而会影响分析的效率。

因此,传统数据库在当前数据量增长迅速,对经营管理中决策支持、数据分析的要求越来越高的背景下,越来越力不从心,无法担当作为大规模数据综合分析平台的重任,管理决策任务需要有一种新的理论、技术和工具来提供支持,这就是数据仓库。

1.1.3 数据仓库的概念

数据仓库相对于数据库更适合于企业管理决策,具有更高的效率,更能针对企业的分析要求。数据仓库的定义有多种,例如,Jiawei Han(韩家炜)在《数据挖掘概念与技术》中提到的,"数据仓库是一种数据的长期存储,这些数据来自多数据源,是有组织的,以便支持管理决策。这些数据在一种一致的模式下存放,并且通常是汇总的。数据仓库提供一些数据分析能力,称作 OLAP(联机分析处理)"。还有一些厂商认为数据仓库是一种信息系统,能给一个组织或机构提供商务智能,以支持管理决策的制订。在各类定义中比较典型,引用最广泛的是 W. H. Inmon 在 1992 年出版的 *Building the Data Warehouse* 中提出的"数据仓库是面向主题的、集成的、随时间变化的、非易失的数据集合,用于支持管理层的决策过程(A data warehouse is a subject-oriented, integrated, nonvolatile, and time-variant collection of data in support of management's decisions)"。

在 Inmon 的定义中,数据仓库有"面向主题的""集成的""非易失的""随时间变化的"四个关键特性,以及面向管理的决策问题这个最终应用落脚点,这四个特性和主要应用方向代表了目前对数据仓库的主流共识。

1. 面向主题

"面向主题"是数据仓库中数据组织的最基本原则。传统数据库系统围绕着企业的功能应用组织和设计,目的是完成具体的业务,有什么样的具体业务操作和过程一般总会有具体对应的关系或属性。而在主题方面不同公司会有较大差异,商业公司(零售企业)的主要应用可能是销售管理、客户管理、进货渠道管理、仓储管理等;商业保险公司的主要应用可能围绕保单处理、投保人管理(客户管理)、保险政策、保险代理人管理(销售团队管理)等方面;生产型企业围绕其他的核心功能组织数据库和各类业务系统。数据仓库以支持管理层的决策为目的,围绕着某些具体的分析主题而组织。

数据仓库中的所谓"主题"是一个逻辑概念。在信息管理的层次上,主题就是从管理的角度出发,对数据进行综合分析而抽取出的、需要做进一步分析的对象。数据仓库的构造过程首先是确定主题的过程。数据仓库的设计者必须明确该数据仓库所支持的决策内容,即数据仓库的用途,并将决策内容归纳为若干个具体的、易于利用数据组织加以分析的主题。

主题的抽取必须体现出独立性和明确性的特点,即主题要有独立的内涵,各个主题之间要有明确的界限,不应有依存关系。要保证与主题相关的所有数据都能得到正确的组织,避免数据的缺失与冗余。

在数据仓库内部数据组织的层次上,主题体现为若干数据的集合,每个数据集合内的数据各自描述一个共同对象某方面的特征。这些数据组合起来共同形成对该对象较为完整、一致、准确的描述,这一被描述的对象就是"主题"。

在构造数据仓库的过程中,确定了主题之后,应对业务数据库的内容加以组织归类。需指出的是,业务数据库的内容和主题之间并不体现出一一对应的关系,数据也不是从数据库直接复制到数据仓库中的。有两点在划分数据仓库主题时需要明确注意。

(1) 数据库中数据的多重归属问题。由于主题之间存在一定的逻辑联系,所以有些业务数据库中的某些属性可能对多个主题的分析有用。例如,销售数据库中的"销售金额"属性在

"销售""人力资源"等主题的分析中都要用到。但这种多重性的实质是同一数据的多次使用，而不是同一数据的重复物理存储。

（2）不是所有数据库中的数据都需要导入数据仓库。并不是业务数据库中的所有内容都对主题分析有用。有些内容完全是为了便于进行业务处理而产生的，与任何主题都无关，在导入数据仓库时，应当舍弃。

2. 数据的集成性

数据仓库中数据的集成性是指在构建数据仓库的过程中，多个外部数据源内格式不同、定义各异的数据按既定的策略经过抽取、清洗、转换等一系列处理，最终构成一个有机的整体。要再次强调的是，这个整合过程绝不是简单地将数据从业务数据库复制到数据仓库中。和基于传统数据库的业务处理程序不同，数据仓库的数据并不直接取自业务的处理过程，而是在对业务数据库的内容进行处理后得到的。传统业务处理程序的侧重点在于迅速、正确地处理所有业务，记录业务内容和处理结果，而不是对决策提供支持。数据仓库直接使用传统业务处理程序的处理结果，这样就节省了业务处理的开销，可将精力完全集中在数据分析上。

如图1-2所示，数据仓库从业务数据库中获取数据后，并不直接将其导入，而是进行一系列的预处理工作，即对数据进行筛选、清洗和转换、综合等工作，以解决数据中存在的以下问题。

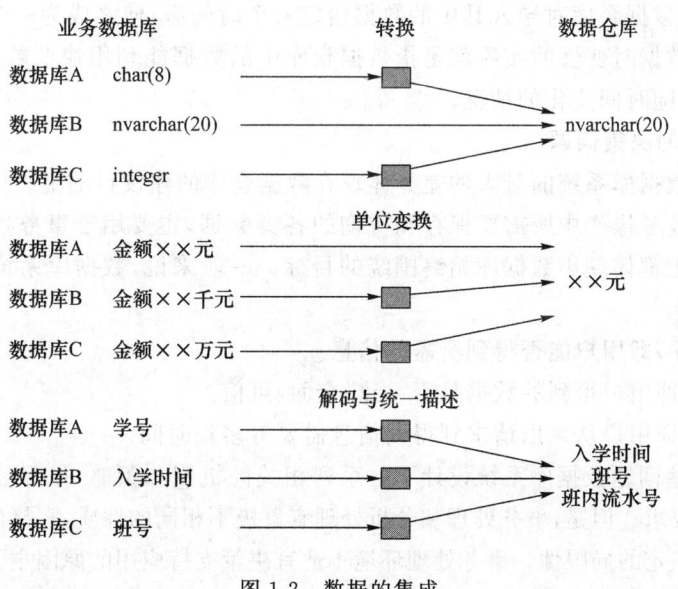

图1-2　数据的集成

（1）数据格式的差异。不同的业务系统所依据的数据库系统可能是不同的，而且即使是基于同一种数据库系统，同一属性在不同应用中的定义也可能是不同的。以"雇员ID"字段为例，其在有些系统中定义为char(8)，而在有些系统中则定义为integer。

（2）计量单位问题。不仅在基于不同数据库系统的业务系统中对同一属性的计量单位可能不同，就是在同一业务数据库的不同表中，对同一属性的计量单位也可能缺乏统一，存在差异。例如，"单价金额"在有些表中以"元"为单位，而在有些表中则以"万元"为单位。

（3）数据编码的处理。在业务系统中，为了便于存储许多属性定义了各种编码。一方面，这些编码形式不一，存在很大差异，必须统一解码或转换后才能存储在数据仓库中；另一方面，为了便于后续分析，也应当将复杂的编码解码为不同的字段。例如，性别属性使用0代表未知,使用1代表男性,使用2代表女性;学生类别使用0代表正常学生,使用1代表留级学生,使用2代表休学;将学号由1个10位整数字段分解为入学年份、班级、小学号3个字段,等等。

(4) 字段的统一。在集成业务数据库系统的数据时还需要解决一词多义和多词一义的问题,要在数据仓库中定义统一的字段意义。

3. 数据的非易失性

数据按照业务要求在操作型数据库系统中产生、更新、删除和查询。但是数据仓库则体现出一种不同数据的特性。数据被装载(Load)到数据仓库后,被打上一个时间戳。数据仓库中的这个数据代表了在某一时刻业务数据库中对应数据项的描述,可以称之为数据快照。虽然随着时间的流逝,在实际业务中这个数据字段可能早已发生变化,但是在数据仓库中,该数据仍代表在这个时间戳时刻,该数据项的值,不会随着后续装载进来的新数据而发生变化。这样不断导入业务数据,在数据仓库中会保留该数据项的历史变化记录,这为后续分析和决策提供了依据。

可以看出来,因为不需要更新已经导入的数据,并且也很少有必要进行删除操作,所以数据在数据仓库中是稳定的,也就是非易失的,即数据一旦导入数据仓库就很少发生变化。

4. 数据的时变性

数据的时变性是指数据仓库的内容随时间的变化而不断得到增补、更新。正如上文谈到非易失性时说的,数据仓库对导入其中的数据给定一个时间戳,使之成为一个描述特定时刻特征的数据快照。数据时变性的实质就是指数据仓库中的数据能利用快照数据,形成历史数据的轨迹,描述业务随时间变化的情况。

5. 面向管理的决策问题

数据仓库与数据库系统的最大的差异体现在数据仓库的建设目的上。传统数据库系统是为了处理企业在业务操作中所需要保存和查询的各类数据,主要用于事务处理,在结构上、设计上和应用方式上都体现出数据库始终围绕的目标。一般来说,数据库系统的用户关心以下问题。

(1) 可访问性,即用户能否得到所需的信息。

(2) 完整性,即用户得到的数据是否一致、全面、可信。

(3) 及时性,即用户从发出请求到得到信息需要等多长时间。

为了解决这些问题数据库系统设计了一系列相关的机制和策略,以保证数据库系统能够很好地应对各项要求。但是,事务处理和分析处理有着极不相同的性质,直接使用事务处理环境来支持决策存在一定的局限性。事务处理环境不适宜决策支持应用的原因主要有以下几种。

(1) 事务处理和分析处理的性能不同。在事务处理环境中,用户的行为特点是数据的存取操作频率高而每次操作处理的时间短;在分析处理环境中,用户的行为特点完全不同,某个决策支持应用程序可能需要连续运行数个小时,从而消耗大量的系统资源。因此,将事务处理和分析处理这两种性能差异很大的应用放在同一个环境中运行是不合适的。

(2) 数据集成问题。决策支持应用需要全面、正确的数据。全面、正确的数据是实现有效分析和决策的前提,相关数据收集得越完整,得到的分析结果就越准确,决策就越可靠。然而由于企业内部的事务处理应用比较分散,导致企业业务数据分散,形成信息孤岛困境。数据集成可以使企业能够拥有全面、正确的数据。

(3) 历史数据问题。事务处理一般只针对当前数据,因此,在数据库中一般只存储短期数据,即使有一些历史数据被保存下来,也往往没有得到充分利用。但对于决策分析而言,历史数据是相当重要的。没有对历史数据的详细分析就很难把握企业的发展趋势,绝大多数分析方法都是建立在大量的历史数据基础之上的。同时,决策支持系统在空间和时间的广度上对数据提出了更高的要求,事务处理环境难以满足这些要求。

(4) 数据综合问题。在事务处理系统中积累了大量的细节数据,利用这些数据进行决策分析时一般需要在决策分析前对它们进行不同程度的综合。然而,在事务处理系统中,这种综合往往被认为是一种冗余而被限制。例如,在设计数据库时,一般要遵循数据库规范化理论,其主要目的在于尽量避免数据的冗余,保证数据的一致性。

因此,要提高分析和决策的效率和有效性,就必须把分析型数据从事务处理环境中提取出来,按照决策支持处理的需要进行重新组织,建立单独的分析处理环境。也就是说,分析型处理及其数据必须与操作型处理及其数据相分离。数据仓库正是为了构建这种新的分析处理环境而出现的一种数据存储和组织技术。

1.1.4 数据仓库与数据库的差异

从数据仓库的定义和特点可以看出来,数据仓库与数据库的主要差异如表 1-1 所示。

表 1-1 数据库与数据仓库的差异

项目	数据库	数据仓库
数据的粒度	细节性数据	以综合数据为核心的多粒度设计
时效性	实时数据	以历史性数据为主
数据能否更新	可更新的	不更新
操作需求的明确性	事先明确具体业务需求	需求事先不明确
应用目标	事务应用	分析应用
一次操作的数据量	小	大

需要解释的有如下项目。

(1) 数据粒度的差异。粒度是在数据仓库建设过程中比较重要的一个方面。所谓粒度是指确定数据仓库中数据单位的细节和汇总程度描述。在一般情况下,根据数据粒度划分标准,可以将数据仓库中的数据划分为详细数据、轻度综合数据、高度综合数据三级。粒度的基本原则是细化程度越高,数据量越大,粒度越小;细化程度越低,数据量越小,粒度越大。由于数据仓库主要针对决策分析问题,多考虑宏观层面,故此一般来说数据仓库中的数据粒度偏向综合数据。但是为了避免大量损失具体细节数据,数据仓库的粒度设计通常采取多级别的粒度设计方案,以兼顾各类问题并获得可接受的性能。相反,由于数据库系统面向具体的业务,所以必须要保存所有业务需要用到的所有细节数据。

(2) 操作需求的明确性差异。基于数据库系统的各类信息系统在开发时需要做较为全面的需求调研和分析,要对整个业务流程中所有可能出现的要求做出合理设计。因此,数据库系统的结构和使用方法是精心设计好的、优化过的。相反,让一个企业经理或决策者仔细描述他有可能遇到的所有决策需求是基本不可能完成的任务。正是由于数据仓库面向的决策问题很难在具体问题出现前做好分析和设计,所以设计数据仓库时要能灵活应对各类突然出现的新决策需求。

(3) 一次操作的数据量差异。在目前的商业应用中,数据库系统一次查询的数据量越来越大,有时甚至可以达到 TB 级,这也是现在各类并行、分布式系统,甚至是大数据系统出现的一个原因。但是由于决策分析需要利用多年的历史数据来开展,同时操作也较为复杂,所以一般面向业务的事务处理比面向决策支持的分析处理要简单得多,数据量也小。

1.1.5 数据仓库的商业应用

一些企业较早认识到数据仓库的价值,投资购买数据仓库。这种投资使这些企业在本行业竞争中处于主动地位。在传统营销理念下,企业围绕产品这个中心开展各类商务活动,开发了一个新产品后会通过各类营销活动来促销。而新一代的商业模式则侧重于客户的需求,以客户为中心,以需求定制产品。这个转变代表了营销从传统的 4P 向 4C 的转变。有了数据仓库后,企业可以通过大量的、各个方面的数据分析客户是谁,他们喜欢什么样的产品和服务,应该如何提供更好的产品和服务给他,并以此创造更多的利润。

沃尔玛(Walmart)以营业额计算为全球最大的零售公司,同时也是世界上雇员最多的企业,连续三年在美国《财富》杂志世界 500 强企业中居首。其经营法则的核心是控制成本,保证在竞争对手面前具备最低的价格。严谨的采购态度、完善的发货系统和先进的存货管理是促成沃尔玛做到成本最低、价格最便宜的关键因素。多年来,沃尔玛的数据仓库规模从 6 TB 增加到 100 TB。利用数据仓库,通过网上供货商随时补充货源,对库存商品实现更有效的控制,达到最小库存量。

数据仓库在电信等行业中发挥着巨大作用。当电信行业出现竞争时,就会出现客户从甲公司跳到乙公司的现象,这种现象会使电信公司浪费巨额资金。有了数据仓库后,就能预测客户的流失。如果企业能够在客户流失之前采取适当的措施,就能够在一定程度上减少客户的流失,从而给企业带来巨大的收益。

数据仓库在银行的应用也非常普遍。现在,发达国家的大型商业银行,特别是美国的许多大银行都建立了自己的数据仓库系统,其中存储的客户信息量可以用千亿字节和万亿字节来计算。数据仓库可以有效地帮助银行从这些海量客户数据中开展分析。例如,从中找出现有客户潜在的消费行为,分析客户信用卡的使用情况和信用卡犯罪的可能性。银行从特定客户得到赢利的模式,比较不同类型客户的赢利情况,分析客户使用各种金融产品的频率和爱好,分析不同客户群体对金融产品的偏好,等等,以便银行有针对性地进行市场营销,为客户提供个性化和定制的产品与服务。

数据仓库、OLAP 和数据挖掘是目前信息科学最前沿的三个研究方向。虽然最初它们是作为三种独立的信息技术出现的,但是由于三者之间存在着内在的联系性和互补性,把它们结合起来构建出商务智能系统(Business Intelligence System)和决策支持系统(Decision Support System),就可以更加充分地发挥它们各自的优势,为决策提供更加有效的支持。

1.2 数据分析与数据挖掘

数据挖掘作为一个新兴的多学科交叉应用领域,引起了信息管理领域的极大关注,在各行各业的决策支持活动扮演着越来越重要的角色。数据挖掘是信息技术不断发展和融合的结果。自 20 世纪 60 年代以来,信息技术从早期的文件处理进化到复杂的、功能强大的数据库系统;自 20 世纪 70 年代以来,数据库系统从层次、网状发展到关系型数据库系统及相关的建模工具、索引和数据组织技术。在数据库系统中通过查询语言、用户界面、优化的查询处理和事务管理，可以方便、灵活地访问大量数据。同时，计算机及信息技术发展的历史是数据和信息加工手段不断更新和改善的历史。以前受技术条件限制，一般用人工方法进行统计分析，用批处理程序进行汇总和提出报告。在当时的市场情况下，月度和季度报告已能满足决策所需的信息要求。随着数据量的增长，多数据源使得各种数据格式不相容，为了便于获得决策所需信息，有必要将整个机构内的数据以统一形式集成存储在一起，这就形成了数据仓库。数据仓库不同于管理日常工作数据的数据库，它是为了便于分析针对特定主题的、集成的、随时间增长的数据，这些数据一旦存入就不再发生变化。

在此基础上，随着人类活动范围的扩展、生活节奏的加快，人们能以更快速、更容易、更廉价的方式获取和存储数据，这就使得数据及其信息量以指数方式增长。早在 20 世纪 80 年代，据粗略估算，全球信息量每隔 20 个月就增加一倍。而进入 20 世纪 90 年代，全世界所拥有的数据库及其所存储的数据规模增长更快。一个中等规模企业每天要产生 100 MB 以上来自生产经营等多方面的商业数据。美国政府部门的一个典型大数据库每天要接收约 5 TB 数据量，在 15 秒到 1 分钟时间里，要维持的数据量达 300 TB，存档数据达 15~100 PB。在科研方面，以美国宇航局的数据库为例，其每天从卫星下载的数据量就达 3~4 TB 之多，而为了研究的需要，这些数据要保存七年之久。20 世纪 90 年代，互联网（Internet）的出现与发展，以及随之而来的企业内部网（Intranet）和企业外部网（Extranet）的产生和应用，使整个世界互联形成一个小小的地球村，人们可以跨越时空地在网上交换信息和协同工作。这样，展现在人们面前的已不是局限于本部门、本单位和本行业的庞大数据库，而是浩瀚无垠的信息海洋。

然而，人类的各项活动都是基于人类的智慧和知识，即对外部世界的观察和了解，做出正确的判断和决策以及采取正确的行动，而数据仅仅是人们用各种工具和手段观察外部世界所得到的原始材料，它们本身没有任何意义。从数据到知识再到智慧，需要经过分析加工、处理精炼的过程。数据是原材料，它只是描述发生了什么事情，并不能构成决策或行动的可靠基础。通过对数据进行分析，找出其中关系，赋予数据以某种意义和关联，这就形成所谓的信息。信息虽给出了数据中一些有一定意义的东西，但它往往和人们需要完成的任务没有直接的联系，也还不能作为判断、决策和行动的依据。对信息进行再加工，即进行更深入的归纳分析，方能获得更有用的信息，即知识。而所谓知识，可定义为"信息块中的一组逻辑联系，其关系是通过上下文或过程的贴近度发现的"。从信息中理解其模式，即形成知识。在大量知识积累基础上，总结出原理和法则，就形成所谓的智慧。

计算机与信息技术的发展加速了人类知识创造与交流的这种进程，据德国《世界报》的资料分析，如果说 19 世纪时科学定律（包括新的化学分子式，新的物理关系和新的医学认识）的认识数量一百年增长一倍，到 21 世纪 60 年代中期以后，每五年就增加一倍。在这其中知识起着关键的作用。当数据量极度增长时，如果没有有效的方法，通过计算机及信息技术来帮助从中提取有用的信息和知识，人类显然会感到像大海捞针一样束手无策，陷入一个拥有丰富数据但是却缺乏知识的困境。

如今国内外市场都存在激烈竞争，商家的优势不仅仅体现于产品、服务、营销能力等方面，还在于对市场的把握和理解、对客户的认知和控制，更在于创新。用知识作为创新的原动力，能使商家长期持续地保持竞争优势。而知识来源于日积月累所形成的庞大业务数据库、广博的互联网和新闻、国家法律、法规和政策等数据或信息。知识帮助商家理解和满足易变的客户需求，成为商家赢得竞争的重要武器。因此，如何对数据与信息快速有效地进行分析、加工、提炼，以获取所需知识，就成为计算机及信息技术领域的重要研究课题。

海量的数据之中埋藏着丰富的不为用户所知的有用信息和知识,而要使企业能及时准确地做出科学的经营决策,以适应变化迅速的市场环境,就需要有基于计算机与信息技术的智能化自动工具,以挖掘隐藏在数据中的各类知识。这类工具不应基于用户假设,而应能先自身生成多种假设,再用数据仓库或大型数据库中的数据进行检验或验证,然后返回用户最有价值的检验结果。此外,这类工具还应能适应现实世界中数据的多种特性(即量大、含噪声、不完整、动态、稀疏性、异质、非线性等)。要达到上述要求,只借助于一般数学分析方法是无法达到的。多年来,数理统计技术方法以及人工智能和知识工程等领域的研究成果,如推理机、机器学习、知识获取、模糊理论、神经网络、进化计算、模式识别、粗糙集理论等诸多研究分支,给开发满足这类要求的数据深度分析工具提供了坚实而丰富的理论和技术基础。在信息技术、人工智能技术、商业需求的共同作用下,数据挖掘技术逐步发展起来。

1.2.1 数据挖掘的概念

数据挖掘早期在人工智能(Artificial Intelligence,AI)中被称为知识发现(Knowledge Discovery in Database,KDD),指的是从大量数据中寻找未知的、有价值的模式或规律等知识的过程。在人工智能领域中,知识发现由若干挖掘步骤组成,而数据挖掘是其中的一个主要步骤,如图1-3所示。

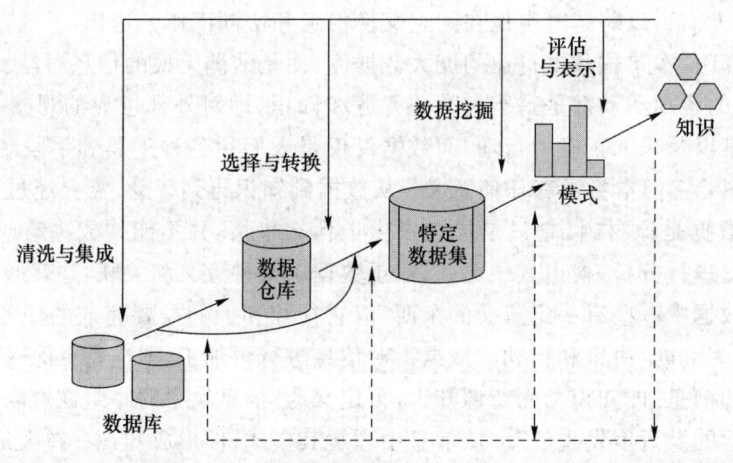

图1-3 知识发现的过程

整个知识发现的主要步骤如下。

(1) 数据清洗(Data Cleaning):清除噪声数据、不一致的数据和与挖掘主题明显无关的数据。

(2) 数据集成(Data Integration):将来自多数据源中的相关数据整合到一起,形成一致、完整的数据描述。

(3) 数据转换(Data Transform):通过汇总或聚集将数据转换为易于进行数据挖掘的数据存储形式。

(4) 数据挖掘(Data Mining):知识发现的一个基本步骤,利用智能方法挖掘模式、规则、网络等知识。

(5) 模式评估(Pattern Evaluation):根据一定评估标准或度量(Measure)从挖掘结果中筛选出有意义的知识。

(6) 知识表示(Knowledge Representation)：利用可视化和知识表示技术，向用户展示所挖掘出的相关知识。

随着商业中对数据分析应用的日渐增多，以及商业用户对知识的认识逐渐深入，需要有个时髦的、更容易被大众接受的名词来表达知识发现过程，故数据挖掘这个非常形象化的名词在更多的商业场合下被更多人所熟知。尽管数据挖掘仅仅是整个知识挖掘过程中的一个重要步骤，但由于目前在工业界、媒体、数据库研究领域中，数据挖掘一词已被广泛使用并被普遍接受，因此在这里也广义地使用数据挖掘一词来表示整个知识挖掘过程，即数据挖掘是从数据库、数据仓库或其他信息库中的大量数据(海量数据)中，挖掘潜在的、目前未知的、有趣的知识的过程。

在这个定义中，典型的数据挖掘系统(如图 1-4 所示)须包括以下部分。

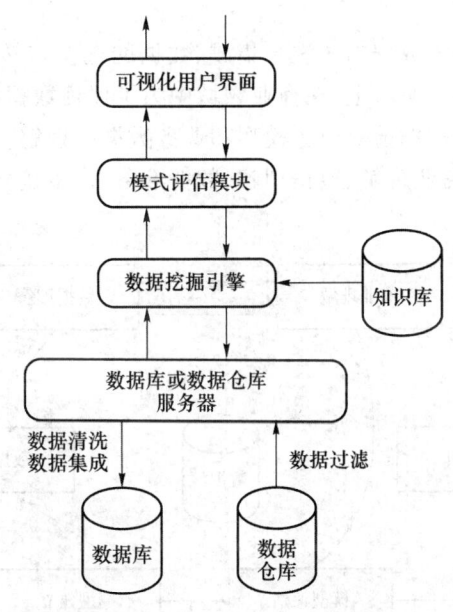

图 1-4　典型的数据挖掘系统结构

(1) 数据库、数据仓库或其他信息库。这表示数据挖掘对象是由一个(或一组)数据库、数据仓库、数据表单或其他信息库组成。通常需要使用数据清洗、数据集成或数据过滤操作对这些数据对象进行初步的处理。

(2) 数据库或数据仓库服务器。这类服务器负责根据用户的挖掘请求，读取相关的数据。

(3) 知识库。此处存放数据挖掘所需要的领域知识，这些知识将用于指导数据挖掘的搜索过程，或者用于帮助对挖掘结果的评估。挖掘算法中所使用的用户定义的阈值就是最简单的领域知识，如最小支持度、置信度、兴趣度等。

(4) 数据挖掘引擎。这是数据挖掘系统的最基本部件，它通常包含一组挖掘功能模块，以便完成特征描述、关联分析、分类、聚类、进化计算和偏差分析等挖掘功能。

(5) 模式评估模块。该模块可根据兴趣度度量，协助数据挖掘模块聚焦挖掘更有意义的模式知识。例如，该模块可与数据挖掘模块有机结合，将有助于把搜索限制在有兴趣的模式上，提高其数据挖掘的效率。

(6) 可视化用户界面。该模块帮助用户与数据挖掘系统进行沟通交流。一方面，用户通过该模块将自己的挖掘要求或任务提交给挖掘系统，以及提供挖掘搜索所需要的相关知识；另一方面,挖掘系统通过该模块向用户展示或解释数据挖掘的结果或中间结果。此外,该模块也可以帮助用户评估所挖掘出的模式知识,以多种形式展示挖掘出的模式知识。

数据挖掘有机结合了来自多学科的技术,其中包括数据库、数理统计、机器学习、高性能计算、模式识别、神经网络、数据可视化、信息检索、图像与信号处理、空间数据分析等,这里需要强调的是数据挖掘所处理的是大规模数据,即通常所说的海量数据,且其挖掘算法应是高效的和可扩展的(Scalable)。通过数据挖掘,可从数据库中挖掘出有意义的知识、规律或更高层次的信息,并可以从多个角度对其进行浏览查看。所挖掘出的知识可以帮助进行决策支持、过程控制、信息管理、查询处理等。因此,数据挖掘领域被认为是数据库系统最重要的前沿研究领域之一,也是信息工业中最富有前景的数据库应用领域之一。

1.2.2 数据挖掘的商业流程

知识发现的基本过程分为数据的清洗与集成、数据的选择与转换、数据挖掘、模式评估和知识表示等几个典型的步骤。实际上,在商业领域中为了保证数据挖掘的质量和结果的可靠,商业数据挖掘过程更为重视挖掘前对业务模型和业务数据的理解。在商务环境下的数据挖掘过程主要划分为以下过程:商业理解、数据理解、数据准备、模型建立、模型评估、模型发布。数据挖掘的商业流程如图 1-5 所示。

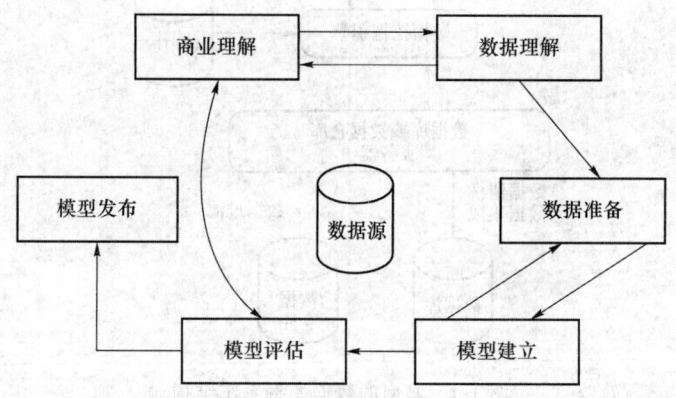

图 1-5 数据挖掘的商业流程

商业理解是数据挖掘的起点,是从商业需求出发来研究数据挖掘可能提供的商业价值,要完成以下基本工作。

(1) 确定商业目标,包括分析项目背景、具体的商业目标,如何定义成功。

(2) 进行形势评估,描述项目拥有的资源、需求的资源和限制、项目风险和可能的偶发因素、成本与收益。

(3) 确定挖掘的目标,定义数据挖掘的目标(不是项目目标),该目标应具有可评估性和可实现性,定义数据挖掘成功的标准。

(4) 制订项目计划,描述和评估需使用的工具、方法。

数据理解主要包括以下内容。

(1) 收集原始数据,撰写数据收集报告,说明数据来源。

(2) 完成数据描述报告。

(3) 完成数据的探索性分析报告,说明业务数据的基本情况,如字段类型、填充率。

(4) 撰写数据质量报告,说明数据基本质量,如空缺值情况、字段完整率。

数据准备阶段要完成以下工作。

(1) 根据业务理解和挖掘目标,在已得到的数据集中确定挖掘时要包含(或去除)的数据。
(2) 根据数据探索性分析报告和质量报告,设计数据清洗方案,撰写数据清洗报告。
(3) 根据现有数据字段设计数据重构方案,生成新的字段。
(4) 整合相关数据。
(5) 格式化数据,使之适合于后续分析。

模型建立阶段指的是利用数据挖掘算法开展的具体处理过程,主要包括以下内容。

(1) 从商业理解和可用的数据出发选择挖掘算法。
(2) 使用快速挖掘工具建立模型。
(3) 调整模型,分析模型结果,通过和预期结果比较分析、修订模型参数。
(4) 得到模型结果,整理挖掘结论。

模型评估阶段主要指的是评估模型的价值,包括以下工作。

(1) 进行结果评估,结合商业理解评估挖掘结果,描述商业结论。
(2) 与管理、营销人员沟通,确定下一步的工作,做出决策是否结束模型调整。

模型发布作为数据挖掘的最终环节,要完成以下工作。

(1) 设计模型,维护计划及方案。
(2) 撰写最终的数据挖掘报告。
(3) 项目总结。

需要指出的是,由于市场变化非常迅速,可能存在的商业活动机会往往会迅速消失,战术决策层面的数据挖掘过程可根据具体的商业目标进行灵活调整。另外,任何一个模型都有适用的范围和限制,当组织环境、市场或数据情况等基础条件发生变化时,必须及时调整模型,以保证挖掘结果的可靠。

1.2.3 数据挖掘的典型应用

作为商务智能(BI)的重要组成,数据挖掘的主要应用领域在商业应用,即如何辅助人们完成决策、客户划分与识别、客户信用评价、交叉销售、欺诈发现等工作。

1. 应用于客户细分

随着"以客户为中心"的经营理念的不断深入人心,分析客户、了解客户并满足客户的需求已成为企业经营的重要课题。通过对电子商务系统收集的交易数据进行分析,可以按各种客户指标(如自然属性、收入贡献、交易额、价值度等)对客户分类,然后确定不同类型客户的行为模式,以便采取相应的营销措施,促使企业利润的最大化。

2. 应用于客户获得

利用数据挖掘可以有效地获得客户。例如,通过数据挖掘可以发现购买某种商品的消费者的性别、学历、收入、爱好、职业等,甚至可以发现不同的人在购买该种商品的相关商品后多长时间有可能再购买该种商品,以及什么样的人会购买什么型号的该种商品,等等。也许很多因素表面上看起来和购买该种商品不存在任何联系,但数据挖掘的结果却证明它们之间有联系。在采用了数据挖掘后,针对目标客户发送广告的有效性和回应率将得到大幅度的提高,推销的成本将大大降低。

3. 应用于客户保持

数据挖掘可以把大量客户分成不同的类,在每个类里的客户拥有相似的属性,而在不同类里的客户属性则不同。可以做到给不同类的客户提供完全不同的服务,从而提高客户的满意度。数据挖掘还可以发现具有哪些特征的客户有可能流失,这样挽留客户的措施将具有针对性,挽留客户的费用将降低。

4. 应用于交叉销售

交叉销售可以使企业比较容易地得到关于客户的丰富信息,而这些大量的数据对于数据挖掘的准确性来说是有很大帮助的。在企业所掌握的客户信息中,尤其是在以前购买行为的信息中,可能正包含着这个客户决定下一个购买行为的关键因素,甚至决定因素。这个时候数据挖掘的作用就会体现出来,它可以帮助企业寻找到影响他购买行为的因素。

5. 应用于个性服务

当客户在电子商务网站注册时,客户将会看到带有客户姓名的欢迎词。根据客户的订单纪录,系统可以向客户显示那些可能引起客户特殊兴趣的新商品。当客户注意到一件特殊的商品时,系统会建议一些在购买中可以增加的其他商品。普通的产品目录手册常常简单地按类型对商品进行分组,以简化客户挑选商品的步骤。然而对于在线商店,商品分组可能是完全不同的,它常常以针对客户的商品补充条目为基础,不仅考虑客户看到的条目,而且还考虑客户购物车中的商品。使用数据挖掘技术可以使推荐更加个性化。

6. 应用于资源优化

节约成本是企业盈利的关键。通过分析历史的财务数据、库存数据和交易数据,可以发现企业资源消耗的关键点和主要活动的投入产出比例,从而为企业资源优化配置提供决策依据,如降低库存、提高库存周转率、提高资金使用率等。

7. 应用于异常事件的确定

在许多商业领域中,异常事件具有显著的商业价值,如客户流失、银行的信用卡欺诈、电信行业中的移动话费拖欠等。通过数据挖掘中的奇异点分析可以迅速、准确地甄别这些异常事件。

以上可见,数据挖掘在商务活动中有广泛的应用。下面来看几个数据挖掘商业应用的典型案例。

谈到数据挖掘,一定会提到"啤酒和尿片"的故事。这个故事实际上是在沃尔玛中存在的一个有趣现象。尿布与啤酒这两种风马牛不相及的商品居然摆在一起。出现这种特殊情况的原因是由于西方的生活习惯。有了孩子后,青年夫妇通常是自己带孩子。由于母亲需要在家照顾孩子,所以由父亲在下班回家的路上为孩子买尿布等婴儿用品。要知道,在西方啤酒是男性最重要的饮品之一。丈夫在买尿布的同时如果能顺路走过啤酒摊的话,一般会顺手购买一打自己爱喝的啤酒。啤酒和尿布这两个一般人看上去毫无关系的商品,在事实上却存在着潜在的联系性。而发现这个联系的方法就是数据挖掘中的货篮分析,即关联规则挖掘。这个故事最早是在1998年《哈佛商业评论》上报道的,如今已经成为数据挖掘在商业领域中应用的经典案例。

沃尔玛从20世纪90年代尝试将关联规则挖掘算法引入销售数据分析中,并获得了成功。通过让这些客户一次购买两件商品而不是一件,从而获得了很好的商品销售收入,这个策略在商业上还被称作商品的交叉销售。这种销售现象几乎和人类历史一样悠久,在古人披着兽皮交换贝壳、粮食、石斧等商品时,他们已经清楚地了解商品交叉销售对于商品交易的重要性。"啤酒与尿布"的故事只是对商品交叉销售现象的一种现代解释,并不是出现"啤酒与尿布"的故事之后,才存在商品交叉销售的现象。从这个意义上讲,沃尔玛并没有发现新大陆,只不过是在数十万种商品、海量的交易行为记录中把用肉眼无法发现的现象挖掘出来，并从中发现了商业价值。

除了上面交叉销售的例子外，数据挖掘技术在企业对客户的分析中也得到了比较普遍的应用，这个应用在商业领域内被称作市场细分或客户识别。其基本假定是"消费者过去的行为是其今后消费倾向的最好说明"。商家通过收集、加工和处理涉及消费者消费行为的大量信息，可以确定特定消费群体或个体的兴趣、消费习惯、消费倾向和消费需求，进而推断出相应消费群体或个体下一步的消费行为，然后以此为基础，对所识别出来的消费群体进行特定内容的定向营销。这与传统的不区分消费者对象特征的大规模营销手段相比，大大节省了营销成本，提高了营销效果，从而为企业带来更多的利润。这种形式也是现在所说的数据库营销所表现出来的一种。

沃尔玛并不是零售业中唯一通过使用数据挖掘工具辅助营销的商家。Safeway 是英国的第三大连锁超市，年销售额超过 100 亿美元，提供的服务种类达 34 种。该超市的首席信息官迈克·温曲指出，该公司必须要采用不同的方式来取得竞争上的优势。"运用传统的方法，如降低价位、扩充店面以及增加商品种类等，要想在竞争中取胜已经越来越困难了"。如何能在竞争中立于不败之地？温曲先生的说法是"必须以客户为导向，而非以产品和商家为导向"。这意味着必须更了解每一位客户的需求。为了达到这个目标，必须了解六百万客户所做的每一笔交易以及这些交易彼此之间的关联性。换句话说，Safeway 想要知道哪些类型的客户买了哪些类型的产品以及购买的频率，用来建立"以个人为导向的市场"。

Safeway 首先根据客户的相关资料，将客户分为 150 类，再用关联相关技术来比较这些资料集合（包括交易资料以及产品资料），列出产品相关度的清单，最后，对商品的利润进行细分。例如，Safeway 发现某一种乳酪产品虽然销售额排名较靠后，在第 209 位，可是消费额最高的客户中有 25% 的客户常常买这种乳酪，这些客户是 Safeway 最不想得罪的客户，因此，这种产品是相当重要的。同时，Safeway 也发现，在 28 种品牌的橘子汁中，有 8 种特别受消费者欢迎，因此该公司重新安排货架的摆放，使橘子汁的销量能够大幅增加。

通过采用数据挖掘技术，Safeway 知道客户每次采购时会购买哪些产品以后，就可以找出长期的经常性购买行为，再将这些资料与主数据库的人口统计资料结合在一起，营销部门就可以根据每个家庭在哪个季节倾向于购买哪些产品的特性发出邮件。根据这些信息，该超市在一年内曾发了 1 200 万封有针对性的邮件，对超市销售量的增长起了很重要的作用。

商业消费信息来自市场中的各种渠道。例如：每当用信用卡消费时，商业企业就可以在信用卡结算过程中收集商业消费信息，记录下进行消费时的时间、地点、感兴趣的商品或服务、愿意接收的价格水平和支付能力等数据；当在申办信用卡、办理汽车驾驶执照、填写商品保修单等其他需要填写表格的场合时，个人信息就存入相应的业务数据库。企业除了自行收集相关业务信息外，甚至可以从其他公司或机构购买此类信息为自己所用。

这些来自各种渠道的数据信息被组合，应用超级计算机、并行处理、神经元网络、模型化算法和其他信息处理技术手段进行处理，从中得到商家用于向特定消费群体或个体进行定向营销的决策信息。这种数据信息是如何应用的呢？举一个简单的例子，当银行通过对业务数据进行挖掘后，发现一个银行账户持有者突然要求申请双人联合账户，并且确认该消费者是第一次申请联合账户时，银行会推断该用户可能要结婚了，并向该用户定向推销用于购买房屋、支付子女学费等的长期投资业务。银行还可以对账户进行信用等级的评估。金融业风险与效益并存，分析账户的信用等级对于降低风险、增加收益是非常重要的。利用数据挖掘工具进行信用评估可以从已有的数据中分析得到信用评估的规则或标准,即得到"满足什么样条件的账户属于哪一类信用等级",并将得到的规则或评估标准应用到对新账户的信用评估中。银行可以分析信用卡的使用模式。通过数据挖掘分析信用卡的使用模式,可以得到这样的规则——"什么样的人使用信用卡属于什么样的模式",一般一个人在相当长的一段时间内,其使用信用卡的习惯往往是较为固定的。因此,通过判别信用卡的使用模式,可以监测到信用卡的恶性透支行为,还可以根据信用卡的使用模式,识别"合法"用户。

与银行业类似,保险行业在数据挖掘上也有一些比较典型的应用。对受险人员的分类有助于确定适当的保险金额度。通过数据挖掘可以有助于确定对不同行业、不同年龄段、处于不同社会层次的人的保险金额度。使用数据挖掘技术,通过险种关联分析,可以预测购买了某种保险的人是否会同时购买另一种保险。通过使用数据挖掘技术可以预测哪些行业、哪个年龄段、哪种社会层次的人会买哪种保险,或者预测哪类人容易买新的险种等。

在市场经济比较发达的国家和地区,许多公司都开始在原有信息系统的基础上通过数据挖掘对业务信息进行深加工,以构筑自己的竞争优势,扩大自己的营业额。美国运通公司有一个用于记录信用卡业务的数据库,其数据量达到 54 亿字节,并且数据仍在随着业务进展不断更新。美国运通公司通过对这些数据进行挖掘,制订了"关联结算优惠"的促销策略,即如果一个顾客在一个商店用运通卡购买一套时装,那么在同一个商店再买一双鞋时,就可以得到比较大的折扣,这样既可以增加商店的销售量,也可以增加运通卡在该商店的使用率。例如,居住在伦敦的持卡消费者如果最近刚刚乘英国航空公司的航班去过巴黎,那么他可能会得到一个周末前往纽约的机票打折优惠卡。

基于数据挖掘的营销,常常可以向消费者发出与其以前的消费行为相关的推销材料。卡夫食品公司建立了一个拥有 3 000 万客户资料的数据库,数据库是通过分析对公司发出的优惠券等其他促销手段做出积极反应的客户和销售记录而建立起来的,卡夫公司通过数据挖掘了解特定客户的兴趣和口味,并以此为基础向他们发送特定产品的优惠券,并为他们推荐符合客户口味和健康状况的卡夫产品食谱。美国的读者文摘出版公司运行着一个积累了 40 年的业务数据库,其中容纳有全球一亿多个订户的资料,数据库每天 24 小时连续运行,保证数据不断得到实时的更新,正是基于对客户资料数据库进行数据挖掘的优势,使读者文摘出版公司能够从通俗杂志业务扩展到专业杂志、书刊和声像制品的出版和发行业务,极大地扩展了自己的业务。

1.2.4 基于电子商务的数据挖掘技术

随着网络技术和数据库技术的飞速发展,电子商务正显示着越来越强大的生命力,加速了社会经济的电子化进程,同时也使得数据爆炸的问题越来越严重,利用数据挖掘技术可以有效地帮助企业分析或取得大量数据,发现隐藏在其后的规律性,提出有效信息,进而指导企业的营销策略,给企业的电子商务客户提供个性化的高效服务,由此使电子商务业务得到进一步的发展。

目前电子商务的发展势头迅猛,面向电子商务的数据挖掘将是一个非常有前景的领域,它能够预测客户的消费趋势、市场的走向,指导企业建设个性化智能网站和提供个性化服务,以此带来巨大的商业利润。例如,利用路径分析方法对 Web 服务器的日志文件中客户访问站点的访问次数分析,挖掘出频繁访问路径。因为客户从某一站点访问到某一感兴趣的页面后就会经常访问该页面,通过路径分析确定频繁访问路径,可以了解客户对哪些页面感兴趣,从而更好地改进设计,为客户服务。利用关联规则统计出电子商务客户访问某些页面及兴趣关联页面的比率,以此更好地组织站点,实施有效的市场策略。利用分类预测电子商务中客户的响应,如哪些客户最倾向于对直接邮件推销做出回应,哪些客户可能会换他的手机服务提供商,由此使电子商务营销更有针对性。利用聚类分组聚类出具有相似浏览行为的客户,并分析客户的共同特征,更好地帮助电子商务的用户了解自己的客户,向客户提供更合适的服务。利用时间序列模式进行电子商务组织预测客户的查找模式,从而对客户进行有针对性的服务。

目前,数据挖掘技术正以前所未有的速度发展,并且扩大着用户群体,在未来越来越激烈的市场竞争中,拥有数据挖掘技术的企业必将做出更快速的反应,赢得更多的商业机会。现在世界上的主要数据库厂商纷纷开始把数据挖掘功能集成到自己的产品中,加快数据挖掘技术的发展。我国在这一领域正处在研究开发阶段,加快研究数据挖掘技术并把它应用到电子商务中,应用到更多行业中,势必会有更好的商业机会和更光明的前景。

总之,随着电子商务发展的势头越来越强劲,面向电子商务的数据挖掘将是一个非常有前景的领域,有很多优势。它能自动预测客户的消费趋势、市场走向,指导企业建设个性化智能网站,带来巨大的商业利润,可以为企业创建新的商业增长点。但是在面向电子商务的数据挖掘中还存在很多问题急需解决,如怎样将服务器的客户数据转化成适合某种数据挖掘技术的数据格式,怎样解决分布性、异构性数据源的挖掘,如何控制整个 Web 上的知识发现过程等。利用这些挖掘技术可有效统计和分析用户个性特征,从而指导营销的组织和分配,让企业在市场竞争中处于有利位置,抢占先机。

1.2.5 典型的数据挖掘方法

数据挖掘是在大量的数据下进行的。一般,数据挖掘任务可以分两类:描述和预测。描述性挖掘任务显示数据库中数据的一般特性。预测性挖掘任务在当前数据上进行推断,以进行预测。在某些情况下,用户不知道他们的数据中什么类型的模式是有趣的,因此可能想并行地搜索多种不同的模式。这样重要的是数据挖掘系统要能够挖掘多种类型的模式,以适应不同的用户需求或应用。此外,数据挖掘系统应当能够发现各种粒度(不同数据抽象层次)的模式。数据挖掘系统应当允许用户给出提示,指导或聚焦有趣模式的搜索。由于有些模式并非对数据库中的所有数据都成立,通常每个被发现的模式都会带确定性或"可信性"度量。

下面简要介绍几种数据挖掘方法以及它们可以发现的模式类型。

数据可以与类或概念相关联。例如,在某商店,销售的商品类包括计算机和打印机,可用汇总的、简洁的、精确的方式描述每个类和概念,这种类或概念的描述称为概念描述或特征描述。这种描述可以通过下述方法得到。

(1) 数据特征化,汇总所有研究类(通常称为目标类)的数据。

(2) 数据区分,将目标类与一个或多个比较类(通常称为对比类)进行比较。

(3) 数据特征化和比较。数据特征是目标类数据的一般特征或特性的汇总。有许多有效的方法可以将数据特征化和汇总。

数据特征的输出可以用多种形式提供,包括饼图、条图、曲线、多维数据和包括交叉表在内的多维表。结果描述也可以用泛化关系或规则(称作特征规则)形式提供。例如,比较两组客户——定期(每个月出现 2 次以上购买行为)购买计算机产品的客户和偶尔(每年少于 2 次购买行为)购买这种产品的客户,在数据挖掘的描述可能是,经常购买产品的客户 80% 在 20~40 岁之间,受过大学教育;不经常购买的客户中有 60% 是年龄太大或太小,没有大学学位。通常按照职位、收入水平、居住位置等不同特征还可以发现更多的客户特征描述。

1. 关联分析

关联分析或者称为关联规则挖掘,是在数据中寻找频繁出现的项集模式的方法。关联分析也就是前文在"啤酒和尿布"例子中说到的货篮分析,它广泛用于市场营销、事务分析等领域。

关联规则揭示数据之间的内在联系,发现用户与站点各页面的访问关系。其数据挖掘的形式描述为:设 $I=\{i_1,i_2,\cdots,i_m\}$ 为挖掘对象的数据集,存在一个事件 T,若对于 I 中的一个子集 X,有 X 包含于 T,则 I 与 T 存在关联规则。

通常,关联规则表示为 $X \Rightarrow Y$ 形式,含义是数据库的某记录中如果出现了 X 情况,则也会出现 Y 的情况。这个写法与数据库中的函数依赖一致,但表述的则是数据库中记录的实际购买行为。一个数据挖掘系统可以从一个商场的销售(交易事务处理)记录数据中,挖掘出如下所示的关联规则:

$$age(X,"20-29") \wedge income(X,"20k-30k") \Rightarrow buys(X,"MP3")$$
$$[support=2\%,confidence=60\%]$$

其中,"∧"符号是谓词逻辑表示方法中的合取符号,代表逻辑与关系。上面这条规则换成自然语言的描述就是,该商场有 2% 的顾客年龄在 20 岁到 29 岁且收入在 2 万到 3 万之间,这群顾客中有 60% 的人购买了 MP3,或者说这群顾客购买 MP3 的概率为 60%。关联规则实际上借用了产生式规则知识表示方法的形式来表达商品间的联系。通过构建关联模型,进行 Web 上的数据挖掘,可以更好地组织站点,减少用户过滤信息的负担。关联分析是数据挖掘应用较为成熟的领域,已经有一些经典算法。

2. 分类

分类就是找出一组能够描述数据集合典型特征的模型(或函数),以便能够分类识别未知数据的归属或类别,即将未知事例映射到某种离散类别之一的方法。用通俗的语言来描述的话可以这样理解分类,即根据已有的实例建立一个模型,使之能够识别对象所属类别,该模型可以用于将未定类别的对象划分到已知类别。

用于分类分析的技术有很多,典型方法有统计方法的贝叶斯分类、机器学习的决策树归纳分类、神经网络的后向传播分类等。最近数据挖掘技术也将关联规则用于分类问题。另外还有一些其他分类方法,包括 k-mean 分类、MBR、遗传算法、粗糙集和模糊集方法。目前,尚未发现有一种方法对所有数据都优于其他方法。实验研究表明,许多算法的准确性非常相似,其差别是统计不明显,而计算时间可能显著不同。

与分类相似的一个操作是预测。分类通常用于预测未知数据实例的归属类别(有限离散值),如一个银行客户的信用等级是属于 6 级、5 级还是 4 级,或者直邮收件人是否会有反馈。但在一些情况下,需要预测某数值属性的值(连续数值),这样的分类就被称为预测。尽管预测既包括连续数值的预测,又包括有限离散值的分类,但一般还是使用预测来表示对连续数值的预测,而使用分类来表示对有限离散值的预测。

典型的分类应用在商业中的客户识别、老客户维系、新客户获取等方面。例如,现有一个顾客邮件地址数据库,利用这些邮件地址可以给潜在顾客发送用于促销的新商品宣传册和将要开始的商品打折信息。该数据库内容就是有关顾客情况的描述,它包括年龄、收入、职业和信用等级等属性描述,顾客被分类为是否会成为在本商场购买商品的顾客。当新顾客的信息被加入数据库中时,就需要根据对该顾客是否会成为计算机买家进行分类识别(即对顾客购买倾向进行分类),以决定是否给该顾客发送相应商品的宣传册。考虑到不加区分地给每名顾客都发送这类促销宣传册显然是一种很大的浪费,而相比之下,有针对性给有最大购买可能的顾客发送其所需要的商品广告,才是一种高效节俭的市场营销策略。显然为满足这种应用需求就需要建立顾客(购买倾向)分类规则模型,以帮助商家准确判别每个新加入顾客的可能购买倾向。

3. 聚类

聚类分析从名字上来看与分类很相近,在一些非专业文章中也会把这两种操作合称为分类,但在数据挖掘中还是需要明确加以区分的。一般来说,聚类指的是根据最大化簇内的相似性、最小化簇间的相似性的原则将数据对象聚类或分组,所形成的每个簇可以看作一个数据对象类,用显式或隐式的方法加以描述。

聚类分析与分类预测方法明显不同之处在于,分类学习获取分类预测模型时所使用的数据是已知类别归属,属于有教师监督学习方法,而聚类分析(无论是在学习还是在归类预测时)所分析处理的数据均是无(事先确定)类别归属,类别归属标志在聚类分析处理的数据集中是不存在的。究其原因很简单,它们原来就不存在,因此聚类分析属于无教师监督学习方法。简而言之,在分类时,有已知的实例作为学习划分的参考,而聚类操作时并没有这些参考信息,完全需要根据对象本身的特征完成划分过程,如图1-6所示。

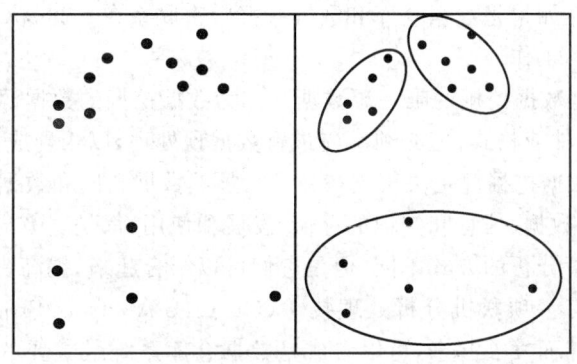

图1-6 原始对象分布与聚类结果

4. 时间序列模式

时间序列模式侧重于挖掘出数据的前后时间顺序关系,分析是否存在一定趋势,以预测未来的访问模式。时间序列模式分析和关联分析类似,其目的也是为了挖掘数据之间的联系,但时间序列模式分析的侧重点在于分析数据间的前后序列关系。它能发现数据库中如在某一段时间内,顾客购买商品A,接着购买商品B,而后购买商品C(即"序列A-B-C出现的频率较高")之类的知识。时间序列模式分析描述的问题是:在给定交易序列数据库中,每个序列是按照交易时间排列的一组交易集,挖掘序列函数作用在这个交易序列数据库上,返回该数据库中出现的高频序列。在进行时间序列模式分析时,需要用户输入最小值信度C和最小支持度S。另外,序列关联规则挖掘中采用的Apriori特性可以用于序列模式的挖掘,另一类挖掘此类模式的方法是基于数据库投影的序列模式生长技术。

时间序列模式的发现按时间顺序查看时间事件数据库,从中找出另一个或多个相似的时序事件,通过时间序列搜索出重复发生概率较高的模式。

除了上面介绍的几种典型数据挖掘方法外,还有路径分析、孤立点分析(异类分析)等多种方法。

1.3 商务智能

商务智能是多项技术交叉在一起的复合应用,即将数据、信息成功地转化为决策知识,提供一种决策的辅助手段。商务智能还是一套完整的解决方案。它是将数据仓库、联机分析处理和数据挖掘等结合起来应用到商业活动中,从不同的数据源收集数据,经过抽取、转换和加载的过程,送入数据仓库,然后使用合适的查询与分析工具、数据挖掘工具和联机分析处理工具对信息进行再处理,将信息转变成为辅助决策的知识,最后将知识呈现于用户面前,以实现技术服务与决策的目的。

前面内容分别介绍了数据仓库和数据挖掘,这里再介绍一下这两者之间的关系。数据仓库和数据挖掘都是从20世纪90年代中期发展起来的新技术,数据仓库由数据库发展而来,而数据挖掘则是从人工智能的机器学习演变而来的,是一种知识发现技术,它负责从丰富的数据中发现有价值的模型。二者关系主要体现在以下几点。

(1) 数据挖掘的数据主要来源于数据仓库。因为数据仓库系统已经按照主题将数据进行集成、清理、转换。因此数据仓库系统能够满足数据挖掘技术对数据环境的要求,可以直接作为数据挖掘的数据源。如果将数据仓库和数据挖掘紧密联系在一起,将获得更好的结果,同时能大大提高数据挖掘的工作效率。

(2) 数据仓库不是数据挖掘的唯一源数据。作为数据挖掘的数据源不一定必须是数据仓库,可以是任何数据文件或格式,但必须事先进行数据预处理,以处理成适合数据挖掘的数据。

(3) 数据仓库和数据挖掘都是决策支持技术。虽然数据仓库和数据挖掘是两项不同的技术,但是它们都用于对数据、信息和知识的存储、发展和使用,都是决策支持技术。虽然数据仓库和数据挖掘支持决策分析的方式不同,但是它们可以结合起来,提高决策分析的能力。

在商务智能中还有一项联机分析处理技术(On Line Analysis Processing,OLAP),该技术与数据仓库技术相伴而发展起来,可以看成是数据仓库系统最主要的应用。OLAP作为分析处理数据仓库中海量数据的有效手段,它弥补了数据仓库在直接支持多维数据视图方面的不足。在数据仓库的基础上,OLAP技术给业务和管理人员提供了一种从多个不同角度观察和分析数据的能力。

在20世纪60年代,关系数据库之父E.F.Codd提出了关系模型,促进了关系数据库与联机事务处理(On Line Transaction Processing,OLTP)的发展,数据以关系表的形式而非文件方式存储,为用户提供了资源共享。随着数据库技术的发展和应用,数据库存储的数据量从20世纪80年代的MB级及GB级过渡到现在的TB级和PB级。同时,用户的查询需求也越来越复杂,涉及的已不是查询或操纵一张关系表中的一条或几条记录,而是要对多张表中千万条记录的数据进行数据分析和信息综合,关系数据库系统已不能全部满足这一要求。

在1993年,E.F.Codd提出了多维数据库和多维分析的概念,即OLAP。它侧重于分析型应用,区别于OLTP的操作型应用,在日常实际决策过程中,决策者需要的信息数据往往不是单一的某个指标数值,而是需要能够从多个角度观察某个指标或多个指标的数值,并能发现各指标之间的关系。例如,某公司总裁可能想知道本公司最近两年在销售旺季产品销售总额的对比情况,用以决策今年旺季的产品进货等有关事宜,这是一个非常实际的问题。决策者所需要的数据总是与一些统计指标(如销售额、销售产品、销售地区、销售时间等)有关。这些统计指标是多维数据。在多维数据上进行分析是决策的主要内容。传统的数据库很难适应这种决策分析。联机分析处理技术是专门用于支持复杂分析操作的。它以一种直观易懂的饼图、曲线图,直方图等形式将查询分析结果提供给决策人员,侧重于对决策及管理人员的决策支持。

正是在数据仓库、数据挖掘、联机分析处理三种核心技术的支持下,商务智能才能帮助企业发现数据背后隐藏的商机和面临的威胁;帮助企业了解自身和市场的变化,把握趋势;理解业务的推动力量,认清正在对企业业务产生影响的行为。

从全球范围来看,商务智能市场已经超过 ERP 和 CRM 成为最具增长潜力的领域。近年来,商务智能技术日趋成熟,越来越多的企业决策者意识到需要通过商务智能来保持和提升企业竞争力。据统计,在美国的 500 强企业里中已经有 90% 以上的企业利用企业管理和商务智能软件帮助管理者做出决策。目前,商务智能已经被电信、金融、零售、保险、制造等行业越来越广泛的应用。随着商务智能的逐步普及,商务智能不仅限于高层管理者的决策之用,也日益成为普通员工日常操作的工具。

思 考 题

1. 什么是数据仓库、数据挖掘、联机分析处理、商务智能?
2. 数据仓库与数据库的区别是什么?
3. 数据仓库与数据挖掘之间有哪些联系?
4. 主要的数据挖掘方法有哪些?
5. 在电子商务领域中数据挖掘的应用有哪些?

第 2 章　数据仓库分析

数据仓库技术是随着人们对大型数据库系统研究的不断深入,在传统数据库技术基础之上发展而来的,其主要目的是为决策提供支持,为 OLAP、数据挖掘等深层次的数据分析提供平台。数据仓库是一个与实际应用密不可分的研究领域,与传统数据库相比,数据仓库不仅引入许多新的概念,而且在生命周期、体系结构、数据组织等方面,均有其自身的特点。

2.1　数据仓库的生命周期

一般说来,人们习惯把数据仓库的生命周期定义为 CLDS,这是因为数据仓库的生命周期与传统的操作型软件系统开发生命周期(System Development Life Cycle,SDLC)是逆序的。为什么说数据仓库的生命周期与传统系统开发生命周期是逆序的呢?一般的系统开发都会包含需求分析、数据库设计、编程实现、系统测试、集成和实施、系统数据生成等过程,是以需求驱动的。有了需求,才需要开发相应的满足需求的软件系统,然后系统应用后产生业务数据,这是为操作者服务的。而数据仓库的设计包括实现数据仓库、集成数据、校验偏差、针对数据编程、设计分析系统、分析结果和理解需求,它是数据驱动的,有了海量数据,才需要创建数据仓库,然后针对数据仓库中的数据进行统计分析,从而找到能够支持企业管理层进行决策的信息,这是为决策者服务的。

按照生命周期开发法可将数据仓库开发的全部过程分成三个阶段:数据仓库规划分析阶段、数据仓库设计实施阶段、数据仓库使用维护阶段。这三个阶段不是简单的循环往复,而是不断完善提高的过程。在一般情况下,数据仓库系统都不可能在一个循环过程中完成,而是经过多次循环开发,每次循环都会给系统增加新的功能,这种循环的工作永远不会终结,数据仓库一直处于一个不断完善、不断提高的循环往复过程中,如图 2-1 所示。

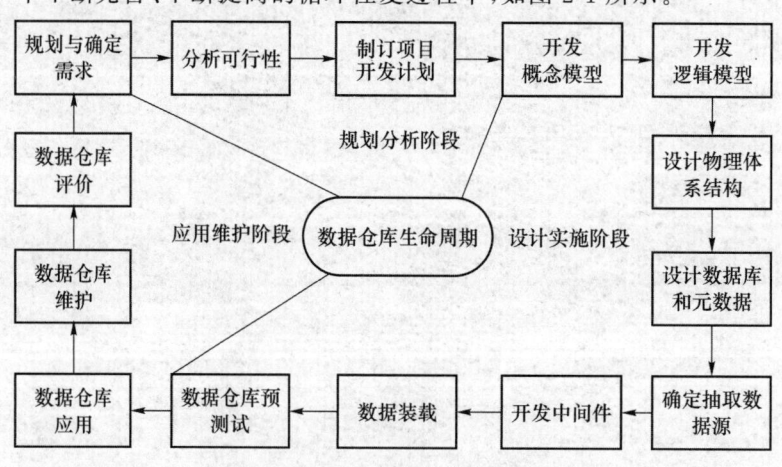

图 2-1　数据仓库开发的生命周期

2.1.1 数据仓库规划分析阶段

任何信息系统在开发之前都要做好系统的规划和需求分析,这是系统能成功开发的基础。数据仓库的规划分析阶段可以分成三个部分:规划和确定需求、分析可行性、制订项目开发计划。

1. 规划和确定需求

数据仓库的建设规划主要按照数据仓库的生命周期来执行,如图2-1所示,在每个阶段都会产生一些结论和书面文档,这些结果需要经过决策层的审核后,才能决定是否继续下一个阶段的工作。

用户需求分析的主要内容包括用户如何处理其事务,如何衡量用户的工作表现,用户当前需要哪些功能,今后可能会再扩展出哪些功能,用户处理业务时需要哪些信息,应用这些信息的业务层次结构是什么样的,用户现在使用哪些数据,需要哪些数据才能满足用户对于分析和汇总的需要,等等。

2. 分析可行性

企业在决定要建设数据仓库时一般会考虑三种类型的可行性:技术可行性、经济可行性和操作可行性。随着信息技术的快速发展,技术可行性基本不用考虑,已经不是什么决定性的问题了。经济可行性和操作可行性基本取决于企业的决策层。这里说的可行性主要是数据仓库创建过程中和数据本身相关的可行性,如果支撑整个数据仓库建设的数据很"脏",造成预处理工作十分复杂或者有些数据根本没办法收集到,那么这个项目的可行性问题就很大了。

数据探查(Data Profiling)是一种数据分析技术,主要描述数据的内容、一致性和结构。利用SQL Server在数据库的某个字段上使用"select distinct"可看作是在做数据探查。所以在评估数据源的准备情况时,应当迅速进行一次数据探查,并将数据探查的结果作为早期的合格和不合格证明。

3. 制订项目开发计划

数据仓库项目计划描述三件事情:①要做什么,即全部计划包含什么任务;②什么时候做;③开发项目需要哪些资源。

在项目计划中任务是基础的工作单位,与任务相关联的两个项目概念是时间安排和需要的资源,每项任务的描述说明必须明确这个任务在做什么,什么时候结束,如何判断任务结束。如果一个任务需要几周的时间才能结束,那么需要在这个任务中设定一个里程标志,通过里程标志可以校验项目的实际进度和计划是否存在偏差。

每项任务的描述还要说明任务的依赖条件,有些依赖条件可能在项目之内,而有些依赖条件可能在项目之外,这需要明确地描述出来,以便管理者能够把注意力集中到这些资源上。

任务描述一般以日程表的形式进行,日程表可以用绝对形式(如"星期三,2014年4月15日")或相对形式,如("P2完成后两周")。通常,人们会使用相对日程表,除此之外,还会做出甘特图,以便于项目组成员记住整个项目何时完成某种功能。

2.1.2 数据仓库设计实施阶段

数据仓库设计实施阶段可以分为八个部分:开发概念模型、开发逻辑模型、设计物理体系结构、设计数据库和元数据、确定抽取数据源、开发中间件、数据装载和数据仓库预测试。

一般在建立数据库模型时,会涉及几种模型种类:概念模型、逻辑模型、物理模型。利用

DBMS(数制库管理系统)创建数据仓库时,同样会涉及这几种模型。

1. 开发概念模型

开发概念模型的目的是对数据仓库所涉及的现实世界中所有世界中的所有客观实体进行科学、全面的分析和抽象,为数据仓库的构建制订出"蓝图",这是成功构建数据仓库的基础。概念模型开发的关键是要保证所有与数据仓库相关的客观实体(即业务内容)均能得到准确的理解,并被完整地包含在模型当中。因此,在设计概念模型时,拥有足够的专业业务知识不仅是重要的,而且是必需的。表示概念模型最常用的是"实体-关系"图(即 E-R 图)。E-R 图主要是由实体、属性和关系三个要素构成的。数据仓库的特点是面向主题的,那么在概念设计阶段,就需要确定数据仓库的主题,并建立相应的数据模型。

2. 开发逻辑模型

在深入分析概念模型的基础上,就可以构造出数据仓库的逻辑模型(中间层数据模型),可以把它看作是数据仓库开发者和使用者之间,针对数据仓库的开发进行交流和讨论的工具与平台。开发者的任务就是要保证逻辑模型的完整性和正确性,并能满足用户的使用需求。数据仓库的逻辑结构设计与数据库的逻辑结构设计有很大的区别,具体数据仓库中的逻辑模型设计会在第 3 章中详细介绍。

3. 设计物理体系结构

数据仓库的物理数据模型是指逻辑模型在计算机世界中的具体实现方法,包括物理存取方式的设计、数据存储结构的构造、数据存放位置的确定等。数据仓库的物理数据模型是在逻辑模型的基础上实现的,为了保证数据仓库系统的运行效率,在物理模型设计时,应综合考虑 CPU 的处理能力、I/O 设备的工作能力及存储设备的空间利用率等因素,并针对数据仓库数据存储量大、数据操作方法简单的特点,采用多种技术,提高数据仓库的性能。

数据仓库中的数据量非常庞大,如果设计合理的物理结构来存储数据是非常重要的,它对数据仓库在使用过程中的响应速度有巨大影响。

4. 设计数据库和元数据

在 DBMS 中创建数据仓库与创建数据库的步骤一样,需要详细设计数据库中的表和视图,但是在设计表和视图时,更多地要考虑决策者的分析需要,一切以便于决策者分析出发。数据仓库的数据库是整个数据仓库环境的核心,是数据存放的地方,提供对数据检索的支持。相对于操作型数据库来说,它突出的特点就是对海量数据的支持和拥有快速检索技术。

"元数据"(Meta Date)就是有关数据的数据,它是关于数据仓库中的数据、操作数据的进程以及应用程序的结构和意义的描述信息。元数据在数据仓库的建立过程中,有着十分重要的作用,它所描述的对象,涉及数据仓库的各个方面。总之,元数据是整个数据仓库中的核心部件。

首先,元数据完整地描述了与业务处理过程有关的数据信息,这些信息包括作为外部数据源的文件名、存储路径、数据格式、用于存储已处理的数据库、表的名称、字段定义、索引方式、数据库中不同表之间的关联与约束关系,以及作为数据转换处理依据的标题和项目关键词库的结构与内容等。

其次,在业务处理过程中,元数据对数据处理的算法与规则进行了定义。这部分元数据的完整内容并不局限于算法流程本身,还包括隐含在该算法中的所有重要参数,如业务关键词与其对应数据的位置关系、有效数据长度的判断方法等。此外,数据截取后属性的转换规则、转换后数据与表字段的对应规则等也都是元数据的重要内容。

数据仓库系统在使用过程中,经常会根据实际工作的需要进行修改和完善,而实施这项工作的前提是必须先对元数据进行适当的修改和扩充。以 MicroSoft SQL Server 2005 中的数据仓库 AdventureWorks 为例,如果在将转换得到的数据内容导入仓库之前,需要增加对其进行校验的流程或对标题和项目关键词库定期进行自动维护的功能,则与这些新增部分有关的校验算法、校验规则、维护算法等无疑也都是元数据的重要组成部分,必须事先加以确定。

5. 确定抽取数据源

数据仓库一般都会从多个数据源抽取数据,特别是企业层的数据仓库更是如此。在大多数情况下,业务相关数据都来自多个系统,这些系统往往由多个平台上的多个数据存储组成。一般来说,初始业务需求是为了访问核心工作系统,包括订单记录、生产、运输、客户服务和财务系统。其他一些高价值的数据源可能在业务流程之外,如顾客人口统计学信息、目标客户清单和竞争性销售数据。

为了满足决策者决策需要,必须以数据仓库的主题为基础,从众多的数据源中找到与决策相关的数据源,并且将数据从众多的数据源中抽取出来。这是一项工作量非常巨大的工作,这项工作能否完成将直接决定数据仓库的成功与否。

6. 开发中间件

在确定数据仓库的数据源以后,需要将不同数据源的数据抽取出来,存储到数据仓库中,这个过程也叫作数据转换。数据转换过程中会出现数据源冲突的问题,如相同数据元素有不同名称,使用相同名称的不同数据元素本该为相同数据的不同值,等等。为了解决这些问题,需要开发数据转换中间件。中间件能够保证数据转换过程顺利实施,并且能够保证数据清洗和数据的一致化。在曾经的一个实例中,项目组对客户数据做了至少 20 次的数据转换操作才满足客户需求,数据才装载到数据仓库中。

7. 数据装载

数据源数据通过数据仓库中间件完成了数据源数据的清洗和一致化后,可以装载到数据仓库中。在装载数据的过程中,可以将数据源数据完全载入数据仓库,也可以预先对满足某些需求的数据进行汇总后再载入。

8. 数据仓库预测试

完成数据源数据的抽取、转换和重新载入数据仓库后,就可以将数据仓库进行预测试了。在数据仓库预测试进程中,可以使用报表、查询、联机分析处理等工具对数据仓库进行分析,如果能够满足最初设定的用户需求,则可以正式运行,如果结果有偏差,则需要对数据仓库进行调整。

2.1.3 数据仓库使用维护阶段

数据仓库的使用维护阶段主要包括三个部分:数据仓库应用、数据仓库维护和数据仓库评价。这个阶段数据仓库已经开始正式运行了,但是数据仓库的运行与数据库的运行不同,它与决策者提出的需求关系密切,必须不断根据决策者的需求调整数据仓库,对数据仓库进行维护。数据仓库在使用过程中的维护工作是很重要的。

2.1.4 数据仓库开发的特点

数据仓库的使用就是在数据仓库中建立决策支持系统应用,这与业务处理系统应用环境有本质的区别,这也导致数据仓库开发与传统的 OLTP 系统开发的出发点、需求确定、开发过程有相当大的不同。

（1）数据仓库的开发是从数据出发的。

创建数据仓库是在原有的数据库系统中的数据基础上进行的，即从存在于操作性环境的数据出发，进行数据仓库的创建工作，称之为"数据驱动"。

数据驱动设计方法的中心是利用数据模型有效地识别原有数据库中的数据和数据仓库中主题的数据"共同性"。

（2）数据仓库使用的需求不能在开发初期完全明确。

面向应用的数据库系统设计往往有一组比较确定的应用需求，这是数据库系统设计的出发点和基础。而在数据仓库环境中，并不存在固定的且较确切的物流、数据流和信息流，数据分析处理的需求更加灵活，没有固定的模式，甚至用户自己也对所要进行的分析处理不能事先全部确定。因而在数据仓库开发初期不能明确了解数据仓库用户的全部使用需求。

（3）数据仓库的开发是一个不断循环的过程，是启发式的开发。

数据仓库的开发是一个动态反馈和循环的过程。一方面，数据仓库的数据内容、结构、粒度以及其他物理设计应该根据用户所返回的信息不断地调整和完善，以提高系统的效率和性能；另一方面，通过不断理解用户的分析需求，不断地调整和完善，以求向用户提供更准确、更有效的决策信息。

2.2 数据仓库的基本体系结构

有关数据仓库体系结构的理论很多，本节中数据仓库的基本体系结构如图 2-2 所示，它包括四个部分：外部数据源（Rata Resource）、数据存储、OLAP 引擎、前端显示工具。而根据局部与整体关系处理方式的不同，数据仓库的构造可以归纳为由顶向下等三种构造模式。

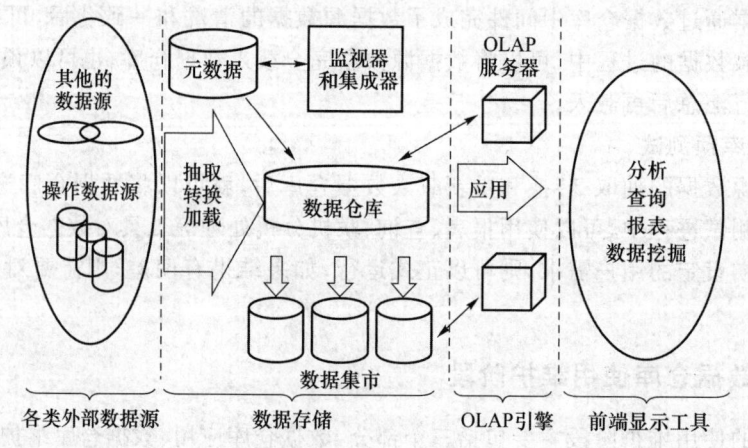

图 2-2 数据仓库技术体系结构

外部数据源中包括操作数据库和其他的数据源，这些数据源中的数据通过监视器和集成器完成抽取、转换、加载处理后进入数据仓库，数据仓库中的数据又可以按照不同的主题分成不同的数据集市（Data Mart），数据仓库和数据集市都可以通过 OLAP 引擎完成数据的分析、查询、报表展示和数据挖掘。

下面将以中国邮政集团公司的邮政业务板块为例，介绍数据仓库的体系结构中涉及的一些概念。

中国邮政集团公司属于世界500强企业,旗下包括邮政业务、速递物流和邮政储蓄三大板块,其中邮政业务板块又可以分成报刊、集邮、函件、包裹、电子汇兑等具体业务。这些业务在运营过程中都会产生大量的应用数据,如果能够将这些数据整合起来,必然会更便于领导层分析业务发展模式,预测业务发展趋势。为了完成这项工作,中国邮政集团领导层决定开发邮政业务的数据仓库。

2.2.1 外部数据源

构建一个数据仓库时,必然要有充足的数据来源,从外部为数据仓库系统提供进行分析的"原材料"——数据,这些数据来源称为数据仓库的外部数据源。外部数据源并不局限于传统数据库,可以是非机构化的信息,如文本文件等,也可以是网络资源。

要保证数据仓库进行的分析能得出正确的结论,就必须保证外部资源的完整、正确。因此,在开发数据仓库之前,应首先确定数据源,统计与邮政业务相关的数据源有哪些,这些数据源当前的运行情况如何。这些数据源包括报刊业务数据、集邮业务数据、包裹业务数据、电子汇兑业务数据、邮政数据库商函业务数据、邮政贺卡业务数据、邮政账单业务数据、邮政人力资源管理数据、大客户系统运行数据等。在确定外部数据源的过程中,应当尽可能地将所有与邮政业务板块相关的数据源都囊括进来。

2.2.2 数据抽取

在构建数据仓库的过程中,外部数据源所提供的数据并不都是有用的,有些数据对决策并不能提供支持,同时,外部数据源中数据冗余的现象也很普遍。数据仓库既然是面向主题的,那么在外部数据资源中,只有那些与主题相关的内容才是必需的,有使用价值的。因此必须以主题的需求为依据,对数据源的内容进行有目的的选择,这一过程被称为"数据抽取"(Data Extraction)。

数据是否有抽取价值,取决于其与数据分析主题的相关程度。对于管理者分析问题没有影响的字段无疑是多余的,在构建数据仓库时不必抽取。但如果在数据仓库所支持的功能中,包含有以该字段为依据的其他功能,则该字段十分重要,不可忽视。

2.2.3 抽取存储区

构件数据仓库时,从外部数据源抽取的数据在正式导入数据仓库之前,应先存放在缓冲区中,以便进行数据清洗与转换,这一缓冲区即称为"抽取存储区"(Extraction Store)。

在数据仓库中,从不同来源、不同结构的外部数据源中抽取的数据相互之间不可避免地存在着数据内容的缺陷和格式上的不一致,不能直接导入数据仓库,而应当暂时存放在系统的抽取存储区中,以待进一步处理。

2.2.4 数据清洗

数据仓库的外部数据源所提供的数据内容并不完美,存在着"脏数据",即数据有空缺、噪声等缺陷,而且在数据仓库的各数据源之间,其内容也存在着不一致的现象。为了控制这些"脏数据"对数据仓库分析结果的影响程度,必须采取各种有效的措施,对其进行处理,这一处理过程称为"数据清洗"(Data Cleaning)。对于任何数据仓库而言,数据清洗过程都是必不可少的。

对于不同类型的"脏数据",清洗处理的方法是不同的。对于数据空缺,可以采取人工填补、统一补为常量、平均值填补等多种方法解决;对于噪声数据,可以用分箱或聚类等方法处理;对于不一致的数据,则必须依据数据仓库所应用领域的特点,使用特定的方法加以解决。

在大客户数据库的"客户信息"(Customer_info)表中,当"身份证号"(id_card number)字段出现错误时(例如,将 18 位身份证号错写为 102428197603210061),由于该字段的重要程度较低,可以忽略该错误,但如果某客户在涉及货币金额的表中,其"可用余额"数量与"客户信息"表中的"可用余额"数量不一致,则必须以后者的数据覆盖前者,同时还应找到出现不一致的原因。

2.2.5 数据转换

数据仓库的外部数据源的文件格式、所依赖的数据库平台等是多种多样的。以数据库平台为例,可以是 Sybase、Informix、Oracle、IBM 的 DB/2,或是 Microsoft SQL Server 等数据库系统中的一个或多个,甚至可能是文本文件。在建立数据仓库时,必须对这些数据格式进行转换处理,统一格式。目前一些大的数据库厂商在其数据仓库构建工具中,都提供了多种针对数据库系统的数据转换(Data Transformation)引擎,以简化数据仓库的构建工作。

对于文本文件等非结构化的数据源,在进行数据转换时,必须针对实际应用,设计专门的"关键数据转换"程序。例如,邮政业务板块的年报数据是典型的文本数据源,在进行处理时,应根据其文件名关键词固定、项目关键词固定、项目关键词与其对应数据的相对位置固定等特点,首先建立专门的标题/项目关键词库,然后根据项目关键词与数据的位置对应关系,建立"关键数据转换"算法,将非结构化的文本文件中的关键信息进行结构化处理,最终导入数据仓库。

其次,根据数据源的运行情况增加监视器,监视器与数据源是一对一的关系,一个监视器对应一个数据源,监视器的目的是随时监控数据源中的数据变化。如果数据发生变化,应及时发现并生成报告。邮政业务板块中不同业务的运行情况不同,例如,报刊业务中的数据是在前一年年底生成订报数据,以后每月有一次增量数据;电子汇兑业务中的数据是每天都有增量数据;集邮业务数据是每月有新增数据。

2.2.6 数据集市

数据仓库中存放的是全企业的信息,换言之,一个企业只需建立一个数据仓库,但企业却可以有多个数据集市。数据集市有两种类型:独立型数据集市(Independent Data Mart)和从属型数据集市(Dependent Data Mart)。

独立型数据集市的实质是为了满足企业内各部门的分析需求而建立的微型数据仓库。有些企业在实施数据仓库项目时,为了节省投资,尽快见效,针对不同部门的需要,分别建立起这类数据集市,以解决一些较为迫切的问题。这种数据集市的服务对象层次较低,数据规模较小,结构也相对简单,大多没有元数据部件。这些数据集市可实施集成,以构建完整的数据仓库。

从属型数据集市的内容并不直接来自外部数据源,而是从数据仓库中得到的。在数据仓库内部,数据根据分析主题划分成若干个子集,进行组织、存放。这种面向某个具体的主题而在逻辑上或物理上进行划分所形成的数据子集,就是从属型数据集市。数据划分成数据集市之后,在进行某个确定主题的分析时,可以有效缩小数据的搜索范围,明显提高工作效率。

邮政业务板块的数据仓库按不同的主题,可以划分成盈亏分析、客户价值分析、邮政名址贡献分析、客户活跃度分析等若干个从属型数据集市,以满足实际工作的需要。

2.3 数据仓库的构造模式

构造一个完善的数据仓库是一个十分复杂的过程。设计者不仅需要高超的专业水平和编程能力,还应对所涉及的行业有深入的了解,从数据的获取、清洗、组织、存储、管理方法,到为满足决策要求而必需的操作流程与分析算法,都应进行全面的、妥善的规划设计。一般而言,数据仓库的构造模式包括自顶向下、自底向上、平行开发三种。

1. 自顶向下模式

这种模式最早是由 Inmon 提出的,是一种由整体到局部逐步细化的构造模式。在构造过程中,首先对分散在各业务数据库中的数据特征进行分析,在此基础上,实施数据仓库的总体设计和规划,准备元数据,随后进行外部数据源的数据抽取、筛选、清洗、转换等一系列处理工作,并将处理后的数据导入数据仓库,同时将元数据也导入,从而建立起一个完整的数据仓库。在数据仓库内,建立起针对各主题的数据集市,以满足决策的需求。

采用自顶向下模式建立的数据仓库如图 2-3 所示。

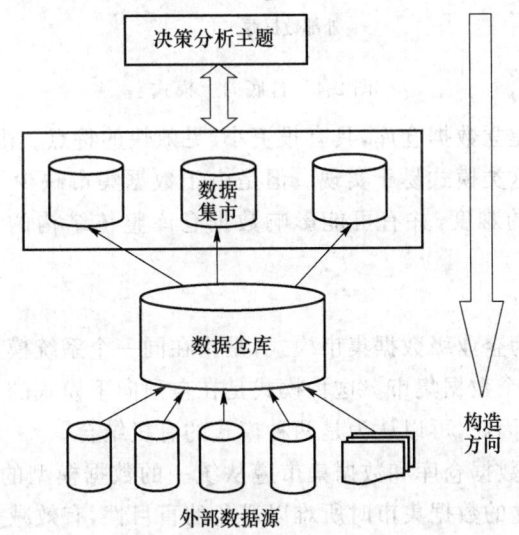

图 2-3 自顶向下模式

在这种模式中,数据集市是数据仓库的真子集,数据由数据仓库流向数据集市。数据仓库的设计过程直观,概念清晰,易于理解。只要对外部数据源和所支持的决策有较深的理解,保证各数据集市都是数据仓库的真子集,就可以完全消除信息之间的"蛛网"现象。

这种模式的不足之处是要求设计者对业务有深入的理解,系统设计规模偏大,实施周期过长,项目见效缓慢,尤其在项目实施初期,见效不明显。

2. 自底向上模式

一般企业在规划数据仓库项目时,往往准备的数据规模偏小,决策目标不清晰,并且希望数据仓库项目能较快地发挥作用,产生效益。针对这一特点,为解决自顶向下模式的不足,自底向上模式应运而生。

和自顶向下模式相反,自底向上模式的设计思路是先具体,后综合。首先,将企业内各部门的要求视为分解后的决策子目标,并针对这些子目标建立起各自的数据集市,从而获得最快的回报。在此基础上,对系统不断进行扩充,逐步形成完善的数据仓库,以实现对企业级决策的支持。数据集市由于结构简单,数据的综合度较低,因此不需要准备创建数据仓库所必需的元数据部件。自底向上模式的说明如图2-4所示。

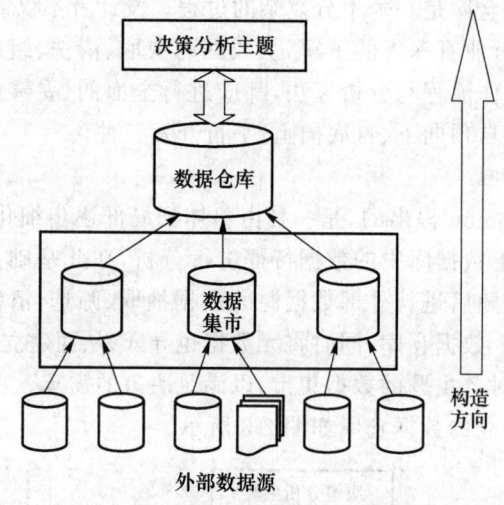

图 2-4　自底向上模式

采用自底向上模式建立数据仓库,具有投资小、见效快的特点。由于部门级的数据结构简单,决策需求明确,因此这类模式易于实现。但是由于数据集市缺少元数据,因而最终构造数据仓库的过程具有相当的难度,并有可能影响数据仓库整体结构的合理性以及系统的运行效率。

3. 平行开发模式

平行开发模式又称为企业级数据集市模式,是指在同一个系统模型的指导下,在建立数据仓库的同时,建立起若干个数据集市。这种模式是在自顶向下模式的基础上,吸收了自底向上模式的优点而发展成的,因此,可以认为是两种模式的有机结合。

在平行开发模式中,数据仓库和数据集市遵从统一的数据模型的指导,同时建立。这样,就可以避免建立相互独立的数据集市时所难以避免的盲目性,有效减少数据的不一致和冗余。这种模式的核心有两部分:其一是统一的"全局元数据中心库"(GMR),用以记录数据仓库的主题域、通用维、业务规则和其他各种元数据;其二是"动态数据存储区"(DDS),用于储存从外部数据源中抽取的数据,并为进一步处理做准备。GMR和DDS不是一成不变的,它们都随着外部数据源以及决策需求的变化而改变。平行开发模式示意图如图2-5所示。

4. 改进的开发模式

有反馈的自顶向下、有反馈的自底向上以及有反馈的平行开发三种模式均在上文介绍的三种模式的基础上改进发展而来,其共同的特点是按软件工程学的观点,接受用户对所构建的数据仓库系统的意见反馈,加以分析、整理,并以此为依据,对数据仓库进行修改,以不断提高数据仓库系统对决策的支持能力。

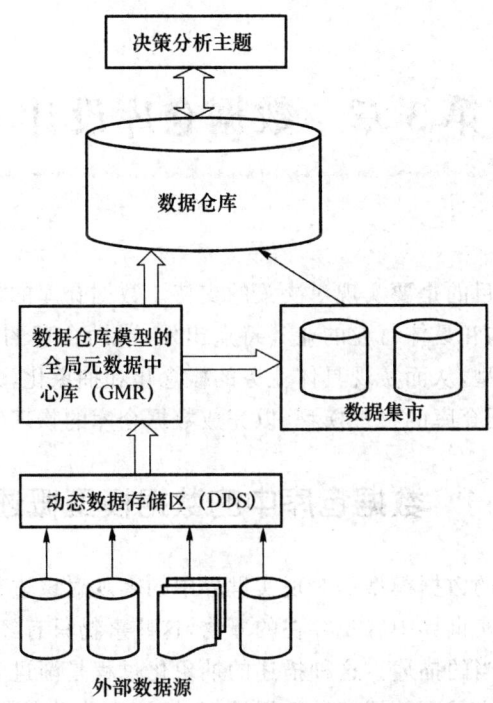

图 2-5　平行开发模式

思 考 题

1. 数据仓库的生命周期分为几个大的阶段？
2. 比较 SDLC 与 CLDS 的异同点，简述数据仓库开发的生命周期各阶段的任务。
3. 比较数据仓库体系结构的特点。
4. 数据仓库的构造模式有哪几种？各有什么特点？

第3章 数据仓库设计

建立数据仓库的最终目的是要实现对决策的支持。数据仓库的构建是一个非常复杂的过程,需要从企业的组织结构和具体行业的业务特点出发,借助合理的元数据模型和粒度模型,构建出数据仓库的概念模型,从而实现具体业务的概念化和抽象化,并进一步在概念模型和逻辑模型的基础上,建立数据仓库的物理模型,以完成数据仓库的物理实现。

3.1 数据仓库中的数据模型概述

数据仓库构建过程中的数据模型是对现实世界中的客观对象进行抽象处理的结果。数据仓库所分析的对象都是现实世界中客观存在的事物,这些事物只有经过逐步抽象的处理,才能最终在数据仓库中得到恰当的描述。这种描述的抽象化过程是渐进的、逐步深入的,抽象程度不断提高。在抽象的过程中需要使用多种数据模型,而构造这些数据模型的过程正是客观对象从单纯的客观存在逐步转化为一种有效的、可供分析处理的计算机中物理储存的过程。和具体的客观对象相对比,数据模型抛弃了繁杂的细节,高度精练而概括,因此具有较好的适应性,并且容易随着现实世界的变化而修改。图3-1形象地说明了现实世界中的客观对象经过适当的模型转换,最终在计算机世界中得到实现的过程。

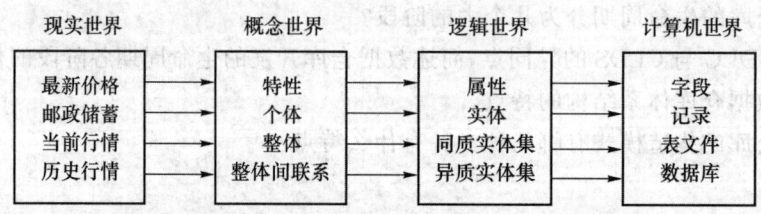

图 3-1 客观对象从现实世界到计算机世界的变换过程

在数据仓库的构建过程中,将客观事物从现实世界的存在到计算机世界物理实现的抽象过程划分为四个阶段,即现实世界(Real World)、概念世界(Concept World)、逻辑世界(Logical World)和计算机世界(Computer World)。

所谓现实世界,即客观存在的世界,它是存在于现实中的各种客观事物及其相互关系的总和。对于数据仓库而言,它的内容只是完整的客观世界的一个真子集,包含了对特定决策进行支持所必需的所有客观对象。

所谓概念世界,是人们对现实世界中对象的属性进行条析、逐步概括和归纳之后,将其以抽象的形式反映出来的结果。它包括概念和关系两大部分内容。

所谓逻辑世界,是指人们依据计算机物理存储的要求,将头脑中的概念世界进行转化,从而形成的逻辑表达结果。这一结果的形成可以帮助人们将需要描述的对象从概念世界转入计算机世界。

计算机世界是指现实世界中的客观对象在计算机中的最终表达形式,即计算机系统中的实际存储模型。客观对象的内容只有在计算机中实现了物理存储,才能供人们有效地进行分析和处理。与概念世界、逻辑世界和计算机世界相对应的数据模型分别称为概念模型(Concept Model)、逻辑模型(Logical Model)和物理模型(Physical Model),这是在数据仓库开发过程中需要使用的三种模型。

创建数据仓库的过程是依据上述四个世界划分的理论,按照顺序不断深入的过程。

首先,开发者依据信息管理理论和行业专业知识,对对象进行分析概括,去粗取精,去伪存真,得到一系列的基本概念与基本关系,这样,就形成了概念世界中的结果——概念模型。随后,对概念模型进行细分,简化基本概念的内涵,细化实体间的逻辑关系,以便最终在计算机中得到实现,这就构成了逻辑模型。最后,依据计算机所能接受的方式,将逻辑模型的内容进一步转化为可体现在计算机系统中的模式,就得到了物理模型。这样,现实世界的事物最终在计算机世界中得到了表达。

描述数据仓库的各种数据模型并不局限于上文所提的三种。图 3-2 给出了数据仓库构造过程中各种数据模型的层次与相互关系的示意。从图中可以看出,除了概念模型、逻辑模型和物理模型外,在构造数据仓库时还要使用元数据模型和粒度模型。

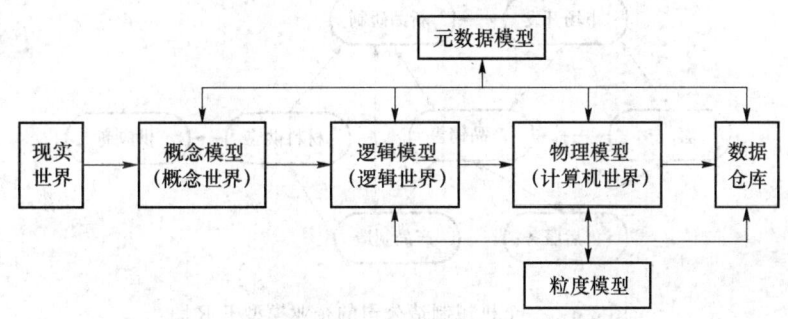

图 3-2　数据仓库构造过程中的各种数据模型

元数据即有关数据的数据,是数据仓库中关于数据、数据操作和应用程序的结构与意义的描述信息,是数据仓库的核心部件。元数据模型是指数据仓库中所有元数据的整体,它体现于数据仓库的设计、开发和使用的整个过程,对于概念模型、逻辑模型、物理模型之间的转化和数据仓库的建立都是不可或缺的。

粒度模型是指数据仓库在构造过程中各种粒度参数的总和。在从概念模型构造逻辑模型,由逻辑模型转换成物理模型,最终构建数据仓库的过程中,它起着至关重要的作用。

3.2　概念模型设计

设计概念模型的目的是对数据仓库所涉及的现实世界中所有世界中的所有客观实体进行科学、全面的分析和抽象,为数据仓库的构建制订出"蓝图"。这是成功构建数据仓库的第一步。概念模型设计的关键是要保证所有与数据仓库相关的客观实体(即业务内容)均能得到准确的理解,并被完整地包含在模型当中。因此,在设计概念模型时,拥有足够的专业业务知识不仅是重要的,而且是必需的。

3.2.1 企业模型的建立

建立企业模型是构建数据仓库的第一步。要建立起完整、正确的概念模型,必须首先建立起完整、准确的企业模型。严格地说,企业模型并不是构建数据仓库过程中的一种数据模型,而是对企业整体数据需求的一种抽象描述。它描述了企业在进行决策支持时所需的数据内容,以及数据之间相互依存、相互影响的关系,反映了企业内各部门、各层次员工对信息的供需情况。构造企业模型是完全以业务分析为基础的,不需过多考虑构造数据仓库及计算机实现的细节。

企业模型的完整性和准确性是十分重要的,人们可以针对该模型所揭示的内容,分步骤地构建企业的数据仓库,逐步加以完善,并可以根据该模型的启示,充分利用数据仓库,构造出若干个应用子系统,如 CRM 系统、风险控制系统和投资决策系统等,对企业的各方面决策进行支持。

在构建企业模型时,最常用的方法是 E-R 图法,即由 P. P. S. Chen 提出的"实体-关系图"的方法。这是一种简单直观的表示方法,能够较为准确地描述出企业内部数据的需求情况。图 3-3 给出了用 E-R 图描绘的一个机械制造公司的企业模型实例。

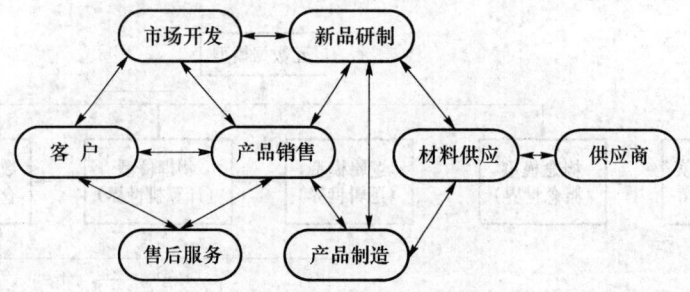

图 3-3 一个机械制造公司的企业模型 E-R 图

除了 E-R 图外,建立企业模型的方法还有面向对象法、动态模型分析法等。对于建立企业模型而言,E-R 图法具有简便、直观的优点,而且在建立传统数据库时,也往往采用这一方法构造数据库。但 E-R 图法很难直接用于开发数据库,这是因为该方法存在着以下不足。

(1) 模糊性:无法表述数据仓库中分析数据、描述数据和细节数据之间的关系。

(2) 静态性:时间参数的存在以及作用无法得到体现。

(3) 无法揭示出数据仓库中的导出关系。

为了将用 E-R 图描述的企业模型方便地映射为数据仓库的数据模型,可以采取措施对传统的 E-R 图法进行改进,即引入以下概念。

(1) 事实实体(Fact Entity):用于表示现实世界中一系列相互关联的事实,一般是查询分析的焦点,在 E-R 图中用矩形表示。

(2) 纬度实体(Dimension Entity):用于对事实实体的各种属性做细化的描述,是开展查询分析的重要依据,在 E-R 图中用菱形表示。

(3) 引用实体(Quotation Entity):对应于现实世界中的某个具体实体或对象,在事务数据查询时能提供详细的数据,在 E-R 图中用六角形表示。

图 3-4 给出了事实实体、纬度实体和引用实体的图形符号。

图 3-4 事实实体、维度实体和引用实体的图形符号

事实实体是数据仓库的中心,对应着数据仓库中的事实表。在数据仓库的高层模型中,它具有以下的作用:为用户提供定量的数据基本分析点,提供多重访问事实数据的路径、维度或指标;提供相关的标准数据,构成每个维度中最低一级的类别和一个信息组中的指标,作为存储大量数据的基础表格。在数据仓库中,维度实体可以作为对用户查询结果进行筛选的工具。维度实体的另一个重要作用是支持数据仓库的整体构建,为不同的事实实体之间建立联系,从而将维度实体和引用实体结合成一个完整的整体,以满足用户对数据仓库的访问需求。引用实体的内容是从业务数据库中转换而来的。在数据仓库中,它往往体现为物理数据库,可以向用户提供详细的数据,以实现对决策的支持。

3.2.2 数据模型的规范

在设计用于业务数据处理的关系型数据库系统时,必须注意数据库中的关系规范问题,保证系统的快速响应与高效存储。关系型数据库中关系的规范化按属性间依赖程度的不同,可以分为第一范式(1NF)、第二范式(2NF)、第三范式(3NF)、Boyce-Codd 范式(BCNF)以及第四范式(4NF)。由于数据仓库与传统数据库之间存在着诸多不同,为了提高信息的检索效率与系统的使用性能,一般都需对数据仓库所包含的数据结构进行规范化和适当的反规范化处理。

在关系模式 $R(U)$ 中,设 X、Y 是 U 的子集,若对任何关系 R 中的任意元组,在 X 的属性值确定以后,Y 的属性值必定确定,则称 Y 函数依赖于 X。各属性间的函数依赖关系是对关系型数据库进行规范化的基础和依据。例如,在某企业的人事信息表中,如果"身份证号"字段的值确定了,则对应的"年龄""性别"和"所在部门"等字段的值也得到了确定,这就体现出"年龄""性别"和"所在部门"等字段函数依赖于"身份证号"字段。函数依赖关系有完全依赖、部分依赖、传递依赖等类型。

1. 关系型数据库的规范范式

如果一个关系模式满足某个指定的约束集,则称它属于某种特定的范式。满足最低约束要求的称为第一范式,简称 1NF。在满足第一范式的基础上,再进一步地满足一些要求的称为第二范式,其余以此类推。

(1) 第一范式(1NF)。在关系数据模型 $R(U)$ 中,如果其每个属性的值都是一个不可分割的数据项,则称 $R(U)$ 满足 1NF。1NF 是每个关系模型都必须遵循的基本条件,其目的是消除数据模型中的重复元组。

(2) 第二范式(2NF)。若关系数据模型 $R(U)$ 满足 1NF,且每个非关键列完全函数依赖于关键列,则称 $R(U)$ 满足 2NF。满足 2NF 的数据模型必然具有较少的异常与数据冗余。2NF 的特点如下。

- 必然满足 1NF。
- 每个非主属性完全函数依赖于关键字。

(3) 第三范式(3NF)。在关系数据模型 $R(U)$ 中,如果每个非主属性都既不部分依赖也不传递依赖关键字,则称其满足 3NF。可以认为 3NF 是在 2NF 的基础上,消除了传递依赖后所得到的结果,它具有如下的特点。
- 全部非主要属性均完全依赖于所有键。
- 全部主要属性均完全依赖于不属于他们的键。
- 全部属性均不完全依赖于任一非主属性集。

(4) Boyce-Codd 范式(BCNF)。如有关系数据模型 $R(U)$ 符合 1NF,且当属性 $X \rightarrow Y$ 时属性 Y 必含关键字,则称 $R(U)$ 满足 BCNF。BCNF 是在 3NF 基础上发展而来的,它比 3NF 更加严格。可以证明,任何满足 BCNF 的关系型数据模型均一定满足 3NF。

(5) 第四范式(4NF)。在关系数据模型 $R(U)$ 中,如属性 Y 多值依赖于属性 X,并且这种依赖是非平凡的多值依赖,则属性 X 中必含关键字,这时即称关系型数据模型 $R(U)$ 满足 4NF。4NF 解决了多值依赖的问题。

2. 数据仓库的反规范化处理

关系型数据库进行规范化处理的目的是解决数据库中插入、修改异常和数据冗余度高的问题。实现规范化的方法是以模式分解为手段,以数据模型中各属性间的依赖关系为依据进行处理,以尽量达到每个数据模型都仅表示客观世界中一个"事物"的目的。为了防止在分解过程中造成关系与依赖的丢失,一般将数据模型分解到 3NF 即可。

规范化处理的结果表现为将一个复杂的、依赖关系众多的大表分解成为若干个内容简洁、关系清楚的小表。应该指出,即使分解过程能满足对连接无损性和依赖保持性的要求,这种分解结果也不是最佳的。因为数据仓库要实现对决策的支持,常常需要进行大规模的查询操作,这种操作必然涉及对众多小表进行动态的关联,这不仅给 CPU 带来了巨大的运算压力,而且要求数据库系统必须有足够的存储容量,以作为关联操作的缓冲区,同时,对多个小表的同步访问也给系统的 I/O 带来了考验。为了避免这种现象的出现,提高数据仓库的运行效率,必须结合实际情况,对源自关系型数据库的模型,以属性间的依赖关系为基础,进行小表的合并,这是反规范化处理的第一种情况。

反规范化处理的另一种情况是保持数据仓库中数据的适度冗余。在数据仓库中,有些数据是基本的,涉及大多数、甚至是全部的业务。依据规范化管理理论的要求,这类数据应当存放在一个基本的表中,与记录其他具体业务数据的表相互独立,以供查询使用。这样的结果是每次进行查询操作时,都必须同时访问业务数据表和上述基本表,再对其进行关联操作,这就增加了 CPU 和系统 I/O 的负担。因此,有必要将基本表中的内容作为冗余数据,重复地插入到各个业务数据表中,从而以适当牺牲存储空间为代价,求得系统整体效率的提升。

3.2.3 常见的概念模型

建立好企业模型后,必须实现从企业模型到概念模型的映射,从而为构建数据仓库的逻辑模型做好准备。

由于 E-R 图法具备较好的可操作型,形式简明,易于理解,对于客观世界中的事物具有良好的描述能力,因此,它是设计数据仓库的有力工具。但是 E-R 图法也存在着"重点不突出"的缺陷,它所描述的所有实体的地位是平等的,反映不出管理者和决策者所重点关心的对象,因此,需要使用更加合适的方法来设计概念模型。目前,常用的概念模型有以下三种。

1. 星形模型

星形模型是最常用的数据仓库设计结构的实现模式,它使数据仓库形成了一个集成系统,为最终用户提供报表服务和分析服务。星形模型通过使用一个包含主题的事实表和多个包含事实的非正规化描述的维度表来支持各种决策查询。星形模型可以采用关系型数据库结构，模型的核心是事实表，围绕事实表的是维度表。通过事实表将各种不同的维度表连接起来，各个维度表都连接到中央事实表。维度表中的对象通过事实表与另一维度表中的对象相关联，这样就能建立各个维度表对象之间的联系。每一个维度表通过一个主键与事实表进行连接，如图 3-5 所示。

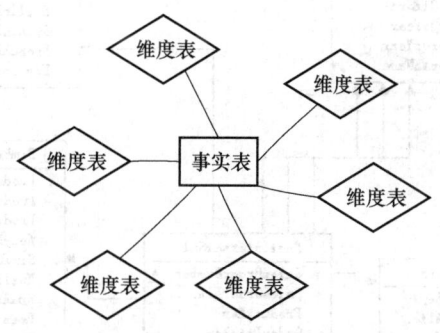

图 3-5　星形模型的架构示意图

事实表主要包含了描述特定商业事件的数据，即某些特定商业事件的度量值。在一般情况下，事实表中的数据不允许修改，新的数据只是简单地添加进事实表中，维度表主要包含了存储在事实表中数据的特征数据。每一个维度表利用维度关键字通过事实表中的外键约束于事实表中的某一行，实现与事实表的关联，这就要求事实表中的外键不能为空，这与一般数据库中外键允许为空是不同的。这种结构使用户能够很容易地从维度表中的数据分析开始，获得维度关键字，以便连接到中心的事实表进行查询，这样就可以减少在事实表中扫描的数据量，以提高查询性能。

在 AdventureWorksDW 数据仓库中，若以网络销售数据为事实表，把与网络销售相关的多个商业角度（如产品、时间、顾客、销售区域和促销手段等）作为维度来衡量销售状况，则这些表在数据仓库中的构成如图 3-6 所示，可见这些表在数据仓库中是以星形模型来架构的。

星形模型虽然是一个关系模型，但是它不是一个规范化的模型。在星形模型中，维度表被故意地非规范化了，这是星形模型与 OLTP 系统中关系模式的基本区别。

采用星形模型设计的数据仓库的优点是由于数据的组织已经经过预处理，主要数据都在庞大的事实表中，所以只要扫描事实表就可以进行查询，而不必把多个庞大的表连接起来，查询访问效率较高，同时由于维度表一般都很小，甚至可以放在高速缓存中，与事实表进行连接时其速度较快，便于用户理解。对于非计算机专业的用户而言，星形模型比较直观，通过分析星形模型，很容易组合出各种查询。

2. 雪花形模型

雪花形模型是对星形模型的扩展，每一个维度都可以向外连接多个详细类别表。在这种模式中，维度表除了具有星形模型中维度表的功能外，还能连接对事实表进行详细描述的详细类别表，详细类别表通过对事实表在有关维度上的详细描述达到了缩小事实表和提高查询效率的目的，如图 3-7 所示。

雪花形模型对星形模型的维度表进一步标准化，对星形模型中的维度表进行了规范化处理。雪花形模型的维度表中存储了正规化的数据，这种结构通过把多个较小的标准化表（而不是星形模型中大的非标准化表）联合在一起来改善查询性能，提高了数据仓库应用的灵活性。

这些连接需要花费相当多的时间。一般来说，一个雪花形图表要比一个星形图表的效率低。

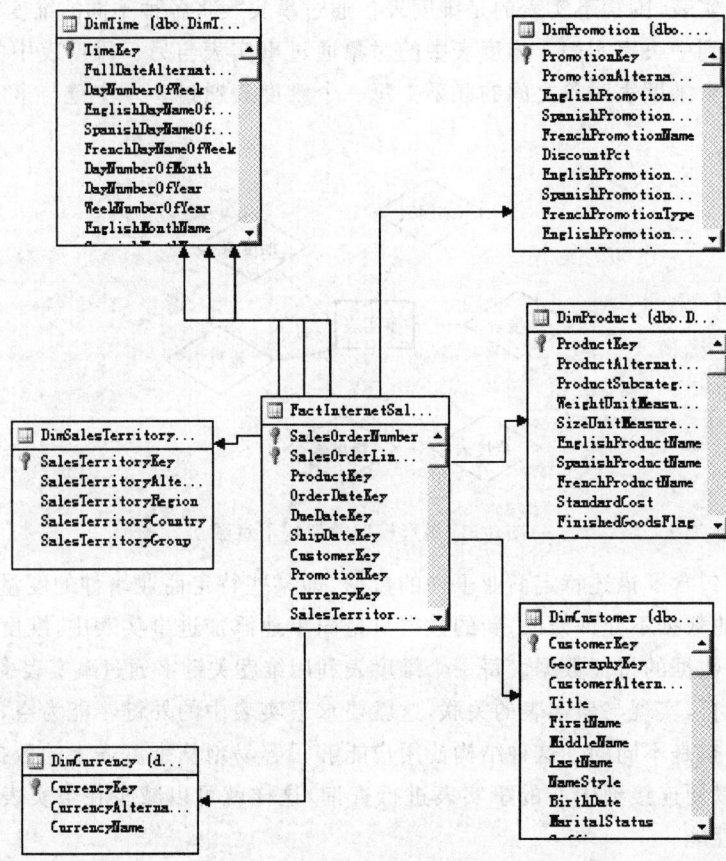

图 3-6 AdventureWorksDW 数据仓库中部分表构成的星形模型架构

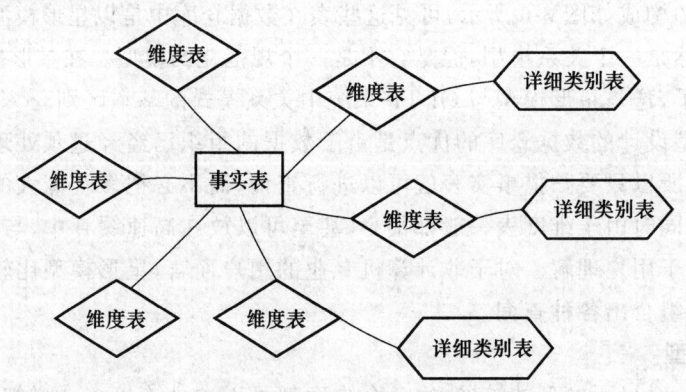

图 3-7 雪花形模型的架构示意图

在 AdventureWorksDW 数据仓库中，以图 3-6 的架构图为基础，可以扩展出雪花形模型的架构，"DimProduct"表有一个详细类别表"DimProductSubcategory"，而"DimCustomer"表也有一个表示客户地区的"DimGeograph"表作为其详细类别表，将"DimGeograph"表加入数据仓库后，整个数据仓库就是雪花形架构，如图 3-8 所示。

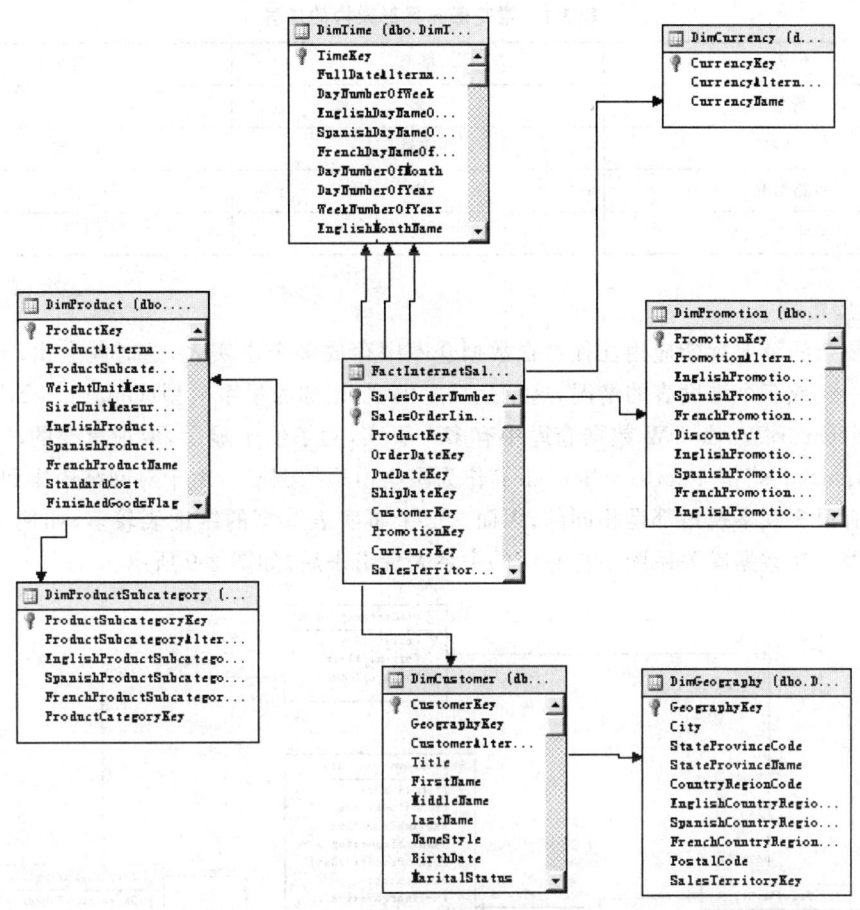

图 3-8　AdventureWorksDW 数据仓库中部分表构成的雪花形架构

3. 星形与雪花形模型的比较

在 3.2 节的讨论中可以得知,在数据仓库中表与表之间不必满足 3 个范式,也不必考虑数据冗余,相反,为了在分析型查询中获得较好的性能,数据仓库中的表还应该尽量集中相同类型的数据,同时把有些常见的统计数据进行合并。按照这种思想,图 3-8 中的"DimProductSubcategory"表和"DimGeograph"表可以并入"DimProduct"表和"DimGeograph"表中,使整个数据仓库呈现星形架构,但是微软公司在设计 AdventureWorksDW 数据仓库时并没有这样做,反而在"DimProductSubcategory"表和"DimProduct"表及"DimGeograph"表和"DimGeograph"表之间设计成满足一定范式要求的结构,下面将解释其原因。

标准的关系数据表不能满足数据的分析能力,所以对表进行非标准化处理,以形成数据仓库中特有的星形架构方式,但这样一来,如果所有的分析维度都作为事实表的一个直接维度,数据的冗余是相当大的。例如,将"DimProductSubcategory"表合并到"DimProduct"表中,的确能形成一个关于产品所有属性的维度,但要在一张表中表达产品类别属性和产品属性,需要的存储空间是相当大的。由此可以看出,在星形架构的基础上扩展出雪花形架构,实质上是在分析查询的性能和数据仓库的存储容量两方面进行权衡的结果。表 3-1 具体比较了两种类型架构的差异。只有明确了这些差异,才能在设计数据仓库时选择最合适的架构方式。

表 3-1 雪花形与星形架构的差异

特性	星形	雪花形
行数	多	少
可读性	容易	难
表格数量	少	多
搜索维的时间	快	慢

4. 星座模型

一个复杂的商业智能应用往往会在数据仓库中存放多个事实表,这时就会出现多个事实表共享某一个或多个维度表的情况,这就是星座模型,也称为星系模型(Galaxy Schema)。

在 AdventureWorksDW 数据仓库中有多个事实,为了便于显示,取最重要的两个事实表"FactInternetSales"和"FactResellerSales"作为星座模型的例子。由于对网络销售和批发商销售的分析有很多观察视角都是相同的,因而这 2 个事实表共享的维度表较多,如促销手段、时间和产品等。在数据库关系图中把它们的关系表现出来后,如图 3-9 所示。

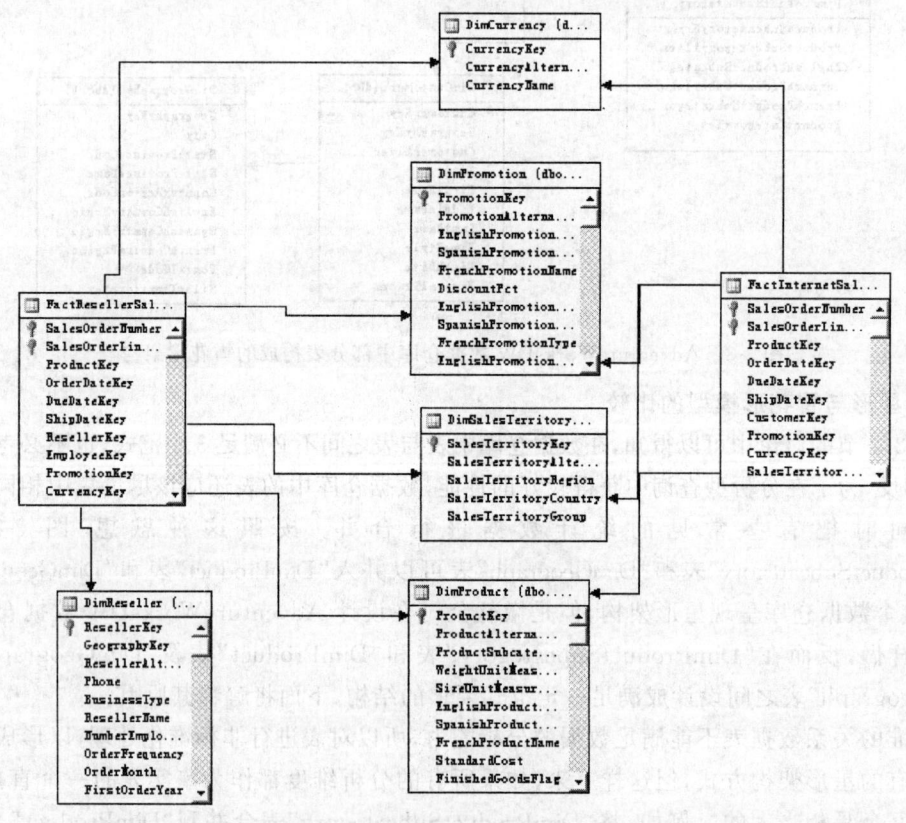

图 3-9 数据仓库的星座模型示例

3.3 逻辑模型设计

进一步分析概念模型,即可构造出数据仓库的逻辑模型(中间层数据模型),它可以认为是数据仓库开发者和使用者之间,针对数据仓库的开发进行交流和讨论的工具与平台。开发者的任务就是要保证逻辑模型的完整性和正确性,并能满足用户的使用需求。

3.3.1 数据仓库的数据综合

在数据仓库中,数据采用分级的方法进行组织,除了元数据之外,业务数据一般分为四级,即当前细节级、历史细节级、轻度综合级和高度综合级,如图3-10所示。

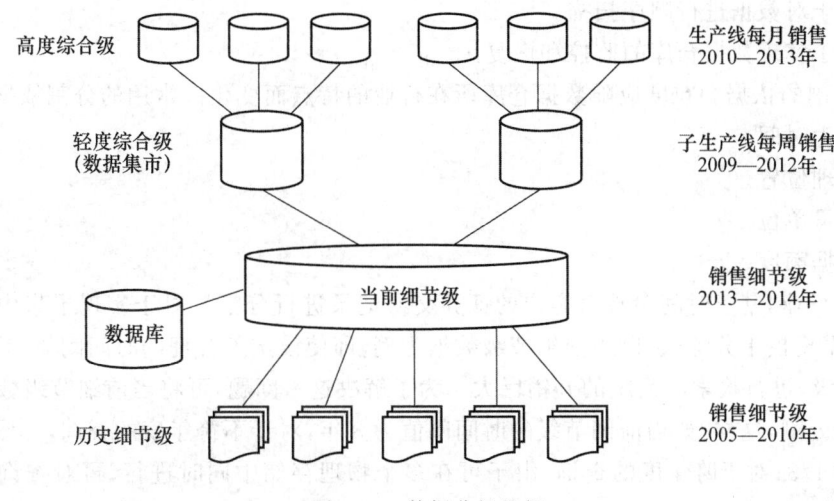

图 3-10　数据分级组织

1. 当前细节级

来自数据源的数据所反映的都是当前的业务情况,因此在导入数据仓库之后,首先作为当前细节级数据进行存储。这些数据规模较大,实时性强,是数据仓库用户最感兴趣的部分。当前细节级数据一方面依据数据仓库的既定规则,经过处理,得到轻度综合级数据和高度综合级数据;另一方面,随时间的推移,逐渐"老化",成为历史细节级数据。

2. 历史细节级

一般而言,当前细节级数据对于决策的支持程度随数据发生时间的久远而降低。为了有效控制数据仓库中当前细节级数据的规模,保证系统的运行效率,在设计数据仓库时,通常应结合业务的特点和系统硬件的水平,设定一个合理的时间阈值,将当前细节级数据中发生时间超过该阈值的部分(即已经"老化"的数据)转为历史细节级数据,并以合适的方式进行存储。

3. 轻度综合级

为了有效控制数据仓库中进行决策支持时的系统开销,对当前细节级数据通常以一定的时间段为单位进行综合。这一设定的时间段参数又称为"粒度"。以较小的粒度生成的综合数据称为轻度综合级数据,其规模要远远小于当前细节级数据,因此可以明显提高决策运算的效率。

4. 高度综合级

以较长的时间段(即较大的粒度),对当前细节级数据进行综合而形成的结果,称为高度综合级数据。高度综合级数据的内容十分精练,可以认为是一种"准决策数据"。需注意的是,综合级别的"轻度""高度"只是一种相对的概念,二者之间没有绝对的界限,会随业务特点和决策类型的不同而变化,同时在轻度综合和高度综合内部还可以做进一步的细分。

3.3.2 数据仓库中的时间分割

数据分割是指把数据分散存储到多个物理存储单元中,以便进一步处理。对数据进行分割是为了提高数据处理的灵活性,以达到以下目的。

(1) 易于实现数据仓库的重构/重组。
(2) 能够自由地建立数据库索引。
(3) 便于对数据进行顺序扫描。
(4) 易于实现数据仓库的监控和恢复。

数据分割的依据和粒度应随数据仓库所在行业的特点而变化。常用的分割依据如下。

(1) 发生时间。
(2) 地理位置。
(3) 计量单位。
(4) 数据额度。

在证券行业,基于时间参数对客户的证券交易记录进行分割。对于实现了集中交易的券商而言,数据规模十分惊人,以当前细节级数据为例,即使设定了合理的时间阈值,其数据也会达到 GB 量级,进行检索时系统的开销巨大。为了解决这一问题,可将当前细节级数据以"年"为单位进行分割,这样,如当前细节级的时间阈值为 3 年,对于不跨年度的查询,工作量就缩减为约原来的 1/3;对于跨年度的查询,由于可在多个物理存储中同时进行,再对查询结果进行综合,系统运行效率的提高更为明显。

如果数据的规模巨大,又需同时满足多个分析主题的需要,则可以从多个角度,按不同的依据对数据进行分割。例如,对集中交易的证券交易数据除了按时间进行分割外,为了分析不同等级城市的交易状况,还可以按营业部所在的地理位置进行分割。为了考查不同等级城市中各种委托方式对交易量的贡献,也可同时按地理位置和委托方式进行数据分割,以评估各种服务的成本。

对数据分割有效性的最简便、同时也是最严格的检验方式,是看分割后的数据能否方便地建立新的索引,以满足分析的需要。

数据分割可在系统层进行,也可在应用层进行。系统层进行的分割大多依靠数据仓库所依据的 DBMS 来完成,而应用层的数据分割则体现在应用程序的设计过程中。无论在哪一层次上进行分割,对用户而言,这种分割都是透明的。

系统层的数据分割适用于定义相对稳定的数据环境。由于某些原因(证券交易所接口库定义的改变等)会导致数据仓库中数据定义的变化,应用层的数据分割能较好地适应这种情况,而不必对物理存储中的数据进行全部重定义,同时,应用层的数据分割也可以很方便地实现处理集之间的转移。当然,应用层的数据分割对开发者的编程能力和业务水平有较高要求,实现难度较大。

3.3.3 数据仓库中的数据组织形式

在介绍了数据仓库中的数据综合和数据分割之后,本节着重讨论数据仓库中的数据组织形式。数据仓库中的数据组织形式包括简单直接文件、连续文件和定期综合文件三种类型。

1. 简单直接文件

简单直接文件是数据仓库中数据组织的最简单形式,就是每隔一段时间,将业务数据库中的数据以既定的方法导入数据仓库,并逐渐积累起来。在某种程度上,简单直接文件可以认为是数据库一系列"快照"的集合。

如果数据仓库导入数据的间隔时间参数固定为1天,这样的简单直接文件又称为"简单堆积文件"。有些行业由于法定节假日不产生交易数据,不必形成快照,因此在数据组织中没有简单堆积文件。

2. 连续文件

简单直接文件是一系列互相孤立的"快照",因此虽然具备了应有的细节,但却并不能直接为决策提供支持。将两个或两个以上简单直接文件合并起来的结果称为"连续文件"。连续文件可以提供一段时间内的数据细节,并可通过不断追加同类简单直接文件的方法,丰富自己的内容。

3. 定期综合文件

无论是简单直接文件,还是连续文件,随着时间的推移,其数据量都在不断增大,这给数据处理带来困难。定期综合文件可以解决这一问题,这种文件的实质是在简单直接文件的基础上进行综合统计运算。在这种数据组织方式中,数据按一定的时间单位(如日、月、季度、年等)进行综合统计,存储在不同的单元中,并每隔相应的时间段,对数据进行追加。例如,每月结束后,将该月的数据综合形成新的月度综合数据文件;每季度结束后,将该季度的数据综合形成新的季度综合数据文件,依此类推。

和连续文件相比,定期综合文件虽然有效缩减了数据的规模,但在综合过程中,却不可避免地损失了数据的细节,而且综合的时间周期越长,数据细节的损失就越多。因此,为了保证定期综合文件的有效性和可利用性,要特别注意妥善设计数据综合的方法。

3.3.4 数据仓库的粒度设计

粒度模型是数据仓库设计中需要解决的十分重要的问题之一。所谓粒度是指数据仓库中数据单元的详细程度和级别。数据越详细,粒度就越小,级别也就越低;数据综合度越高,粒度就越大,级别也就越高。

1. 粒度对数据分析的影响

(1) 影响逻辑结构的设计

先举一个粒度设计的例子,Adventure Works Cycles公司的管理者想按照国家、区域、分区域和分区域内的销售员这样的层次关系来查看公司的销售情况,按照此需求可以得到如图3-11所示的设计结果。它是通过将地理层次国家、区域和分区嵌入到销售员维度得到的。

如果公司的决策者认为不需要了解具体到某个销售人员的情况,而只需要了解各个地理区域的销售情况,则没有必要把销售员作为一个维度,只需把地域相关的表综合成为地理维度就可以了,设计结构如图3-12所示。

由以上实例可知,对事实粒度需求的不同会直接导致数据仓库逻辑设计的差异。

(2) 影响数据的存储

粒度对数据仓库最直接的影响就是存储容量。如图3-13所示的例子,对比按照每"月"统计的客户购买数据和按照每次消费记载的客户购买数据可发现,两者的数据量相差极大。不妨假定每个字段为8字节,每个客户一天有5次消费,则1个客户1个月的消费细节数据的数据量为$8 \times 6 \times 30 \times 5 = 7\,200$字节,而1个客户1个月的消费汇总数据的数据量为$8 \times 4 = 32$字节。

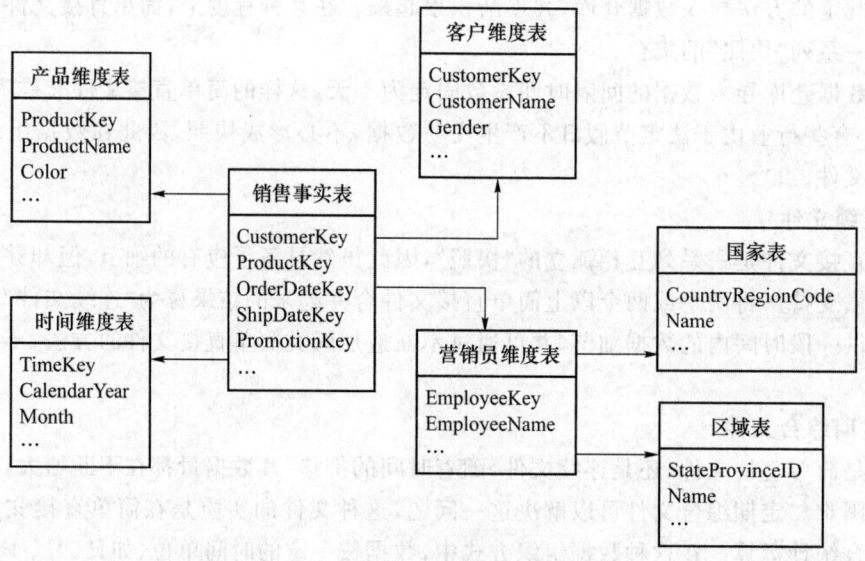

图 3-11 细化到销售员层次的设计结果

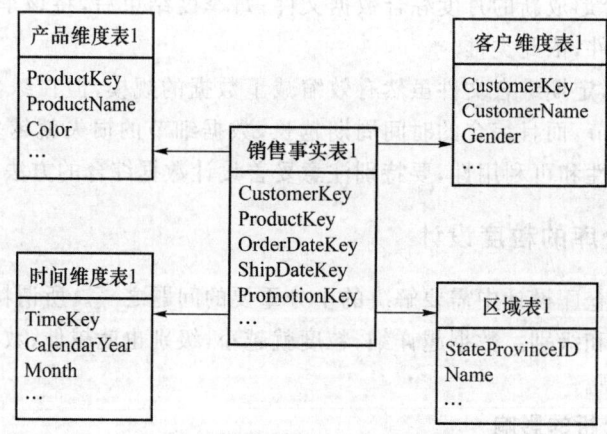

图 3-12 细化到分区域层次的设计结果

(3) 影响分析效果

不同的粒度设计对应不同的分析需求,若分析需求和粒度设计不匹配,则会直接影响分析效果。

因为数据的综合使得细节信息丢失,所以若分析需求的粒度小于设计的粒度,则需求不可能得到满足;反之,若分析需求的粒度大于设计的粒度,则查询会在更小的粒度上进行统计运算后才能回答,这将增加用户的等待时间。

例如,在图 3-14 中,要回答"李某在 2008 年 2 月 21 号是否在上海买了一辆变速车"这样非常细致的问题时,使用细节数据非常合适,而使用综合数据不可能回答出来。如果要回答"张某在 2008 年 1 月到 2008 年 12 月自行车配件的总消费是多少"这样综合程度较高的问题时,使用综合数据则可以迅速地回答这个问题。

由于数据仓库的主要作用是决策分析,因而大多数查询都基于一定程度的综合数据,而只有少数查询涉及细节。因此在数据仓库中,设计多重粒度是必不可少的。下面具体讲解粒度的设计问题。

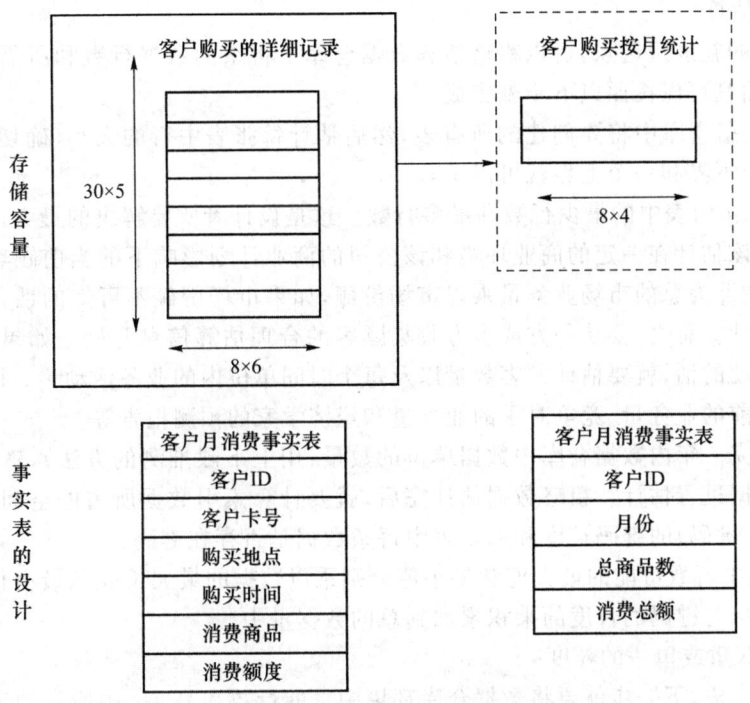

图 3-13　不同粒度的储存容量示例

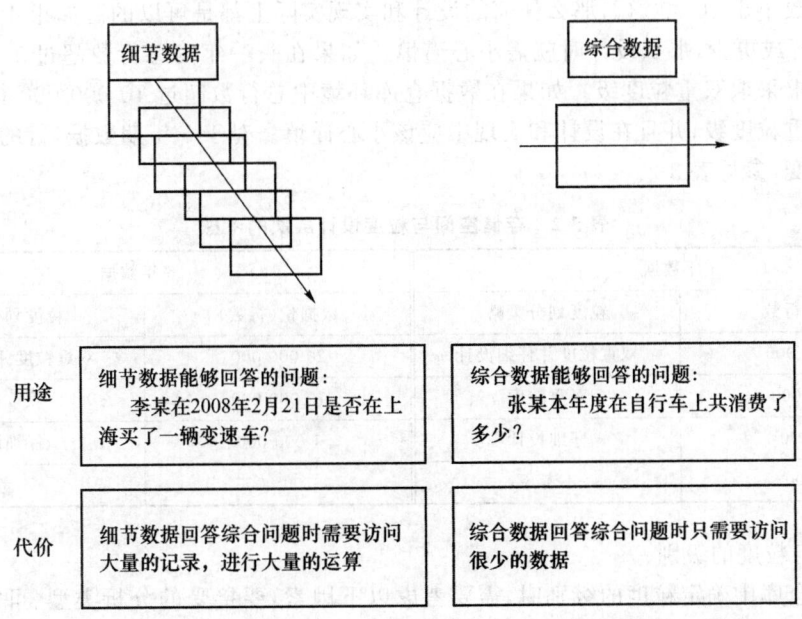

图 3-14　综合数据和细节数据的用途和查询代价

2. 粒度的设计技巧

　　由以上的分析可知,数据仓库的性能和存储空间是一对矛盾。如果粒度设计得很小,则事实表将不得不记录所有的细节,储存数据所需要的空间将会急剧地膨胀;如果粒度设计得很大,则由于事实表体积大而带来的诸多问题虽然能够得到一定程度的缓解,但决策者不能观察细节数据。粒度设计成了事实表设计中的重要一环。下面简单介绍粒度设计的基本步骤。

(1) 粗略估算

确定合适的粒度级起点,可以粗略估算数据仓库中将来的数据行数和所需的直接存取存储空间,粗略估算可以按照以下步骤完成。

① 确定数据仓库中将要创建的所有表,然后估计每张表中行的大小(确切大小可能难以知道,估计一个下界和一个上界就可以了)。

② 估计一年内表中的最少行数和最多行数。这是设计者所要解决的最大问题。例如,一个顾客表就应该估计在一定的商业环境和该公司的商业计划影响下的当前顾客数,如果当前没有业务,就估计为总的市场业务量乘以市场份额,如果市场份额不可知的话,就用竞争对手的业务量来估计。总之,要从一方或多方收集顾客的合理估算信息开始。如果数据仓库是用来存放业务活动的话,就要估计顾客数量以及每个时间单位内的业务活动量。同样,可用相同的方法分析当前的业务量、竞争对手的业务量和经济学家的预测报告等。

一旦估计完一年内数据仓库中数据单位的数量(用上下限推测的方法),就用同样的方法对5年内的数据进行估计。粗略数据估计完后,就要计算索引数据所占的空间。确定每张表(对表中的每个键码)的键码长度和原始表中每条数据是否存在键码。

③ 将各表中行数可能的最大值和最小值分别乘以数据的最大长度和最小长度。另外,要将索引项的数目与键码的长度的乘积累加到总的数据量中。

(2) 确定双重或单一的粒度

一旦估计完成,下一步就要将数据仓库环境中总的行数和表3-2中所示的表格进行比较。针对数据仓库环境中将具有的不同总行数,设计和开发必须采取不同的方法。以1年期为例,如果总的行数小于10 000行,那么任何的设计和实现实际上都是可以的。如果1年期总行数是100 000行或更少,那么设计时就需小心谨慎。如果在头一年内总行数超过1 000 000行,那么就要请求采取双重粒度级。如果在数据仓库环境中总行数超过10 000 000行,那么必须强制采取双重粒度级,并且在设计和实现中应该小心谨慎。对于5年期数据,行的总数大致依据数量级改变,参见表3-2。

表3-2 存储空间与粒度设计层次的考虑

1年数据		5年数据	
数据量(行数)	粒度划分策略	数据量(行数)	粒度划分策略
10 000 000	双重粒度并仔细设计	20 000 000	双重粒度并仔细设计
1 000 000	双重粒度	10 000 000	双重粒度
100 000	仔细设计	1 000 000	仔细设计
10 000	不考虑	100 000	不考虑

(3) 确定粒度的级别

在数据仓库中确定粒度的级别时,需要考虑以下因素:要接受的分析类型、可接受的数据最低粒度和能存储的数据量。

计划在数据仓库中进行的分析类型将直接影响数据仓库的粒度划分。将粒度的层次定义得越高,就越不能在该仓库中进行更细致的分析。例如,将粒度的层次定义为月份时,就不可能利用数据仓库进行按日汇总的信息分析。

数据仓库通常在同一模式中使用多重粒度。在数据仓库中,可以有现在创建的数据粒度和以前创建的数据粒度,这是以数据仓库中所需的最低粒度级别为基础设置的。例如,可以用低粒度数据保存近期的财务数据和汇总数据,对时间较远的财务数据只保留粒度较大的汇总数据。这样既可以对财务近况进行细节分析,又可以利用汇总数据对财务趋势进行分析,这里的数据粒度划分策略就需要采用多重数据粒度。

定义数据仓库粒度的另一个要素是数据仓库可以使用多种存储介质的空间量。如果存储资源有一定的限制,就只能采用较高粒度的数据粒度划分策略。这种粒度划分策略必须依据用户对数据需求的了解程度和信息占用数据仓库空间的大小来确定。

选择一个合适的粒度是在数据仓库设计过程中所要解决的一个复杂问题,因为粒度的确定实质上是业务决策分析、硬件、软件和数据仓库使用方法的一个折中。在确定数据仓库的粒度时,可以采用多种方法来达到既能满足用户决策分析的需要,又能减少数据仓库的数据量。如果主题分析的时间范围较小,可以保持较少时间的细节数据。例如,在分析销售趋势的主题中,分析人员只利用一年的数据进行比较,那么保存销售主题的数据只需要保存 15 个月的就足够解决问题了,不必保存大量的数据和时间过长的数据。

还有一种可以大幅降低数据仓库容量的方法,就是只采用概括数据。这样处理后,确实可以降低数据仓库的存储空间,但是有可能达不到用户管理决策分析中对数据粒度的要求。因此,数据粒度的划分策略一定要保证数据的粒度确实能够满足用户的决策分析需要,这是数据粒度划分策略中最重要的一个准则。

下面以类似 Adventure Works Cycles 公司的生产部门数据仓库设计为例,如图 3-15 所示。由于对不同的生产业务查询需求有差异,所以这里采用多重粒度来设计数据仓库。图 3-15 的左边是操作型数据,记录的是完成若干给定部件的生产线运转情况,其每一天都会积累许多记录,这些记录是生产业务的详细数据,最近 30 天的活动数据都存储在操作型数据的联机环境中。

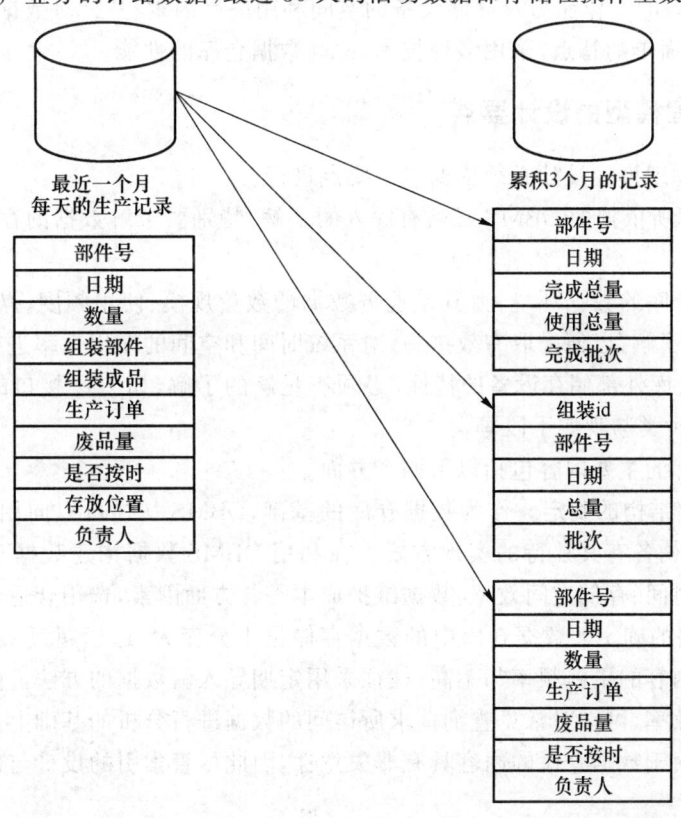

图 3-15　生产环境的多重粒度

图 3-15 的右边是轻度综合级的数据,轻度综合级包括两个表:一个表汇总某一部件在 3 个月中的生产情况;另一个表汇总部件的组装情况,汇总周期为 1 年。真实档案级的数据包括每个生产活动的详细记录。

粒度在数据仓库生命周期中是重要的考虑因素。它由业务问题所驱动,受技术的制约。如果粒度太大,会丢失个别细节,要花更多的处理时间来解开聚合;如果粒度太小,会使许多宝贵的处理时间都浪费在建立聚合上。因此粒度设计主要是权衡粒度级别,在业务量大、分析要求比较高的情况下,最佳解决办法是采用多重粒度的形式。而针对具体的某个事实的粒度而言,应当采用"最小粒度原则",即将量度的粒度设置到最小。

假设目前的数据最小记录到秒,即数据库中记录了每秒的交易额。那么,如果可以确认在将来的分析需求中,时间只需要精确到天就可以的话,就可以在 ETL(抽取、转换、装载)处理过程中,按天来汇总数据,此时,数据仓库中量度的粒度就是天;反过来,如果不能确认将来的分析需求在时间上是否需要精确到秒,那么,就需要遵循"最小粒度原则",精确到秒,以满足查询的可能需求。

3.4 物理模型设计

数据仓库的物理模型是指逻辑模型在计算机世界中的具体实现方法,包括物理存取方式的设计、数据存储结构的构造、数据存放位置的确定等。数据仓库的物理模型是在逻辑模型的基础上实现的,为了保证数据仓库系统的运行效率,在物理模型设计时,应综合考虑 CPU 的处理能力、I/O 设备的工作能力及存储设备的空间利用率等因素,并针对数据仓库数据存储量大、数据操作方法简单的特点,采用多种技术,提高数据仓库的性能。

3.4.1 物理模型的设计要点

数据仓库的物理模型设计必须依据以下要点进行。

(1) 对数仓库所依据的 DBMS 必须有深入的了解,特别要了解数据的存储结构和存取的现实方法。

(2) 对数据仓库的数据环境,尤其是业务数据的数量规模、使用频度、操作方式等方面的特点,要有全面的了解,以便采取有效措施,对系统时间和空间的使用效率进行平衡和优化。

(3) 对数据仓库外部储存设备的特性,必须有足够的了解,如 I/O 接口的特性、数据分组的方法、RAID 的种类与现实手段等。

物理模型设计的主要内容包括以下四个方面。

(1) 数据存储结构的确定。作为数据仓库的基础,DBMS 往往可以向用户提供多种存储结构,每种存储结构各有其独特的实现方式。在利用 DBMS 数据构建数据仓库时,应当统一考虑数据的存储时间、存储空间效率、数据维护成本等各方面因素,选用合适的存储结构。

(2) 索引策略的确定。数据仓库中的数据存储量十分庞大,远远超过一般的业务数据系统。但数据仓库内容的更新频率却不高,往往采用定期导入新数据的方法。因此,为有效提高数据仓库的运行效率,可在对常见查询请求所访问的数据进行分析的基础上,设计建立较为复杂的索引策略。由于数据仓库的内容具有非失意性,因此尽管索引的设计与建立工作量较大,维护却较为简单。

(3) 数据存放位置的确定。不同的数据存储介质各具特点:硬盘的存储量大,数据传输速度,检索方便,但价格相对较高;光盘价格便宜,但单张容量有限,容易损坏;磁带的存储容量大,成本较低,但只适合于顺序访问。数据仓库的内容是按主题组织存放的,可以根据各主题的重要程度、数据访问频度、数据体积等方面的特点,确定数据的存放策略。

(4) 存储分配参数的确定。在创建传统数据库的工作中,包括一项重要的内容,就是确定一些具体的与数据存储分配相关的参数,如数据块尺寸的大小、缓冲区体积的大小、缓冲区的数量等。数据仓库是依托 DBMS 而建立的,因此在建立数据仓库时必须进行这一步工作。

3.4.2 事实表的设计

事实表是星形模型的核心,其内容可以分为键和详细指标两部分。事实表通过键将各维度表组织起来,共同满足用户的查询需求;详细指标是指记录在事实表的具体数据,因其构成与内容较为简单,因此在事实表中直接记录,供查询使用。在物理模型中,事实表由逻辑模型演绎细化而来。

根据图 3-16 给出的客户主题逻辑模型,可以设计出以下事实表模型。

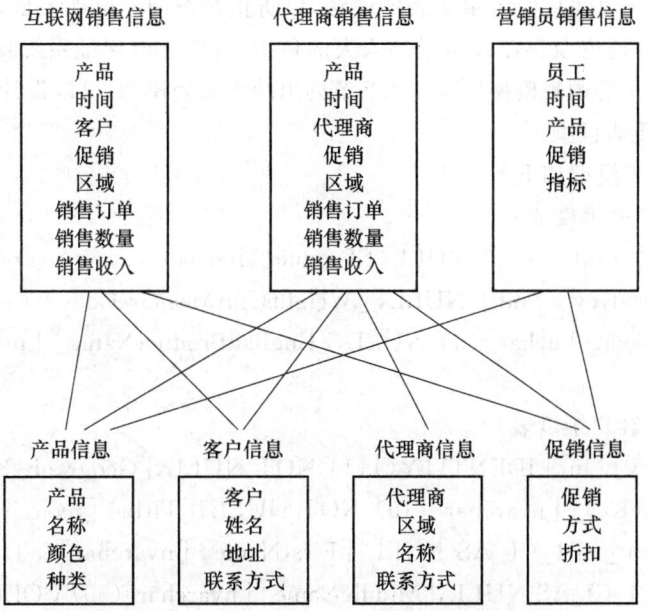

图 3-16 AdventureWorks 的客户主题逻辑模型

(1) 互联网销售事实

FactInternetSales(互联网销售信息表)

([ProductKey] [int] NOT NULL,[OrderDateKey] [int] NOT NULL,[DueDateKey] [int] NOT NULL,[ShipDateKey] [int] NOT NULL,[CustomerKey] [int] NOT NULL,…)

(2) 代理商销售事实

FactResellerSales(代理商销售信息表)

([ProductKey] [int] NOT NULL,[OrderDateKey] [int] NOT NULL,[DueDateKey] [int] NOT NULL,[ShipDateKey] [int] NOT NULL,[ResellerKey] [int] NOT NULL,[EmployeeKey] [int] NOT NULL,…)

在数据仓库中，业务数据主要记录在事实表中。因此，在物理模型的层次上看，事实表不仅是数据仓库的核心，而且是构成数据仓库所有类型的表中体积最大的表。为了保证数据仓库系统的效率，减少查询、备份、恢复等操作所需要的时间，降低数据过于集中而带来的风险，在数据事实表时，必须注意数据分割、粒度控制等环节，并合理设置每个事实表中列的数量，将过于复杂的表加以分解。此外，还可以将历史数据归档到独立的事实表中，从而有效地控制表的大小。

3.4.3 维度表的设计

完成事实表的设计之后，就应当根据逻辑模型来设计维度表模型。每个事实表都需要大量的数据，对其属性和细节进行详细说明。设计维度表的目的是要将这些数据按其内在的逻辑关系有序存放，作为数据仓库开展分析工作的途径。在维度表的设计过程中，应注意提供所描述对象的详细属性。

在设计事实表和维度表之间的关系时，应注意尽可能让维度表中的数据直接参考事实表，避免通过其他的中介而间接参考事实表的做法，以防止在查询中出现大量表相互关联的情况，给系统的CPU、I/O通道及存储设备增加太大的负担，这样才能保证系统具有较高的效率。

根据图3-16所示的逻辑模型以及3.4.2节列出的事实表模型，可以设计出AdventureWorks公司销售主题的维度表模型。

销售主题维度表模型如下。

（1）product（产品维度表）

（[ProductKey][int] NOT NULL,[ProductAlternateKey][nvarchar](25) NULL,[ProductSubcategoryKey][int] NULL,[WeightUnitMeasureCode][nchar](3) NULL,[SizeUnitMeasureCode][nchar](3) NULL,[EnglishProductName][nvarchar](50) NOT NULL,…）

（2）customer（客户维度表）

（[CustomerKey][int] IDENTITY(1,1) NOT NULL,[GeographyKey][int] NULL,[CustomerAlternateKey][nvarchar](15) NOT NULL,[Title][nvarchar](8) COLLATE SQL_Latin1_General_CP1_CI_AS NULL,[FirstName][nvarchar](50) COLLATE SQL_Latin1_General_CP1_CI_AS NULL,[MiddleName][nvarchar](50) COLLATE SQL_Latin1_General_CP1_CI_AS NULL,…）

（3）employee（员工维度表）

（[EmployeeKey][int] NOT NULL,[ParentEmployeeKey][int] NULL,[EmployeeNationalIDAlternateKey][nvarchar](15) NULL,[ParentEmployeeNationalIDAlternateKey][nvarchar](15) NULL,[SalesTerritoryKey][int] NULL,[FirstName][nvarchar](50) COLLATE SQL_Latin1_General_CP1_CI_AS NOT NULL,…）

（4）promotion（促销维度表）

（[PromotionKey][int] IDENTITY(1,1) NOT NULL,[PromotionAlternateKey][int] NULL,[EnglishPromotionName][nvarchar](255) NULL,[SpanishPromotionName][nvarchar](255) NULL,[FrenchPromotionName][nvarchar](255) COLLATE SQL_Latin1_General_CP1_CI_AS NULL,[DiscountPct][float] NULL,…）

维度表的属性内容是对所依附事实表的某些信息的描述，这种描述应具有以下特征：

（1）每个维度表都应该有自己的特定的标题（如时间、地点等），这一标题是对属性内容的抽象，并可作为对事实表进行分析的依据，以满足依据不同的需要进行查询分析的要求。

（2）维度表的属性内容必须有准确的表述。这种表述的方式可以是离散的，也可以是文字化的，但必须能对被描述物体进行区分。例如，国籍维度表就是有具体的文字来表述属性的内容，并体现出彼此之间的区别。

3.4.4 物理模型的设计对数据仓库性能的影响

数据仓库系统与基于传统数据库的业务处理系统相比，在响应速度上存在着重要的区别：基于传播数据库的业务处理系统对系统处理的实时性有很高的要求，而数据仓库在这方面的要求则较低。但这并不意味着数据仓库的设计就可以忽略系统的性能和效率。在物理模型的设计阶段，应着重从以下几方面进行考虑。

1. 合理控制数据的规范化程度

当前细节级的数据是数据仓库中最重要的部分。为了便于数据的存储、管理与操作，在设计数据仓库时，必须进行规范化处理。但是，在完全规范化（如完全符合3NF）的数据环境中，数据的组织可能过于琐碎，属性的名称和数据格式过多，不利于对数据的高效处理。因此必须采取合适的方法，对数据进行反规范化处理，以合理控制数据的规范程度。常用的处理方法有以下几种。

（1）表的合并。数据仓库具有稳定性的特点，其分析过程是相对固定的，涉及的查询操作也是例行的，往往某项分析操作仅针对某些表中的某些项进行。在对数据仓库的功能及其在数据库级的实现有了很深的了解后，可以对某些关联频繁的表进行合并，以降低数据规范化程度的方法，节省I/O和关联计算的开销。

（2）数据冗余。有些表的属性在数据仓库中得到了广泛的应用，几乎所有的查询分析操作都可能涉及这些属性。而这些属性本身是相互固定的，一旦确定之后，就很少发生改变，因此，为了减少数据仓库工作时表的关联，可以将这些属性作为冗余数据，插入到其他需要的表中去。

虽然数据冗余的好处是明显的（即提高了数据仓库的性能），但它却是以消耗存储空间为代价的，同时也带来了新的问题，即冗余数据必须妥善加以维护，保证冗余数据之间的一致性。如果属性的数值变化频繁，这一维护的工作量是十分可观的。因此，在实施数据冗余时，应对相应属性的性质及变化情况有充分的了解。

2. 设计数据的存储策略

数据仓库中的数据是按分级的方法进行组织的。除元数据之外，业务数据一般分为当前细节级、历史细节级、轻度综合级与高度综合级。在规模较大的数据仓库中，同一企业内的各个部门对数据的需求是不同的。因此，有必要根据数据的实际需求情况，设计出合理的存储策略。

（1）服务器级的数据分散存储。将数据仓库中的所有数据存储在同一台服务器上，不仅加重了CPU和I/O通道等各个环节的负担，对所依托的DBMS而言，负载也过于沉重。因此，如业务数据的规模超过了一定的限度，就可以按系统规定的阈值，将其分拆为当前数据、历史数据和归档数据等几个部分，分散存储在不同的服务器上。如果这时数据量仍偏大，则可再以数据的应用主题，使用部门等为依据，做更加细化的分析。

（2）磁盘级的存储优化。在数据仓库中，经常会按照某个固定的顺序，对某些数据进行访问或处理。如果将这些数据按其处理顺序严格地存放在一个或几个连续的物理块中,构成数据序列,就可以在同义词数据读取操作中,得到更多有用的数据,供系统处理使用,这样就可以明显地提高数据的读取效率,降低磁盘的 I/O 负担。

对于在分析操作时需要经常进行关联操作的表,可以分别存放在不同的磁盘上,以减少数据访问时因形成访问队列而导致的等待时间。对于那些访问特别频繁的表,则要着重考虑提高其存储磁盘的性能,如接口规范、转速等。

3. 采用 RAID 技术

为了获得磁盘存储的容错能力,进一步提高磁盘的 I/O 性能,目前通常使用 RAID (Redundant Array of Inexpensive DISKS,廉价冗余磁盘阵列)技术构筑磁盘阵列。常用的 RAID 包括三个级别,即 RAID0、RAID1 和 RAID5。其中 RAID0(不含冗余的磁盘条带集)只能提高 I/O 性能,不能提供容错能力,但 RAID1 和 RAID5 的磁盘利用率较高,具有较高的性价比,因此是较理想的 RAID 方式。

RAID 的实现有软件和硬件两种方式。软件的方式一般依赖于操作系统所提供的功能,硬件方式则通过专用的板卡实现,由于后者较少消耗系统的资源,因此在性能上具有明显的优越性。

4. 确定科学的索引方式

数据仓库的存储量十分巨大,这就需要设计合理的索引策略,以提高系统的运行效率。与业务数据库不同,数据仓库的数据导入是定期的、不频繁的,存储内容是非易失的、相对稳定的,索引的维护工作量较小。因此,可以设计出全面而科学的索引策略,建立较多的索引,并且每个索引的构成也可以比较复杂。一般在初次从业务数据库中抽取数据,并向数据仓库路中装载时,可以根据分析操作的要求建立许多"广义索引",并在每次进行新数据导入时,对这些"广义索引"加以更新,这样可以明显提高查询分析的速度。

建立索引的工作应从主关键字和外部关键字着手,并根据实际程序工作的需求而逐步增加索引。这样可以避免索引建立过程中的盲目性,控制索引的总量及维护索引所需的工作量。如果表的规模过大,涉及需建立的索引过多,则可考虑适当进行表的分拆。

思 考 题

1. 客观事物从现实世界的存在到计算机物理实现的抽象过程划分为哪几个阶段?
2. 回顾以前学过的邮政业务知识,试着画出投递业务的 E-R 图。
3. 试分析星形模型和雪花形模型的区别。
4. 数据仓库中的数据是如何存储的?分成哪几个级别?
5. 粒度设计对于数据仓库有哪些影响?
6. 如何设计数据仓库的物理模型?

第 4 章 数据仓库的使用

4.1 数据仓库与 OLAP

4.1.1 OLAP 的基本概念

OLAP 是关系数据库之父 E.F.Codd 在 1993 年正式提出的。当时,Codd 认为 OLTP 不能满足终端用户对数据库查询分析的需求,SQL 对数据库进行的简单查询及报告不能满足用户分析的需求,越来越多的用户需要更为复杂、动态的历史数据,要求从不同的数据源中综合数据,从不同的角度观察数据。动态数据分析涉及的不仅有历史数据的简单综合比较,还有多变的主题及多维数据的访问,(维内及维之间存在大量复杂的综合路径及关联),但这并不意味着否定关系数据库。Codd 认为,关系数据库从一开始就未打算提供强大的数据合成及多维分析能力,这些功能是由前端工具来完成的,它们与关系数据库相辅相成,因此关系数据库仍然是当今最适合企业数据管理的技术。Codd 所指的这些前端工具即为 OLAP 类产品。

根据 OLAP Council 的定义,OLAP 是使分析人员、管理人员或执行人员能够从多个角度对原始数据中转化出来的、能够真正为用户所理解并真实反映企业特性的信息进行快速、一致和交互性的存取,从而获得对数据本质内容更深入了解的一类软件技术。

OLAP 是针对特定问题的联机数据分析,是数据仓库上的分析展示工具。它建立在数据多维视图的基础上,可以提供给用户强大的统计、分析、报表处理功能及进行趋势预测的功能。其具有两个重要的特点:一是在线性,体现为对用户请求的快速响应和交互式操作;二是多维分析,也就是说,OLAP 展现在用户面前的是一个多维视图,使用者可以对其进行各种多维分析操作。下面具体介绍 OLAP 的多维分析特性。

在实际的决策制订过程中,决策者需要的不是某一指标单一的值,而是希望从多个角度或者从不同的考查范围来观察某一指标或多个指标,通过分析对比,从而找出这些指标间隐藏的内在关系,并预测这些指标的发展趋势,即决策所需的数据总是和一些分析角度和分析指标有关。OLAP 的主要工作就是将数据仓库中的数据转换到多维数据结构中,并且对上述多维数据结构执行有效且非常复杂的多维查询。

4.1.2 OLAP 系统与 OLTP 系统的区别

OLAP 系统与 OLTP 系统是有区别的。联机操作数据库系统的主要任务是执行联机事务和查询处理,这种系统称为 OLTP 系统。它们涵盖了一个组织的大部分日常操作,如购买、制造、注册、记账等。数据仓库系统在数据分析和决策方面为用户或"知识工人"提供服务。这种系统用不同的格式组织和提供数据,以便满足不同用户的形形色色需求,这种系统统称为 OLAP 系统。

OLTP 系统与 OLAP 系统的主要区别概述如下。

(1) 用户和系统的面向性。OLTP 系统是面向顾客的,用于办事员、客户和信息技术专业人员的事务和查询处理。OLAP 系统是面向市场的,用于知识工人(包括经理、主管和分析人员)的数据分析。

(2) 数据内容。OLTP 系统管理当前数据。通常,这种数据太琐碎,难以用于决策。OLAP 系统管理大量历史数据,提供汇总和聚集机制,并在不同的粒度级别上存储和管理信息。这些特点使得数据易用于决策。

(3) 数据库设计。通常,OLTP 系统采用实体-关系(E-R)模型和面向应用的数据库设计。OLAP 系统通常采用星形或雪花形模型和面向主题的数据库设计。

(4) 视图。OLTP 系统主要关注一个企业的或部门内部的当前数据,而不涉及历史数据或不同组织的数据,当前数据较为详细,且为一般关系。相比之下,由于组织的变化,OLAP 系统常常跨越数据库模式的多个版本。OLAP 系统也处理来自不同组织的信息,以及由多个数据存储集成的信息。由于数据量巨大,OLAP 数据可存放在多个存储介质上,所以数据查询较为复杂。

(5) 存取。在 OLTP 系统中以短的原子事务为主。其涉及的存取方式包括读和写。然而,在 OLA 系统中,由于数据仓库中大部分是历史数据,所以在存取方式上以只读为主。

(6) OLTP 系统和 OLAP 系统的其他区别还有数据库规模、用户数、性能度量等,这些都概括在表 4-1 中。

表 4-1 OLTP 系统和 OLAP 系统的比较

对比点	OLTP 系统	OLAP 系统
特征	操作处理	信息处理
面向性	顾客	市场
用户	办事员、客户、信息技术专业人员	知识工人(如经理、主管、分析人员)
功能	日常操作	决策分析
数据库设计	基于 E-R 图、面向应用	采用星形、雪花形模型、面向主题
数据内容	当前的、确保最新	历史的、跨时间维护
汇总	原始的、高度详细的	汇总的、统一的
视图	详细、一般关系	复杂查询
存取	读写	大部分为只读
访问记录数量	数十个	数百万
用户数	数千	数百
数据库规模	100 MB 到 GB 级	100 GB 到 TB 级
优先	高性能、高可靠性优先	高灵活性优先
性能度量	事务吞吐量	查询吞吐量、响应时间

4.1.3 OLAP 带来的好处

最早的 OLAP 产品可以追溯到 20 世纪 70 年代,但真正形成一个大的 OLAP 市场则是在 20 世纪 90 年代以后。目前大约有 30 多家的 OLAP 供应商,但还没有具有绝对主导地位的产品。OLAP产品和技术已经给社会经济带来了巨大的利润和效益。

如果把 OLAP 定义为对共享多维数据的快速分析(Fast Analysis of Shared Multidimensional Information,FASMI),则有很多产品可以划入此类。数据密集型行业(Data Rich Industries)(如生活资料、零售、金融服务和运输业等)是 OLAP 产品的主要需要者。OLAP 产品在众多行业中发挥着重要作用,并给它们带来巨大好处。

1. 市场和销售分析

生活消费品行业:如各种化妆品、食品的生产厂商。生活消费品行业通常每月或每周都会对市场状况和产品的销售情况分析一次。由于竞争激烈,此类行业通常需要复杂的分析和统计功能。

零售业:如各大超市、连锁店。在零售业中,主要是电子销售网点的使用和会员卡的引入给此行业产生了大量的数据,这类行业一般每周或每天对数据分析一次,且经常要求具体查看每一个顾客的数据。其需要的复杂分析并不多,关键是数据量巨大。

金融服务业:如银行、保险业。OLAP 具在金融服务业中主要用于相关金融产品的销售分析,分析时要具体到每个客户。

2. 点击流分析

电子商务网站记录了用户在网上的所有行为,为更精确地分析用户提供了可能性。一个典型的商务网站每天都会产生大量数据,简单的统计分析显然难以胜任,运用多维、分层的 OLAP 分析可以很好地把这些数据组织起来。

3. 基于历史数据的营销

通过各种不同的历史数据,用数据挖掘或统计的方法找到针对某项服务或商品的销售对象,这在传统上不属于 OLAP 的范围,但通过多维数据分析的引入,会取得更好的效果。典型的应用有如下几种。

(1) 通过历史购买记录,得到对此项产品或服务感兴趣的用户。

(2) 通过向有购买欲望的客户及时提供他想要得到的商品或服务,来提高客户忠诚度。

(3) 找到"好"顾客的特点,利用其特点寻找有价值的顾客。

4. 预算(Budgeting)

预算通常指从下到上提交和从上到下约束的反复过程。OLAP 工具可以在这个过程中提供分析能力,先设立一个好的起点,以使循环过程最少。预算制订者可以通过 OLAP 提供的工具浏览销售、生产及合并计划等企业全方位的数据,得到一个较合理的方案,也可以利用这些数据自动制订出建议方案。

5. 利润率分析(Profitability Analysis)

无论在制订价格、选择投资领域还是预测竞争压力等方面都要用到利润率分析。企业需要知道能在哪里盈利,在哪里可能会出现亏损。对于企业来说准确地计算自己每一件产品的成本非常重要,这样才能知道如何灵活地面对不同的竞争。通过使用 OLAP 工具对利润率分析,可以快速清晰地得到这些重要的信息资料。

4.1.4 数据仓库与 OLAP

数据仓库和 OLAP 一般适用于决策支持系统和业务智能系统的不同组件,这些类型的系统组件包括数据库和应用程序,以及用于为分析人员提供支持企业决策制订所需的工具。数据仓库是一个过程。创建数据仓库不只是抽取数据,还要对数据进行分类、综合,然后建立各自的数据表和表间的关联关系。通过分析这些历史数据,来支持对分散的组织单元进行从策略计划到性能评估的多级业务决策。对数据仓库中的数据进行组织是为了支持分析,而不像在联机事务处理系统中那样是为了处理实时事务。

OLAP技术使数据仓库能够快速响应重复而复杂的分析查询,从而使数据仓库能有效地用于联机分析。OLAP的多维数据模型和数据聚合技术可以组织并汇总大量的数据,以便能够利用联机分析和图形工具迅速对数据进行评估。分析人员搜寻答案或试探可能性时,或者在得到对历史数据查询的结果后,还经常需要进行进一步分析。OLAP系统可以快速灵活地为分析人员提供实时支持。通过组织和汇总数据,为高效分析查询创建多维数据集,OLAP为数据仓库数据提供了一种多维表现方式。而数据仓库结构的设计又会影响多维数据集设计和建立的难易程度。因此数据仓库和OLAP是密不可分的,两者的关系如图4-1所示。

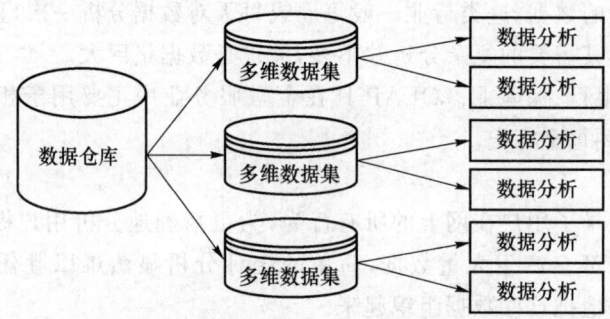

图4-1 数据仓库与OLAP的关系

4.1.5 OLAP多维数据分析

OLAP的目的是为决策管理人员提供一种灵活的数据分析、展现的手段,这是通过多维数据分析实现的。基本的多维数据分析概念包括切片、切块、钻取、旋转等。随着OLAP的深入发展,又逐渐演变出广义OLAP操作。这些方法可以剖析数据,使最终用户能从多个角度、多侧面地观察数据库中的数据,从而深入地了解包含在数据中的信息、内涵。多维分析方式符合人的思维模式,使分析人员能够迅速、一致、交互地从多个角度、多个侧面来剖析反映企业情况的特性数据,使人们在观察数据时减少混淆与错误,发现数据后面隐藏的、有价值的,并能被用户理解的信息和内涵,这能更深刻地反映企业的真实面目和企业所处的环境,减少了混淆情况的发生次数,降低了出现错误解释的可能性。

1. 切片

选定多维数组的一个二维子集的操作叫作切片,即选定多维数组(维1,维2,…,维n,变量)中的两个维,如维i和维j,在这两个维上取某一区间或任意维成员,而将其余的维都取定一个维成员,则得到的就是多维数组在维i和维j上的一个二维子集,称这个二维子集为多维数组在维i和维j上的一个切片,表示为(维i,维j,变量)。

不管原来的维数有多少,数据切片的结果一定是一个二维的"平面"(表)。从另一个角度来讲,切片就是在某个域的某些维上选定一个维成员,而在某两个维上取一定区间的维成员或全部维成员。从这个定义可以得出:一个多维数组的切片最终是由该数组中除切片所在平面两个维之外的其他维的成员值确定的。

切片就是在某两个维上取一定区间的维成员或全部维成员,而在其余维上选定一个维成员的操作。维是观察数据的角度,那么切片的作用或结果就是舍弃一些观察角度,使人们能在两个维上集中观察数据。因为人们的空间想象力毕竟有限,人们一般很难想象四维以上的空间结构。所以对于维数较多的多维数据空间,数据切片是十分有意义的。

图4-2所示的是一个按产品维、地区维和时间维组织起来的产品销售数据,用多维数组表示为(地区,时间,产品,销售额)。如果在地区维上选定一个维成员(设为"上海"),就得到了在地区维上的一个切片(关于"时间"和"产品"的切片);在产品维上选定一个维成员(设为"电视机"),就得到了在产品维上的一个切片(关于"时间"和"地点"的切片)。显然,这样切片的数目就取决于每个维上维成员的个数。

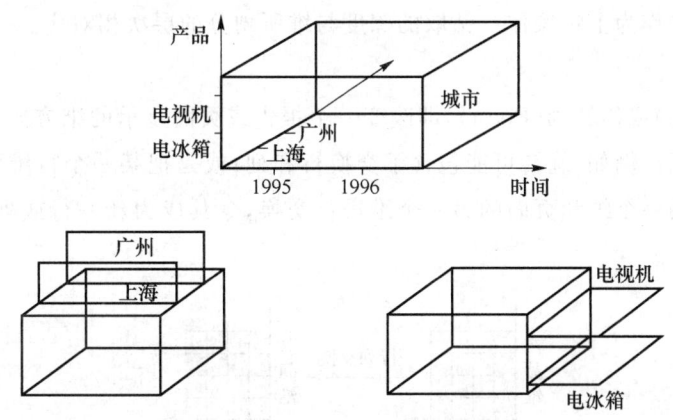

图 4-2 三维数据切片

2. 切块

在多维数组的某一维上,选定某一区间维成员的方法称为切块,即限制多维数组某一维的取值区间。显然,当这一区间只取一个维成员时,就得到一个切片。

选定多维数组(维 1,维 2,…,维 n,变量)中的三个维:维 i、维 j 和维 r,在这三个维上取某一区间或任意的维成员,而将其余的维都取定一个维成员,则得到的就是多维数组在维 i、维 j 和维 r 上的一个三维子集,我们称这个三维子集为多维数组在维 i、维 j 和维 r 上的一个切块,表示为(维 i,维 j,维 r,变量)。切块和切片的作用与目的是相似的。

切块可以看成是在切片的基础上,进一步确定各个维成员的区间后得到的片段体,即是由多个切片集合起来的。对于时间维的切片(时间取一个确定值),如果将时间维上的取值设定为一个区间(如取"1990—1999年"),而非单一的维成员时,就得到一个数据切块,它可以看成是由 1990—1999 年 10 个切片叠合而成的。

3. 钻取

钻取有向下钻取(Drill Down)和向上钻取(Drill Up)操作。向下钻取是使用户在多层数据中能通过导航信息而获得更多的细节性数据,而向上钻取是获取概括性的数据,也可称为上卷。例如,1995年某企业各部门销售收入如表4-2所示。

表 4-2 各部门销售收入

部门	销售收入/元
部门1	900
部门2	650
部门3	800

在时间维进行下钻操作,获得的新表如表4-3所示。

表 4-3 下钻数据

部门	1995 年			
	1 季度收入/元	2 季度收入/元	3 季度收入/元	4 季度收入/元
部门 1	200	200	350	150
部门 2	250	50	150	150
部门 3	200	150	180	270

那么相反的操作为上钻操作。钻取的深度与维所划分的层次相对应。

4. 旋转

旋转(Turning)或称转轴(Pivot),即改变一个报告或页面显示的维方向,通过旋转可以得到不同视角的数据。例如,旋转可能包含了交换行和列;或是把某一个行维移到列维中去;或是把页面显示中的一个维和页面的另一个维进行交换,令其成为新一行或列中的一个。旋转如图 4-3 所示。

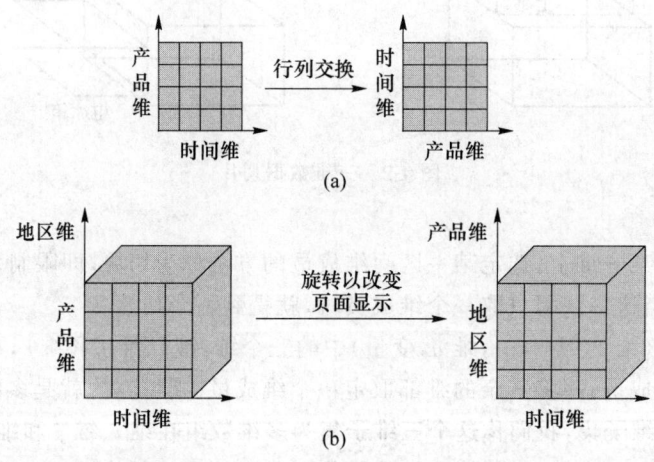

图 4-3 旋转操作

图 4-3(a)所示的是把一个横向为时间、纵向为产品的报表旋转成为横向为产品、纵向为时间的报表。

图 4-3(b)所示的是把一个横向为时间、纵向为产品的报表转换成一个横向仍为时间而纵向旋转为地区的报表。

OLAP 的数据来源于信息系统的数据库。通过 OLAP,将这些数据抽取和转换为多维数据结构,以反映用户所能理解的物流企业的真实维。通过多维分析工具对信息的多个角度、多个侧面进行快速、一致和交互的存取,从而使分析人员、经理和行政人员能够对数据进行深入的分析和观察。在数据仓库系统中,OLAP 使用的多维数据可以位于不同的层次:作为数据仓库的一个部分或作为数据仓库工具层的一部分。由于所处的层次不同,其分析结果的综合程度相应有高低之分,所以可以满足具有不同应用需求的用户要求。

4.2 元 数 据

4.2.1 元数据的概念

在事务处理系统中的数据主要用于记录和查询业务情况。随着数据仓库技术的不断成熟,企业的数据逐渐变成了决策的主要依据。数据仓库是一种面向主题、由多数据源集成、拥有当前及历史总结数据、以读为主的数据库系统,其目的是支持决策。数据仓库要根据决策的需要收集来自企业内外的有关数据,并加以适当的组织处理,使其能有效地为决策过程提供信息。数据仓库中的数据是从许多业务处理系统中抽取、转换而来的,对于这样一个复杂的企业数据环境,如何以安全、高效的方式来对它们进行管理和访问就变得尤为重要。解决这一问题的关键是对元数据(Metadata)进行科学有效的管理。元数据是关于数据、操纵数据的进程和应用程序的结构和意义的描述信息,其主要目标是提供数据资源的全面指南。元数据定义了数据仓库中数据的模式、来源以及抽取和转换规则等,而且整个数据仓库系统的运行都是基于元数据的,是元数据把数据仓库系统中的各个松散的组件联系起来,组成了一个有机的整体。

作为数据仓库中关于数据的数据,元数据在数据仓库中有着十分重要的地位。随着信息技术的迅速发展,应用范围的不断扩大,应用程度的日益深化,数据规模增长速度也在不断加快。如果大量的数据得不到良好的管理,就不能产生实际的应用,从而导致"数据泛滥,信息贫乏"的恶果。数据仓库中为了对大量数据进行有效的管理,采用了"元数据"机制,也正是因为有了元数据,用户才能更为有效地使用和维护数据仓库,从而实现对决策的支持,而所谓的"元数据"模型,就是数据仓库中由所有元数据所构成的整体。

按照传统的定义,元数据是关于数据的数据。在数据仓库系统中,元数据可以帮助数据仓库管理员和数据仓库的开发人员非常方便地找到他们所关心的数据。元数据是描述数据仓库内数据的结构和建立方法的数据。元数据的主要作用是对数据仓库中的各种业务数据的性质作出说明,从而使每个数据都具有在客观世界中的确切含义。元数据的构成比较复杂,有多种分类方法。

元数据按其所描述的内容,可以分为三类。

(1) 关于基本数据的元数据。在数据仓库系统中,基本数据是指数据源、数据集市、数据仓库以及由应用程序所存储和管理的所有数据的总和。关于基本数据的元数据即包含了与上述各部分数据有关的内容。按说明的范围,这部分元数据又可进一步细分为关于全部数据的元数据和关于部分数据的元数据两个子类。

(2) 关于数据处理的元数据。数据处理主要指数据的抽取、转换、加载、更新,数据完整性与一致性的检查,缺失数据的补充等方面的工作。关于数据处理的元数据定义了同这些工作相关联的规则,它包括过滤器、联结器和聚合器等部件,数据仓库的系统日志属于此类元数据的范畴。

(3) 关于企业组织的元数据。这类元数据比较特殊,它是对企业的组织结构状况的直接反映。如果把企业的组织信息作为基本数据(如对中小型企业而言),它又可归入"基本数据元数据"一类。所有与企业组织有关的信息(如数据集市/数据仓库的所有者、管理者的界定,以及各类用户使用系统的权限范围等)均由此类元数据加以说明。因此,这类元数据对于数据仓库的安全具有特殊意义。

元数据按用户对数据仓库的认识和使用目的,可分为两类:技术元数据和业务元数据。

技术元数据是存储关于数据仓库系统技术细节的数据,是用于开发和管理数据仓库使用的数据,它主要包括以下信息。

(1) 数据仓库结构的描述,包括仓库模式、视图、维、层次结构和导出数据的定义,以及数据集市的位置和内容。

(2) 业务系统、数据仓库和数据集市的体系结构和模式。

(3) 汇总用的算法,包括度量和维定义算法,数据粒度、主题领域、聚集、汇总、预定义的查询与报告。

(4) 由操作环境到数据仓库环境的映射,包括源数据和它们的内容、数据分割、数据提取、数据清理、数据转换规则和数据刷新规则、数据安全(用户授权和存取控制)。

业务元数据从业务角度描述了数据仓库中的数据,它提供了介于使用者和实际系统之间的语义层,使得不懂计算机技术的业务人员也能够"读懂"数据仓库中的数据。业务元数据主要包括以下信息。

(1) 使用者的业务术语所表达的数据模型、对象名和属性名。

(2) 访问数据的原则和数据的来源。

(3) 系统所提供的分析方法、公式和报表的信息。

按模型来说,元数据可以包括如下内容。

(1) 企业概念模型:这是业务元数据所应提供的重要信息,它表示企业数据模型的高层信息、整个企业的业务概念和相互关系。以企业模型为基础,不懂数据库技术和SQL语句的业务人员对数据仓库中的数据也能做到心中有数。

(2) 多维数据模型:这是企业概念模型的重要组成部分,它告诉业务分析人员在数据集市中维的个数、维的类别、数据立方体以及数据集市中的聚合规则。这里的数据立方体表示某主题领域中业务事实表和维度表的多维组织形式。

(3) 业务概念模型和物理数据之间的依赖:以上提到的业务元数据只是表示出了数据的业务视图,这些业务视图与实际的数据仓库或数据库,多维数据库中的表、字段、维、层次等之间的对应关系也应该在元数据知识库中有所体现。

元数据相当于数据库系统中的数据字典。但是由于数据仓库与数据库存在很大区别,因此元数据的作用远不是数据字典所能比拟的。元数据在数据仓库中有着举足轻重的作用,它不仅说明了数据仓库的作用,指明了数据仓库中信息的内容和位置,定义了数据的抽取和转换规则,存储了与数据仓库主题有关的各种商业信息,而且整个数据仓库的运行都是基于元数据的,如修改跟踪数据、抽取调度数据、同步捕获历史数据等。

4.2.2 元数据的作用

人们在使用数据仓库系统时,离不开元数据的定义和描述。元数据定义了数据从抽取、清洗、转换到导入数据仓库的全部处理过程,定义了数据仓库内部的数据逻辑结构和物理结构及其变化,是数据仓库系统的结构图和说明书,是数据仓库中不可或缺的部件。

1. 元数据在数据仓库开发/重构中的作用

数据仓库的开发/重构是一项复杂的工程,在实施这一工程时,元数据所起的重要作用包括以下内容。

(1) 描述业务规则与数据之间的映射。这种映射可以理解为实际工作中业务规则与数据仓库内容的对应关系,在最初设计数据仓库时,必须先对业务规则进行全面、正确的分析,并通过元数据反映出来。如果没有这部分元数据,那么数据仓库只是一堆毫无意义的数据堆砌;如果这部分元数据的设计方案欠佳,那么数据仓库的可理解性、易使用性也必然较差,这不仅会影响数据仓库对决策的支持效果,而且会影响数据仓库中数据的非易失性,致使其丧失存在的价值。

(2) 作为数据分割的依据。数据分割是构造数据仓库过程中不可或缺的步骤。为了提高数据仓库系统的性能,必须对其中的内容按一定的属性和阈值进行分离,并将得到的结果存入相互独立的表中。元数据中包含了进行数据分割的完整方案,包括需分割的数据块、作为分割依据的属性名与相关阈值,以及目标表的名称等。分割的依据可以是多样的,如时间、地点等,也可以同时依据多个属性和阈值进行多重分割,以进一步提高系统的易用性。

(3) 作为提高系统灵活性的手段。除了对系统的使用方法、业务概念、术语、预定义的查询和报表有详细的描述和说明外,元数据中还包含一些具有明确语义的数据,这些数据并不隐含在编译过的应用程序中,而是以系统配置文件之类的形式存储,供用户直接阅读、修改。当系统运行时,应用程序读取这些包含元数据的配置文件,加以解释,并体现在实际应用中,这就以极其直观的形式,方便而可靠地提高了数据仓库的灵活性。

(4) 定义标准处理的规则。概括、预算和推导等过程是数据仓库中预定义的处理过程,伴随业务数据的增加和更新而进行,无须用户提出要求。这些预定义处理过程的共同特点是对数据仓库的内容进行预定的处理,再将处理结果以预定的方式追加到预定的表中,以形成数据仓库的新内容。各种标准的处理方法(如计算参数、计算逻辑过程等)都是通过元数据进行定义的。

2. 元数据在数据抽取/转换中的作用

元数据定义了数据从被抽取,到清洗,转换,再到导入数据仓库的全部过程。其作用如下。

(1) 确定数据的来源。数据仓库的来源十分广泛,既有 DBMS、非结构化的文本文件,也有网络资源等。在数据抽取过程中,元数据的作用首先体现在对数据源的说明与规定上。元数据不仅要说明数据源来自何处,还要对数据源和目标数据之间的对应关系作出详细说明,这也是对传统的数据字典的重要补充。

(2) 保证数据仓库内容的质量。数据仓库内容的质量包括数据的一致性(数据描述统一、无定义混淆与内容冲突)、完整性(数据无缺失)、精确性(数据的精确度与可信度符合要求)、正确性(数据存储值与设计字段的意义吻合)等。元数据中应包含必要的规则,以保证数据内容达到上述质量标准。此外,元数据还应包括必要的规则,负责跟踪应用系统的更新,升级所造成的数据源变化,包括数据结构的改变、合并或重组,数据类型的变化,关键字段的变化等,以充分保证数据抽取和数据转换结果的高质量。

(3) 实现属性间的映射与转换。在多个数据源中的多个相似字段只有在建立映射后,才可以在数据仓库中加载到同一目标字段中。元数据中的数据属性内容对此作出详细的说明。此外,在字段的抽取和加载过程中,源字段与目标字段的属性定义可能不同,因此其属性可能需要进行转换,如变量类型的变化、长度的变化等。元数据定义了数据属性的转换过程,通过截断、取舍等方法实现这些字段的兼容,以保证数据抽取加载的完成。

4.2.3 元数据的使用

元数据对数据仓库的重要作用只有在元数据得到了正确的使用后,才能充分地体现出来。按使用目的的不同,数据仓库的使用者可分为开发人员、维护人员和最终用户三类,每类人员对元数据的使用目的和特点是不同的。

1. 数据仓库的开发人员

数据仓库的开发人员最关心的是企业的业务规则、数据源的物理结构,以及数据仓库的数据模型。因此,他们所使用的元数据主要与这些方面相关。对开发人员而言,数据源(如证券交易数据库)和业务模型(如证券交易的法定流程)是客观存在的。因此他们的主要工作是对这些内容进行深入的理解,抽取出足够的、合理的元数据,作为开发数据仓库的前提。

在设计数据仓库时,开发人员必须根据系统的既定要求,确定那些决定数据仓库的数据模型,以及实现数据源与数据仓库之间映射的元数据,这些元数据就是元数据库的基础。在数据仓库的设计过程中,开发人员需要通过直接访问元数据库的方法,不断地使用元数据,并且不断地对其内容进行扩充。这样,当数据仓库的原型建立起来之后,元数据库也就同步建立了。

2. 数据仓库的维护人员

维护人员所使用的元数据是元数据的全体,其使用特点是直接进行访问。要实现对数据仓库的高效率维护,保证系统性能的充分发挥,维护人员就必须对数据仓库的结构和原理有深入的了解。在数据仓库的运行过程中,维护人员还需要利用元数据,了解数据源和数据仓库结构的变化对数据仓库性能的影响,特别是当企业的业务数据模型发生变化时,必须结合元数据,对数据表的容量和利用率的变化、数据抽取/转换过程的效率与正确性、系统分析过程的性能等内容进行分析,从而对原有的元数据进行评估,以确定其是否有必要进行完善和修改。

维护人员使用元数据的一个目的是保证数据仓库的完整性和准确性,并剔除元数据中可能存在的错误。例如,如果维护人员发现利用数据仓库得出的若干结论间有较大的差异,甚至自相矛盾,那就必须对涉及该决策分析过程的所有元数据进行全面的分析,以消除错误,弥补不足。

3. 数据仓库的最终用户

元数据对于最终用户的意义在于,它是使用数据仓库进行决策支持的基础。这体现在以下两个方面:一方面,用户通过元数据,可以了解数据仓库的数据结构、数据的来源,以及数据在含义、完整性、取值范围、使用规则等方面的定义,例如,如果用户希望对客户交易的交易活跃度进行分析,他应当从元数据中获得进行分析的方法、依据和流程;另一方面,通过元数据,用户可以深入了解数据仓库在存储实现方面的细节,用户的某项分析可能不是数据仓库所设定的,但如果用户依据元数据,充分了解了数据仓库的实现方法,就可以根据已有的存储内容,实现自己的分析需求,这是元数据面向最终用户的一种高级用法。

最终用户不是从事数据仓库研究的专业人员,甚至有可能不具备足够的计算机专业知识,因此,在给他们提供元数据时,应当具有友好的界面、直观的形式和便捷的使用方法。

4.3 数据仓库的管理与维护

数据产生效益,要在系统运行或使用中,不断地理解需求,改善系统,不断地考虑新的需求,完善系统。维护数据仓库的工作主要是管理日常数据,包括刷新数据仓库的当前详细数据,将过时的数据转化成历史数据,清除不再使用的数据,管理元数据,等等,还包括如何利用接口定期从操作型环境向数据仓库追加数据,确定数据仓库的数据刷新频率等。

4.3.1 数据管理

1. 数据管理概述

在数据管理中,管理人员应该始终留意数据仓库实施中出现的问题症状表现。等待处理问题的时间越长,纠正问题的成本就越高。很明显,最好的选择是不让问题出现,但这几乎不可能。以下是一些企业数据仓库或数据集市在实施中出现的不正常情况。

(1) 应用程序之间缺少统一性。

不同部门中的不同数据集市用于相同分析和查询有不同结果时,企业就陷入矛盾之中,因为它已经失去了"单个真实的版本"。

(2) 决策分析的可用性差。

数据仓库不能同时满足历史数据分析和当前数据分析两方面的需求,也不能同时满足汇总数据分析和基本详细数据分析两方面的需求。

(3) 系统的可用性差。

因为更新的事务数据被清理,有时系统被发现不可使用,当清理安排与操作步骤冲突时,就会出现上述情况。如果数据仓库的规模已经发展到要求清理的时间超过系统可用的停机时间,异常情况也会发生,类似于出现备份安排差或备份准备计划差。当用户希望访问它时,都可能造成系统不可用。

(4) 数据存在可用性问题。

系统必须不断监视需要的硬盘空间,以便有表格和其他分析所需的自由空间。储存用于趋势分析的历史数据将占用越来越多的自由空间,而用于趋势分析的历史数据又必须保存,这将继续占用越来越多的自由空间,因此管理都必须要谨慎,以保证用户有足够可用的系统资源用于工作。定期的数据重组非常重要,用户应查明并纠正硬盘碎片,以保证数据的可用性最大。

(5) 系统性能下降。

反应速度慢的系统令人沮丧。系统的性能必须得到维持,特别是面对日益增长的各种需求。如果一个系统的性能开始下降,它们同样会被那些在系统性能良好时对它们大加赞扬的用户们拒绝。系统性能下降可以由许多原因导致:设计不良的数据库对象、草草编写的 SQL、资源争夺和自由空间问题等。以上任何一个原因或几个原因都可以给终端用户带来漫长的反应时间。它们并不是在数据仓库建设完成过程中产生的问题,而是在数据库已运行一段时间后才产生的。起初,用户正在学习系统,SQL 的叙述显得相对简单,并不需要用户太多精力。随着用户对系统的信心逐渐增加,他们会建立更加复杂的解析模型,这使得他们接触更复杂的 SQL 语言,从而使得最充满活力的系统也瘫痪。管理人员们必须时刻警惕所有这些可能的系统问题的来源,从最罕见的到最平凡的,从细微的、不易察觉的数据库对象设计流程到用户自身对自由磁盘空间的随意破坏。

业务是时刻变化的。业务条件会变,企业组织会变,业务规则会变,业务数据会变,技术会变,每一个领域的变化都不可避免地对数据库的结构和操作带来冲击。这就意味数据库必须有能力对这些变化作出反应,以保持它对组织的价值并平衡潜在的金融和资源投资。许多用户希望对所有变化能立即反应,他们希望反应的时间并不是平常要求的几天、几个星期,而是几个小时。一些专家感到数据集市的迅速发展(与企业数据仓库对比)反映出公司希望实现敏捷变化的愿望。

从传统意义上说,业务规则是相对稳定的,并经常被直接编码进入应用程序。但是,现在全球竞争的大环境意味着业务规则必须频繁改变。由于这些大部分要转换成信息的数据需要正确定义的业务规范,因此数据仓库工程将需要一种方式去捕捉和管理随时变化的业务规则,以便数据仓库系统能持续更新。数据仓库应用程序需要为逻辑上复杂的业务应用程序提供一个应用程序发展环境,以便积极快速地向市场靠拢,提高对竞争态势的适应力。

数据仓库的逻辑模型(存储库)技术不仅可以帮助管理人员管理元数据,也能帮助他们管理数据库中的所有数据(甚至是企业内部的)。如果数据分析被贮藏在存储库中,可用两种方法管理整个企业的数据变化。较受欢迎的方法是先使逻辑模型(存储库)发生变化。一旦一个数据库对象的变化过程被记录在存储库中,一份相应的变化描述和参考清单就传输到数据库管理工具中,该工具是为管理不同种类的分散数据库和数据库对象而建立的。然后这个工具创造出一种策略,在企业范围内为主体结构和客户/服务商数据库完成对物理数据库的修改。但是,许多组织在不报告存储库或数据存储的情况下会独立地在企业范围内对物理数据库进行改动。在这种情形下,独立的数据库管理者将用数据库管理工具来改变他们的 DB2、ORACLE、MICROSOFT、SYBASE 或 INFORMIX 数据库对象。存储库存储着有关数据库对象的消息(包括服务商信息),以及不同的数据元素是如何互相联系的信息。一旦一个物理对象有了变化,存储库中的信息就可以被数据库管理工具使用,从而将变化转移到正确的数据库。

建立企业的体系化环境,不仅应包括建立操作型和分析型的数据环境,而且应包括在这一数据环境中建立企业的各种应用,数据被加载到数据仓库之后,下一步工作分为两个方面:一方面,让数据仓库中的数据用于决策分析,也就是在数据仓库中建立 DSS 应用;另一方面,根据用户使用情况和反馈的新需求,开发人员进一步完善系统,并管理数据仓库的一些日常活动,这一步骤称为数据仓库的使用与维护。

2. 元数据管理

元数据在多个级别上为组织创造价值。

(1) 在应用程序中:描述成用程序操作数据机制和控制运行机制的元数据,使系统开发人员能够理解应用程序的内部结构和数据之间相互关系的机制。

(2) 在数据仓库的环境中,元数据通过 3 种方式发挥作用:①描述源和目标的数据模型;②在填充数据时描述转换集成的数据流;③允许终端用户使用有意义的商业术语来导航数据。

(3) 获取数据和使用数据的元数据是元数据的最大用途。一个优秀的数据仓库具备从多个系统中合并数据和使用数据的能力,包括数据仓库设计和建模工具,数据的抽取、转换、合并、清洗工具,查询分析和执行管理工具,终端用户查询和分析工具等。为了有效地协同工作,这些工具必须可以共享在这个环境中共同感兴趣的元数据。

随着技术的发展,元数据的访问和协同工作越来越重要。下一代数据仓库已经开始从大的、集中的数据仓库体系结构过渡到小的、分布式的、面向特定应用的数据集市。

在分布式环境中,多个数据集市致力于特定的面向商业功能单元的决策支持需求,如销售、金融、产品管理、售后服务等。这些分布式的数据集市既可以是关系数据库(一般采用星形架构),也可以是多维立方体,能够分散生成各自的子决策支持系统。

目前,随着元数据成为企业越来越重要的资源,越来越需要完善的元数据管理功能,包括以下内容。

(1) 支持企业范围内的体系结构

企业在开发应用程序、封装应用程序、决策支持数据库时,关心的是软件设计与开发、用户接口、操作管理、应用程序内部的消息传递、数据的协同工作能力。所有这些都驱使开发人员去理解各种元数据目录,以及它们在企业范围内体系结构的作用。

(2) 基于知识库的方法

元数据一般存储在其特定工具相关的属性知识库中,因此,企业可以要求提供一种机制,可以将其特定工具支持的元数据无缝地转移到一个共享的、公共的元数据知识库中。

(3) 配置管理

元数据知识库必须提供标准的配置管理能力,如注册、退出、版本控制等,还必须提供抽取、修改元数据的定义以及将其定义存到知识库中的功能,此外,还必须具有在必要的时候将元数据恢复到某一个前版本的功能。

(4) 支持开放的元数据交换标准

企业内部和外部对元数据的访问导致了企业对开放的元数据交换标准(MDIS)的需求。至少,企业元数据应该支持 MDIS。

(5) 动态交换和同步

企业应该采用 MDIS,实现动态交换或同步,否则需要一个开放的元数据交换工具。

4.3.2 系统管理

系统管理包括服务水平、性能监控、存储器管理、网络管理以及系统安全管理等方面。

1. 服务水平

服务水平协议(SLA)已经成为被广泛接受的概念,它要求有很高的服务水平。SLA 表明了用户期望从使用的系统中得到的益处,其度量标准如下。

(1) 可利用性(一周中有几天、一天中有多少个小时可以使用该系统)。

(2) 在可以使用的时间内,系统可用性的百分比目标(如 99.5% 的可用性)。

(3) 响应时间(处理一个事务的平均时间或是在几秒之内能完成的百分比)。

(4) 完成批作业的速度。

(5) 数据的当前性。

(6) 灾难恢复措施(如能够在几个工作日内以恢复方式恢复系统的运作)。

数据仓库组织已经在这个方案中注入大量资金,所以他期望见到很高的服务可靠性水平。在上面提到的度量标准中,由于大多数的数据仓库查询是易变的和不可预知的,所以响应时间的标准是难以确定的。其他因素(如可用时间和数据的当前性)也都是要达到的。上面列出的常用度量标准中大多数都需要达到。如果数据查询的性质是无法预测的或者变化很大的,则必须放弃响应时间这一目标,至少对系统使用情况进行的监控足以确定某种可预知的模式或变化范围。因为数据仓库中的数据一般都经过了提取、变换和某种概括,所以应该将某些数据质量的度量结果包括在 SLA(SLA 是关于网络服务供应商和客户间的一份合同,其中定义了服务类型、服务质量和客户付款等术语)中。数据质量包括当前性、准确性、完备性、时效性、安全性和保留时间几个方面。

当前性指的是,业务数据的实时更新在数据仓库中得以反映的时间有多快。因为数据是在某些特定的间歇加载到数据仓库中的,它不可能具有和业务数据一样的当前性。在每天、每周或每次的刷新后,它才能具有当前性。

数据的准确性或正确性是用户群必然关心的问题。数据的完整性包括业务规则、有效值、引用完整性以及建立数据仓库时所用的正确衍生规则。要获得有效的结果还需要对源数据进行数据清洗。精确性并不是太受关注的问题,因为需要的往往是概括数据,在有些情况下并不要求数据有100%的准确性。

完备性反映的是,是否所有数据源中的所有数据都已被加载,以及部分加载的数据是能被用户直接使用,还是需要等到数据完全加载之后再使用。有时两种方案都很合适。SLA中应该包含这条政策。

时效性是指对数据进行的更新要多久以后才能在数据仓库中表现出来。对于较大的数据库,加载时间要长达一天或者一天以上,所以提取时间和用户能用到新数据的时间之间的间隔将被延长。

安全控制是必要的,这样才能保证只有特许用户才能看到适当的数据。不同的用户能够使用的工具和数据类别也不同。在某些领域中,如卫生保健行业等,保密性是特别重要的。

在数据经过概括后,它的个人特征就减弱了。那时在业务系统中实施的安全控制也可适当放松了。然而,大多数组织只允许用户看到与他们的工作直接相关的数据(如他们那个地区的销售情况或者他们那部分公司的产品)。这种规定也应成为SLA的内容。

保留时间是指历史数据将被保留多长时间。有时数据会全部或部分地失去价值,组织必须决定是清洁它(删除它)还是将它存档(即传送到不是很费钱的离线存储媒体上去)。还有一种方法是去除已经过时的细节数据,保留它的概括结果。注意,删除或转移多行数据并同时保持相关表格之间的引用完整性并不是一件小事。这件工作必须向建立数据仓库一样要经过估计、规划和调整。清洁或存档的频率以及恢复已存档数据的速度,都是SLA中的一部分。

2. 性能监控

对性能的监控是收集和分析性能信息的过程。这类信息揭示了数据库服务器(以及其他系统组成部件)的行为模式。然而在实现系统之前,系统的设计人员和用户必须达成一项协议,规定好可接受的系统性能,随后就要监控系统,以确定它是否达到了所确定的服务水平。

(1) 监控服务器

数据库服务器对数据仓库的成功建立是非常重要的,因为它决定了向用户提供数据的系统质量。数据库服务器必须始终符合性能期望。因此,监控数据库服务器的工具不仅应能在任意时刻为管理人员提供信息,而且应能在一段时间里监控服务器,与分析工具一起提供信息,以获得有益的指导。开始时,管理人员必须确定他们的性能期望。这些期望并不是一成不变的,因为性能和数据特点都会随时间而改变。不仅历史数据会聚集起来,而且新的主题也会被添加到数据仓库中。管理人员必须定时在间歇时进行调整,以适应那些不断变化的情况。但仅仅调整也是没有用的,除非知道自己正在解决的问题是什么。所以持续的监控是十分重要的,只有这样,管理人员才能认识到服务器在什么时候无法满足用户的需求,或者无法满足已经设定的期望。

随着时间的推移,系统性能在下降,每年平均下降20%,这是由于在对应用程序软件进行维护时改变或增加了功能(如提取、变换或概括),也可能是由于数据仓库设计的变化。然而最大的根源在于数据仓库的扩展。系统管理人员必须了解这种扩展发生在哪里,才好以此为依据作出相应的调整。为了减少性能的下降,要收集一段时间内的性能统计数字,并利用这种数据模拟服务器对未来的发展和其他变化作出的反应,然后在性能下降之前调整。

在工具使用上有以下三种方案：
（1）使用数据库服务器上的性能监控工具。
（2）使用操作系统提供的性能监控工具。
（3）使用第三方厂商提供的工具。

这些工具运作的方式各不相同。有些工具使用仿真模型来预测性能，这类工具通常要花费较多的时间才能正确地被建立起来。它们有预测值，但不适用于数据库服务器的实时监控。有些工具使用排队模型进行性能模拟，但这类工具对系统做了一些假设，如果这些假设不适用于你的情况，就会影响到结果的准确性。

大多数工具都忽略了预测这一步，只去监控数据库服务器的实际活动，收集数据并帮助确定数据的含义。它们进行实时监控、近期监控和历史分析，并存在于靠近 CPU 的位置，使分析人员能够通过一个前端界面或控制台跟踪系统行为。它们度量诸如存储空间这样的数据，寻找自由空间或存储残片，度量缓冲区活动和 I/O 性能数据，还要度量内存管理数据，检查缓冲区高速缓存系统和虚拟内存管理的有效性。这些工具提供由一个数据收集器和一个分析器/报表生成器构成的数据收集算法。数据收集器记录性能信息，而分析器解释数据，提供趋势、提示和子系统报表生成。

在数据收集方面，一般可以采取以下两种形式：取样或由事件驱动。取样是要在随机取定的间歇或预定间歇（如每十分钟一次）时测量系统的活动。这种方法一般对整个系统的性能影响很小，但很可能忽略掉系统测量尺度中的细小差异。由事件驱动的数据收集器在事件发生时（如更新表格索引、检索等）触发一个信号到计数器中。这种方法更彻底一些，但它确实增加了系统开销，还可能加重性能问题。

取样法是仅通过分析填充数据的一个小子集来估计这次填充的特征。管理人员在测量服务器的资源使用情况时要先确定取样的间歇与取得的粒度水平一致。样本信息的可靠性取决于取样规模和数据的易变性。对数据的统计分析能确定平均值和度量尺度的变化，这反过来又有助于预测该数据服务器未来的运转情况并确定它现在的运转状况。

在性能分析方面，大多数性能工具一旦收集了这些数据之后，系统管理人员就可以利用工具的分析器和报表生成器功能，通过报表和图形概括数据。这些工具甚至提供了建议提供的其他功能，以改进数据库服务器的性能，包括建立另外的索引、增大高速缓存的规模或重组磁盘驱动器。它提供的信息包括以下内容。

- 服务器使用情况的统计数字。
- 吞吐量分析。
- 平均响应时间。
- 关于子系统部件（如 I/O、高速缓存、内存、磁盘）的报表。

它还可以描述未来一段时间内的工作负荷和数据库扩展的趋势。通过图解表示，管理人员和上级经理人员可以查看随时间变化的数据库性能。

工具在问题变得过于严重之前会找出症结所在，但纠正问题的行动就得靠管理人员了。例如，如果报告说有一个磁盘分成了很碎的存储段，那就需要重组磁盘，以恢复最优性能。还可以检查使用量较大的磁盘，看看它们是否存在类似的问题。此外，可以检查任何其他的使用"热点"，直到查出问题为止。由于具备了这样的信息，就可以通过适当的行动，重新整理出了问题的区域。

采取的行动包括改变数据库和操作系统的参数、修改资源分配方式，或者重新调整工作负荷阈值。有时问题可能出在某一厂家的查询工具上,这种工具无法有效地访问数据库,也可能出在某个中间件软件上,这种软件无法正确地传送 SQL 的变化(或差异)。这些问题都是很难察觉的,但为了保持良好的系统运行,纠正它们是十分重要的。

如果问题在于系统无法适应用户不断增长的需求和不断增长的资源占有量,那么就不能靠调整行为来恢复足够的性能,这时应该把工作负荷重新分配到另一个服务器或者升级该服务器。这可能意味着要增加内存,提供更多或更快的磁盘,或者在多处理器的机器上增加更多的处理器。

企业在取得重要信息时越来越依赖于他们的数据仓库,此时系统管理人员将发现他们承受着向用户提供维持较高水平服务的压力。因此,他们会依赖于那些有助于有效管理环境的工具。在大多数公司中,服务器不断增加,企业投资建立的"管理基础设施"可以防止服务中断和生产损失。这样的投资是很明智的。"管理基础设施"包括过程、测量结果和报表生成,以及工具。先确定可接受的性能水平,以保持该性能水平的长期监控过程,这样的性能管理是数据仓库环境的关键成功因素。

(2) 评价性能管理工具

市场上有适用于各种 DBMS 产品的众多性能监控工具。理清所需要的功能并认真评价这些工具是很重要的。

虽然这些工具都提供了易于使用的 GUI、常驻于客户机的部件以及其他功能,但是它们无法提供全部必要的功能,难以确保一般数据库服务器都始终具有良好的性能。根据系统管理人员的要求,应该给出一些评价标准。不是每一种功能都能在每一个工具中见到。

必要的信息以下。

(1) 要知道是否存在性能问题。如果存在性能问题,要知道问题的性质是怎样的,要知道是整个系统的问题,还是某一用户、某一程序或某一数据块特有的问题。

(2) 要知道哪些资源正在受这个问题的困扰。例如,对于内存、I/O 或其他部件。需要确认出现(或造成)问题的过程。除此以外,还应得到足够多的具体信息,以便确定解决这些特定问题需要什么。

尽管这些信息类别看上去是简单而基本的,但现有的工具都不能统一地处理它们。在所有功能中最基本的功能是确定到底是否存在性能问题。通过观察少量高层次的屏幕显示,就能确定这一点。如果把某种迹象看作是问题的话,这时就应设定一些阈值,以进行触发和突出显示。

第一,工具应该提供一系列屏幕显示,并给出用于评审的信息。

假设存在某种问题,就要区分它是需要修理整个系统的系统问题,还是只影响数据库的一个子集、一个用户或一个特定应用程序使用的问题。该问题很可能只是由于一个用户使用了错误的查询模式。要么是用户直接建立了失控查询,要么是某 DSS/OLAP 查询工具从用户界面规格中生成了查询。监控工具有助于正确确认这种状况(解决问题的方法可能是很复杂的,因为对用户培训和对效率低下的 SQL 进行修正都不是轻而易举的事),应该指出具体的过程和问题的起因,如是因为数据竞争,还是因为 CPU 的使用量过大。还有一种方法是对每种可能的起因进行枯燥冗长的手工评审,应该找出与该问题相关的具体资源。

第二,工具应该能够展示足够的细节数据,指出问题是什么和如何解决它。

例如,如果问题在于缓冲区规则不适当,那工具就应该表示缓冲区是如何分配和使用的,并得出缓冲区分配数等。有些监控程序涉及的问题范围更全面一些。有些还能为受到问题困扰的管理人员提供更多指导,告诉他们应采取什么行动来解决问题。这些工具之间的主要差异在于它们提供的帮助和建议不同。这些信息不必求助于其他手册或参考资料,它们是自解释的和完备的。

第三,实时监控操作是工具最理想的工作方式,这样可以在问题发生后尽快地察觉问题和解决问题。

由于管理人员不可能总在监视运行情况,所以批报告也是必要的。能够有选择地接通其他水平的跟踪和信息收集,以追踪特别难以捉摸的系统状况,这种能力是很重要的。这项工作做起来应该简便明快。此外,工具应该对要实施多少跟踪提供一些指导。

第四,理想的工具是将教学和帮助功能结合在一起,这样确实能够教会工具的使用者有关系统性能和调整的知识。

除了提供前面叙述的信息外,工具还应该提供易于使用的界面。因为要记录这些问题并把它们聚集成概括数据,以用于日后的分析,所以有效的、信息量大的、可定制的报表生成功能是度量工具有用性的一条重要因素。

第五,工具应该既能在局部服务器,又能在远程服务器上运行。

因为组织有许多分布式服务器要管理,所以最好能在一个控制点上管理所有这些服务器,即使是远程服务器也不例外。这与地点透明性并不完全一样,后者是指操作人员完全不知道正在观察的是哪个地点,但作为管理人员,应该知道监控的是哪个地点。

在多样化的技术环境中,能够支持各种不同的 DBMS 产品是个必备条件。有一种方法是取得并学习使用分别适用于每种 DBMS 的监控程序。有通向所有数据库服务器的单一接口当然很好,但工具还必须了解它所监控的各种 DBMS 的不同方面,并支持那些很细微的差异。理想的工具应该能够支持"警告",即能够在问题发生时提示管理人员。可以充分利用这一特点,编写程序对这些提示做出反应。

3. 存储器管理

数据仓库的存储容量要适应数据量的增长需求。

近年来,企业信息出现了爆炸式增长。数据仓库中的新应用程序和元数据(关于数据的数据,包括索引、目录库和其他描述信息)迅速增加,这些应用程序会使组织的存储容量需求增加10%~25%,具体原因如下。

(1)所收集的数据类型增加。

(2)保存了更长时期内的历史数据。

(3)存储了不同格式的业务数据复制品,以提高访问的便利性。

出于这些原因,预计的存储费用构成了数据仓库成本的最大部分,高达软件费用的四倍。但存储费用往往被忽视掉,而其他更有趣的问题,如数据格式和内容、DBM 和服务器,则吸引了实施人员的较多注意力。

第一、调整 I/O。调整 I/O 是性能管理最重要的一个方面。正如大多数性能专家所了解的那样,I/O 操作往往是响应时间中最大的一部分,因此,这项任务是不应该被忽视的。管理存储系统还包括数据的布局、传送、备份、清洁和存档(除非认为数据会毫无节制地增长下去,否则就要制订一个存档/清洁战略)。

第二、分布式配置方案使利用率最大。分布式配置方案中有多个服务器,每个都有其专用的存储池。在最好的情况下,数据存储系统应该具有把多个服务器与一个存储池相连接的灵活性,使利用率达到最大。毕竟,若在多个服务器上保留备用容量,加在一起会产生大量的闲置空间。此外,还需要考虑配置方案,例如,把经常访问的数据分布在不同文卷上,以避免排队瓶颈。因为数据仓库中的数据一般不进行更新,所以物理布局的目的主要是优化检索操作。

4. 网络管理

网络管理是对数据仓库有一组各不相同的平台的有效管理。新的用户不断联机上网,而且用户和设备总是不断转移到新地点上去。联网硬件(如 LAN、WAN、集线器、路由器、开关和多路复用转接器)迅速大量增加。用户想访问公司数据和基于 Internet 的数据源,他们要求得到更大的频带宽度和更多的网络管理资源。管理这一环境是一个挑战。

简单的管理协议(SNMP)是网络管理领域中事实上的标准,大多数开发商都很注重开发基于 SNMP 的分布式网络管理工具。

网络管理工具应该具备的特点如下。

(1) 支持分布式控制台——能够从几种不同控制台访问该工具。
(2) 支持异质关系数据库——能在一个混合式环境中处理许多不同的 DBMS。
(3) 可伸缩性——该工具能处理数目不断增加的服务器和平台而没有任何能力的损失。
(4) 具有来自各种操作系统的警告(要求采取行动的出错消息)接口。
(5) 具有安全性,能对用户名鉴定和对尝试无效访问进行审计。
(6) 跟踪概括报表时使用网络和实时使用网络的情况。
(7) 可以度量网络响应性能。
(8) 能对重要测量结果的图形化进行展示。
(9) 可以协助进行故障查找——能够在出现问题时提供诊断。
(10) 能确认使用不足和使用过度的资源,以平衡和调整工作负荷。
(11) 具有优化工具,以改进整体性能。

由于网络管理工具技术复杂,一般让专门提供这方面服务的机构帮助公司确定最好的方案,提供网络规划、设计实现、管理和监控、远程或本地的服务。

5. 安全管理

提供数据访问和同时维持安全是一对矛盾。如果数据仓库中有多种不同的数据库平台,那么保持适当的安全水平就成了一个真正的挑战。安全水平可以分为 3 个层次——通过操作系统注册访问系统的安全、应用程序水平的安全以及数据库访问的安全,这些与数据库管理员有直接关系。

(1) 数据库的安全

数据层次上的安全方法保证 DBMS 能控制数据访问,它降低了某些人忽视应用程序安全的可能性。它常常是与用户在某一用户群中的作用和地位联系在一起的。然后该用户就有权进行某些操作或观察某些类别的数据。

① 数据访问用 Grant 语句控制的安全管理。因为 Grant 语句可以为每张表格和每个用户使用,所以把表格归为一大类将大大简化管理工作。如果要求有比表格层次访问的粒度水平高的安全水平(在行的水平上或列的水平上),就需要在采用应用程序水平的安全措施和非规范化表格之间做出选择,这样 DBMS 软件才能控制访问。

② 按任务分配用户,一种任务构成了一整套预先定义的表格特权。这些表格是最终用户能够管理和控制的。例如,当用户有从事地区品牌管理的任务时,他们就可以观察自己所属地区中和产品大类有关的数据。

(2) 远程数据库访问的安全

当用户与远程数据库连接时,远程数据库的安全措施要应用到这项事务上来。对于分布式查询而言,用户需要使涉及的每个数据库都享有安全特权。为了降低复杂程度,可以为这些用户确定任务。通过应用群体对任务和表格划分类别,也就是在表格和访问规则之间建立了对应关系,最终使每一个应用到的数据库都享有安全特权。数据仓库元数据库中的元数据可以有助于把安全规则编成文档。

(3) 分布式环境的安全

分布式环境有很多个入口点。入口点可以是 Lan 上的一个文件服务器、一个单独的工作站,或是企业中相互连接数据库中的任何一个。病毒可以以多种方式进入系统,并以极快的速度传播。

分布式数据库用户必须为数据仓库中的每个数据库制订安全措施,隔离并保存高度机密的信息是可以做到的,即使一个节点可以进行未授权的访问,但通常也就只能局限在这一个节点上。

在建立整个系统的安全措施时,安全表格使最终用户需规定自己的标识符并且只让他们注册一次,安全子系统自动地管理着他们对网络、操作系统、数据库和应用程序的访问。如果系统的每个部件(网络注册、工作站、数据库)都要求口令,用户一般就会选择简单的、能猜得出来的口令,或者把口令写在便于看到的地方,这样整个方案就失去了意义。最好是使用一种能让一个口令控制许多系统访问的工具。

虽然安全管理软件正在不断地改进,但与已经在集中式系统中使用了这么多年的工具相比,仍然不够先进。随着时间推移,这些软件包应该改进到能让管理人员控制各种不同平台就好像控制集中式系统一样轻松。

4.4 数据仓库的优化

4.4.1 索引技术

在数据仓库的优化中使用高效的索引技术不仅是可行的,而且是有必要的。数据仓库面向分析型应用,其数据是相对稳定的,对数据仓库的操作主要是读取查询数据,很少进行更新。这些少量的更新操作一般都是在非工作时间进行的,而且采用批处理方式,具有周期性。基于数据仓库的上述特点,在进行数据的更新和索引的重新组织时,数据和索引都处于未被使用的状态,因此可以采用一些复杂的索引来提高数据仓库的查询性能。

索引是最常使用的一种性能优化手段。从本质上讲,使用索引的优势就是通过付出一个额外的索引块扫描过程,获取到符合条件的 RowId 集合,之后依据 RowId 集合访问数据表块,从而节省下进行全表搜索的 I/O 消耗。

数据仓库管理系统中的索引能够提供一个相对快捷的方式定位数据。常用的索引技术有 B 树索引(B-Tree Index)、位图索引(Bitmap Index)、连接索引(Join Index)、投影索引(Projection Index)等。本节主要介绍 B 树索引和位图索引。

B 树是一种动态调节的平衡树,它引入一种效率很高的外查找机制,比较适合于字段值分散且重复值少的字段。一个 B 树索引包含一个由高层节点和相对应的低层节点组成的层次结构。在 B 树索引中有两类节点。

(1) 分支节点:简单地指向相应的低层节点。
(2) 叶子节点:存放 B 树方法的实际内容,即包含指向叶子所对应行的实际位置。

在 B 树索引中,一个非常重要的变量就是建立在键值基础上的分区索引。分区索引是一种特殊的 B 树索引。在这种索引中,根据一定范围的键值,表被分解成若干小部分(分区)。利用时间进行分区是常用的方法。

B 树结构的特点是简洁、易维护及支持具有高可选择性列值的高速检索。这种方法适合于对索引列值等值的查找和范围查找的查询。表的大小(无论它包含数百行还是数百万行记录),对于从其相应表中提取用 B 树索引的数据的速度影响很小,甚至没有影响。

图 4-4 是一个 B 树索引的例子,在其中查找行标识 48 的步骤如下。
(1) 从根节点 r 开始,因为 45>36,所以根据 36 右侧的指针找到节点 a_2。
(2) 在节点 a_2 中,44>48>79,根据 44 和 79 之间的指针找到节点 b_4。
(3) 在节点 b_4 中存在行标识 48,查找任务结束。

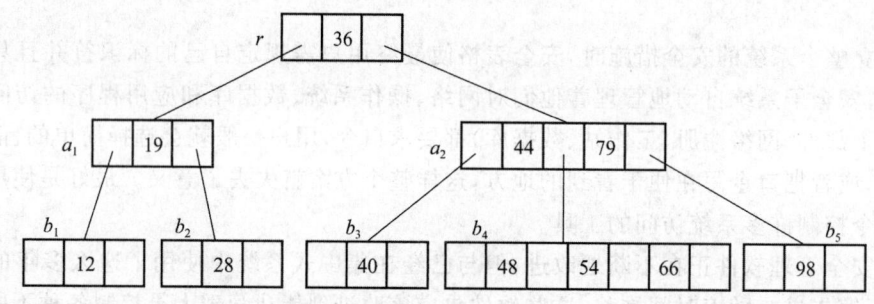

图 4-4 B 树的结构

B 树索引的优点有很多,如需要少的 I/O 操作、适合于高基数的列、能自动建立与数据文件大小相适应的索引层次、索引空间的需求独立于被索引列的基数、易于创建等。但是,B 树索引的缺点也比较明显,如低基数的列效果不好、不支持即席查询、对宽范围查询 I/O 的代价相对较高、在获取数据之前索引不能合并等。所以需要引入位图索引来解决这些问题。

位图索引是数据仓库系统最常用的索引技术,能够消除查询中的连接操作,因为它实际上已经将连接的结果保存在索引当中了。而且,相对于在表的连接列上建立普通位图索引来说,位图连接索引需要更少的存储空间。物化视图也可以用来消除连接操作,但位图连接索引比起物化视图来更有效率,因为通过位图连接索引可以直接将基于索引列的查询对应到事实表。

目前有两种位图索引:一种是简单的位图索引;另一种是对简单位图索引的改进,称为编码位图索引。位图索引的基本设计思想是用一个 0、1 位串来表示一个元组某一属性的取值,位串中位的位置表示了关系表中元组的位置。

1. 简单位图索引技术(Simple Bitmap Index)

对属性域中的每个值 v,设计一个不同的位向量 $\boldsymbol{B}_v$。如果给定的属性域包含 n 个不同的取值,则位图索引中的每项要用 n 位向量来表示。如果数据表中某一元组的属性值为 v,则在位图索引的对应行中表示该值的位为 1,该行的其他位为 0。

假设在一个与销售事实相对应的数据立方中,有一个顾客的性别属性 Gender、一个产品的种类属性 Item。Gender 属性有 2 个不同的值:"M"和"F"。产品的种类属性 Item 有 4 个不同的取值:"a""b""c"和"d"。设数据立方中共有 8 个元组。如果在 Gender 属性上建立位图索引,则需要 2 个位向量,每个向量共 8 位。如果在 Item 上建立位图索引,则需要 4 个位向量,每个向量共 8 位。这两个索引如图 4-5 所示。

RID	Item	Gender
R_1	a	F
R_2	a	M
R_3	b	F
R_4	b	F
R_5	b	M
R_6	c	F
R_7	c	M
R_8	d	M

(a)

RID	a	b	c	d
R_1	1	0	0	0
R_2	1	0	0	0
R_3	0	1	0	0
R_4	0	1	0	0
R_5	0	1	0	0
R_6	0	0	1	0
R_7	0	0	1	0
R_8	0	0	0	1

(b)

RID	M	F
R_1	0	1
R_2	1	0
R_3	0	1
R_4	0	1
R_5	1	0
R_6	0	1
R_7	1	0
R_8	1	0

(c)

图 4-5 简单位图索引示意

对于简单的位图索引,其具有很多优势,如适合于低基数的列,并能利用位操作;在获取数据之前可合并索引,便于在并行机上执行;可以高效地完成对属性的数量型函数(如 count)的查询;易于创建并插入新的索引值;适用于 OLAP 等。

如表 4-4 所示,假设这里有表名为 table 的表,其由三列组成,分别是姓名、性别和婚姻状况,其中性别只有男和女两项,婚姻状况由已婚、未婚、离婚这三项,该表共有 100 万个记录。

表 4-4 Table

姓名(Name)	性别(Gender)	婚姻状况(Marital)
张三	男	已婚
李四	女	已婚
王五	男	未婚
赵六	女	离婚
孙七	女	未婚
…	…	…

现在要查询未婚男性,可输入查询语句:select * from table where Gender='男' and Marital="未婚"。在不使用索引时,数据库只能一行行扫描所有记录,然后判断该记录是否满足查询条件。如果运用 B 树索引,对于性别,可取值的范围只有"男""女",并且男和女可能各占该表的 50% 的数据,这时添加 B 树索引的话效率低下。

如果用户查询的列的基数非常小,即只有几个固定值,如性别、婚姻状况、行政区等。要为这些基数值比较小的列建立索引,就需要建立位图索引。按照题目要求,对于性别这个列,位图索引形成两个向量,男向量为 10100…,女向量为 01011…,如表 4-5 所示。

表 4-5 性别位向量

RowID	1	2	3	4	5	…
男	1	0	1	0	0	…
女	0	1	0	1	1	…

对于婚姻状况这一列,位图索引生成三个向量,已婚为11000…,未婚为00100…,离婚为00010…,如表4-6所示。

表4-6 婚姻位向量

RowID	1	2	3	4	5	…
已婚	1	1	0	0	0	…
离婚	0	0	0	1	0	…

当我们进行查找时,首先取出男向量10100…,然后取出未婚向量00100…,最后将两个向量做 and 操作,即可快速高效地得到结果,如表4-7所示。

表4-7 and 操作

RowID	1	2	3	4	5
男	1	0	1	0	0
and					
未婚	0	0	1	0	1
结果	0	0	1	0	0

2. 编码位图索引(Encoded Bitmap Index)

编码位图索引是对简单位图索引的改进。为了压缩位图索引向量,利用编码的方法把某一属性的不同值进行编码。编码位图索引由一个位图向量集合(不同于简单位图索引的位图向量集)、一个映射表(MappingTable)和一个检索布尔函数(Retrieval Boolean Function)集组成。其中映射表实现对一个属性域值的编码,该映射表定义了一组检索布尔函数 f,实现属性值到编码值的映射。一个检索函数的自变量为属性 I 的域,其值域是具有 k 个比特位的编码数。这里,$k = \lceil \log_2 |I| \rceil$,$|I|$ 表示属性 I 的域中不同取值的个数,即属性 I 的基数。一个元组 j(记为 t_j)中的属性 I 的值记为 tj.I,根据映射表可知,tj.I 的编码值为 $f(t_j.I)$,它的第 i 位记作 $f(t_j.I)[i]$ $(i=0,1,\cdots,k-1)$,则属性 I 的索引位图向量集中第 j 行的 B_i 位等于 $f(t_j.I)[i]$ $(i=0,1,\cdots,k-1)$。

例如,图4-6是对应图4-5的基本表中 Item 属性的编码位图索引,其中,"a"编码为"00","b"编码为"01","c"编码为"10","d"编码为"11"。对于 Item 取值为"a"的元组,其在位图向量 B_1 和 B_0 上相应的取值都为"0"。对于 Item 取值为"b"的元组,其在位图向量 B_1 和 B_0 上的取值为"0"和"1"。在本例中,属性 Item 有 4 个不同的取值,所以 $k=2$。

基本表

RID	Item
R_1	a
R_2	a
R_3	b
R_4	b
R_5	b
R_6	c
R_7	c

(a)

位图向量

RID	在B_2上的取值	在B_0上的取值
R_1	0	0
R_2	0	0
R_3	0	1
R_4	0	1
R_5	0	1
R_6	1	0
R_7	1	0

(b)

映射表

Item值	编码值
a	00
b	01
c	10
d	11

(c)

图4-6 编码位图索引

在上例中，Item 属性上有 4 个不同值，对于简单位图索引要 4 个位向量，而对于码的位图索引只需 2 个位向量。如果有 12 000 个不同值，对于简单位图索引则需要 12 000 个位向量，而对于编码位图索引只需（$\log_2|12\,000|$）=14 个位向量。显然编码位图索引较简单位图索引有较大的优势。对于编码位图索引来说，其可以有效地利用空间，可以实现宽的范围查询，灵活性较好，支持星形查询。

索引技术可对基于决策支持的查询进行优化，这主要是针对关系数据库而言，因为其他数据管理环境连基本的通用查询能力还不完善。在技术上，针对决策支持的优化涉及数据库系统的索引机制、查询优化器、连接策略、数据排序和采样等诸多部分。

普通关系数据库采用 B 树类的索引的话，对于性别、年龄、地区等具有大量重复值的字段几乎没有效果。而扩充的关系数据库则引入位图索引机制，以二进制位表示字段的状态，将查询过程变为筛选过程，通过单个计算机的基本操作便可筛选多条记录。由于数据仓库中各数据表的数据量往往极不均匀，普通查询优化器所得出的最佳查询路径可能不是最优的。因此，面向决策支持的关系数据库在查询优化器上也做了改进，同时根据索引的使用特性增加了多重索引扫描的能力。

4.4.2 物化视图

通常，在数据仓库中可以通过创建摘要信息来提升性能。这里的摘要指的是预先对一些连接和聚合进行计算并将结果保存下来，后续查询的时候可以直接利用保存的摘要信息来生成报表。这样，在执行查询时，就可以避免进行这些耗时的操作，而快速地得到结果。在数据仓库中，可以利用物化视图（Materialized View）来创建数据仓库中的摘要。结合数据仓库的查询重写（Query Rewrite）功能，可以在不改写应用的情况下，利用物化视图提升查询性能。

数据仓库中由于数据量巨大，一些聚合计算等操作往往通过物化视图预先计算存储，但是，不可能对所有维度所有可能的聚合操作都建立物化视图。那么，在对某些聚合操作的 SQL 进行查询重写时，就希望能利用已经存在的物化视图，尽管他们的聚合操作条件不完全一致。而维度中定义的各个层之间的层次关系，对于一些上卷和下钻操作的查询重写的判断是相当重要的，维度中定义的属性对于使用不同的列来做分组的查询重写起作用。

物化视图和表一样可以直接进行查询。物化视图可以基于分区表，其本身也可以分区。除了在数据仓库中使用外，物化视图还用于复制、移动计算等方面。

物化视图在很多方面和索引很相似。使用物化视图的目的是为了提高查询性能；物化视图对应用透明，增加和删除物化视图不会影响应用程序中 SQL 语句的正确性和有效性；物化视图需要占用存储空间；当基表发生变化时，物化视图也应当刷新。

物化视图可以分为以下三种类型：包含聚集的物化视图；只包含连接的物化视图；嵌套物化视图。三种物化视图快速刷新的限制条件有很大区别，而在其他方面区别不大。

创建物化视图时可以指定多种选项，下面对几种主要的选择进行简单说明。

创建方式：包括 BUILD IMMEDIATE 和 BUILD DEFERRED 两种。BUILD IMMEDIATE 在创建物化视图的时候就生成数据，而 BUILD DEFERRED 在创建时不生成数据，以后根据需要再生成数据。默认为 BUILD IMMEDIATE。

查询重写：包括 ENABLE QUERY REWRITE 和 DISABLE QUERY REWRITE 两种。这两种方式可指出创建的物化视图是否支持查询重写。查询重写是指当对物化视图的基表进行查询时，Oracle 会自动判断能否通过查询物化视图来得到结果，如果可以，则避免了聚集或连接操作,可以直接从已经计算好的物化视图中读取数据。默认为 DISABLE QUERY REWRITE。

刷新:指当基表发生了 DML 操作后,物化视图何时采用哪种方式和基表进行同步。刷新的模式有两种:ON DEMAND 和 ON COMMIT。ON DEMAND 指物化视图在用户需要的时候进行刷新,可以手工通过 DBMS_MVIEW.REFRESH 等方法来进行刷新,也可以通过 JOB 定时进行刷新。ON COMMIT 指物化视图在对基表的 DML 操作提交的同时进行刷新。刷新的方法有四种:FAST、COMPLETE、FORCE 和 NEVER。FAST 刷新采用增量刷新,只刷新自上次刷新以后进行的修改。COMPLETE 刷新对整个物化视图进行完全的刷新。如果选择 FORCE 刷新方式,则 Oracle 在刷新时会去判断是否可以进行快速刷新,如果可以则采用 FAST 刷新方式,否则采用 COMPLETE 刷新的方式。NEVER 刷新指物化视图不进行任何刷新。默认值是 FORCE ON DEMAND。

在建立物化视图的时候可以指定 ORDER BY 语句,使生成的数据按照一定的顺序进行保存。不过这个语句不会写入物化视图的定义中,而且对以后的刷新也无效。

如果需要进行快速刷新,则需要建立物化视图日志。物化视图日志根据不同物化视图快速刷新的需要,可以建立为 ROWID 或 PRIMARY KEY 类型的,还可以选择是否包括 SEQUENCE、INCLUDING NEW VALUES 以及指定列的列表。

可以指明 ON PREBUILD TABLE 语句将物化视图建立在一个已经存在的表上。在这种情况下,物化视图和表必须同名。当删除物化视图时,不会删除同名的表。这种物化视图的查询重写要求参数 QUERY_REWRITE_INTEGERITY 必须设置为 trusted 或者 stale_tolerated。

物化视图可以进行分区。而且基于分区的物化视图可以支持分区变化跟踪(PCT)。具有这种特性的物化视图当基表进行了分区维护操作后,仍然可以进行快速刷新操作。

4.4.3 其他优化手段

1. 编写优良的程序代码

处理数据离不开优秀的程序代码,尤其在进行复杂数据处理时,必须使用程序。好的程序代码对数据的处理至关重要,这不仅仅是数据处理准确度的问题,更是数据处理效率的问题。良好的程序代码应该包含好的算法、处理流程和异常处理机制等。

2. 对海量数据进行分区操作

对海量数据进行分区操作十分有必要,例如,针对按年份存取的数据可以按年进行分区。不同的数据有不同的分区方式,不过处理机制大体相同。例如,SQL Server 的数据库分区时将不同的数据存于不同的文件组下,而不同的文件组存于不同的磁盘分区下,这样将数据分散开,减少磁盘 I/O,减少系统负荷,而且还可以将日志、索引等存于不同的分区下。

3. 建立缓存机制

当数据量增加时,一般的处理工具都要考虑到缓存问题,缓存大小设置的好坏也关系到数据处理的成败,例如,在处理 2 亿条数据聚合操作时,缓存设置为 100 000 条/Buffer,这对于这个级别的数据量是可行的。

4. 加大虚拟内存

如果系统资源有限,内存提示不足,则可以靠增加虚拟内存来解决。在实际项目中曾经遇到针对 18 亿条数据进行处理的情况,如果内存容量不足,则系统对这么大的数据量进行聚合操作是有问题的,提示内存不足。当时采用加大虚拟内存的方式来解决,在 6 块磁盘分区上分别建立了 6 个 4 096 MB 的磁盘分区,用于虚拟内存。这样虚拟内存增加为 4 096×6+1 024=25 600 MB,解决了数据处理中的内存不足问题。

5. 分批处理

海量数据的处理存在难度主要是因为数据量大,那么解决海量数据处理难的问题其中一个技巧是减少数据量。可以对海量数据分批处理,然后将处理后的数据进行合并操作,这样逐个击破,有利于对大数据量的处理,不至于面对大数量带来的问题,不过这种方法也要因时因势进行,如果不允许拆分数据,还需要另想办法。不过对于一般按天、月、年等存储的数据,都可以采用先分后合的方法,对数据进行分开处理。

6. 使用临时表和中间表

数据量增加时,在处理过程中要考虑提前汇总。这样做的目的是化整为零,将大表变小表,分块处理完成后,再利用一定的规则进行合并,处理过程中临时表的使用和中间结果的保存都非常重要,如果对于超海量的数据,大表处理不了,那只能拆分为多个小表。如果处理过程中需要多步汇总操作,可按汇总步骤一步步来,不要使用一条语句完成。

7. 优化 SQL 查询语句

对海量数据进行查询处理过程中,查询的 SQL 语句的性能对查询效率的影响是非常大的,编写高效优良的 SQL 脚本和存储过程是数据库工作人员的职责,也是检验数据库工作人员水平的一个标准。例如,在 SQL 语句的编写过程中减少关联,少用或不用游标,设计好高效的数据库表结构等都十分有必要。

8. 对文本格式进行处理

对于一般的数据处理可以使用数据库,对于复杂的数据处理,必须借助程序,那么在程序操作数据库和程序操作文本之间选择时,一定要选择程序操作文本,原因是程序操作文本速度快,对文本进行处理时不容易出错,并且文本的存储不受限制等。例如,一般海量的网络日志都是文本格式或者 csv 格式(文本格式),对它进行处理时牵扯到数据清洗,这是要利用程序进行处理的,所以不建议导入数据库后再做清洗。

9. 定制强大的清洗规则和出错处理机制

海量数据中存在着不一致性,极有可能在某处出现瑕疵。例如,同样数据中的时间字段有的可能为非标准的时间,出现的原因可能是应用程序的错误、系统的错误等,所以在进行数据处理时,必须定制强大的数据清洗规则和出错处理机制。

10. 使用数据规约,进行数据挖掘

基于海量数据的数据挖掘正在逐步兴起,面对超海量的数据,一般挖掘软件或算法往往采用数据取样的方式进行处理,这样误差不会很高,大大提高了处理效率和处理的成功率。一般采样时要注意数据的完整性,防止过大的偏差。数据显示,对 1 亿 2000 万行的表数据进行采样时,抽取出 400 万行,经测试软件测试,处理的误差为千万分之五,这个误差客户可以接受。

4.5 主流的数据仓库厂商及产品

目前数据仓库的产品主要由各大数据库系统服务商提供,例如,Oracle、Microsoft、Sybase、Informix、Teradata 等都有自己的数据仓库产品。另外,一些分析服务行业中的大公司也推出自己的数据仓库系统,如 SAS(是全球领先的商业分析软件与服务供应商,也是全世界范围内商业智能市场上最大的独立厂商)和SAP(全球ERP领域世界领先的供应商,2010年收购Sybase公司)。

  Oracle公司的数据仓库解决方案包含了业界领先的数据库平台、开发工具和应用系统,能够提供一系列的数据仓库工具集和服务,具有多用户数据仓库管理能力、多种分区方式、较强的与OLAP工具交互的能力,以及快速和便捷的数据移动机制等特性;IBM公司的数据仓库产品称为DB2 Data Warehouse Edition,它结合了DB2数据服务器的长处和IBM的商业智能基础设施,集成了用于仓库管理、数据转换、数据挖掘以及OLAP分析和报告的核心组件,提供了一套基于可视数据仓库的商业智能解决方案;微软的SQL Server提供了三大服务和一个工具来实现数据仓库系统的整合,为用户提供了可用于构建典型的和创新的分析应用程序所需的各种特性、工具和功能,可以实现建模、ETL、建立查询分析或图表、定制KPI、建立报表和构造数据挖掘应用等功能;SAS公司的数据仓库解决方案是一个由30多个专用模块构成的架构体系,适应于对企业级的数据进行重新整合,支持多维、快速查询,提供服务于OLAP操作和决策支持的数据采集、管理、处理和展现功能;Teradata公司提出了可扩展数据仓库基本架构,包括数据装载、数据管理和信息访问三个部分,是高端数据仓库市场最有力竞争者,主要运行在基于Unix操作系统平台的NCR硬件设备上;Sybase提供了称为Warehouse Studio的一整套覆盖整个数据仓库建立周期的产品包,包括数据仓库的建模、数据集成和转换、数据存储和管理、元数据管理和数据可视化分析等产品。

  除了上述直接提供各类覆盖全面数据仓库功能的大厂商的产品外,还有一些企业提供了功能丰富、界面友好的OLAP前端工具及各类报表工具,这些工具在市场中占有重要地位。在这些工具中比较常见的有Microstrategy、Cognos(2007年被IBM收购)、Brio Intelligence等。近几年随着BI的日益流行,相关产品越来越多,市场逐渐繁荣起来。

  国际权威市场分析机构IDC将数据仓库平台工具市场细分为数据仓库生成工具市场和数据仓库管理工具市场两个部分,前者涵盖数据仓库的设计和ETL过程的各种工具,后者指数据仓库后台数据库的管理工具,如DBMS。根据IDC发布的《全球数据仓库平台工具2006年度供应商市场份额》分析报告,2006年该市场增长率为12.5%,规模达到57亿美元,其中数据仓库生成工具和数据仓库管理工具两个市场的比重分别为23.3%和76.7%,相对于数据仓库管理工具市场,数据仓库生成工具市场的增长进一步放缓。可以预见,整个数据仓库市场将进一步向拥有强大后台数据库系统的传统厂商倾斜。从供应商看,Oracle公司继续占据数据仓库管理领域的领先供应商地位,并且与其主要竞争者IBM之间的这种领先优势正逐渐扩大。Microsoft在IBM之后,与IBM之间的差距在逐渐缩小。

  在国内,现有BI厂商包括产品提供商、集成商、分销商、服务商等,有近500家,在未来几年内商业智能市场需求旺盛,市场规模增长迅速。从国内数据仓库实践看,根据ChinaBI评选的2007年中国十大数据仓库的初步结果,传统数据库厂商占据7个,分别是IBM 3个、Oracle 3个、SQLServer 1个,其余3个属于NCR/Teradata公司;从数据仓库规模来看,传统数据库厂商更占有巨大优势,总数据量为536.3 TB,Teradata则为54 TB,涉及的行业包括通信、邮政、税务、证券和保险等。

  在数据仓库市场快速发展的同时,市场竞争也日趋激烈,其中尤其以Oracle收购Hyperion、SAP收购BO、IBM收购Cognos具有代表意义。以目前来看,数据仓库及相关产品市场的三个层次逐渐浮现出来。第一层次是Oracle、IBM、Microsoft和SAP,能够提供全面的解决方案；第二层次是 NCR Teradata 和 SAS 等产品相对独立的供应商，可以提供解决方案中的部分应用；第三层次是只专注于单一领域的专业厂商。

4.6 基于 Analysis Services 的数据仓库构建过程

SQL Server 是由 Microsoft 开发和推广的关系数据库管理系统，它最初是由 Microsoft、Sybase 和 Ashton-Tate 三家公司共同开发的，并于 1988 年推出了第一个 OS/2 版本。Microsoft SQL Server 近年来不断更新版本，1996 年，Microsoft 推出了 SQL Server 6.5 版本，1998 年推出 7.0 版本。2000 年的 SQL Server 2000 在 7.0 版本的基础上强化了针对 BI 的支持，通过 Analysis Services 支持对业务数据的快速分析，以及为商业智能应用程序提供联机分析处理和简单的数据挖掘功能。SQL Server 2000 获得了比较大的成功，在 Windows 平台数据库市场中占据了较大份额。目前最新版本是 2012 年 3 月份推出的 SQL Server 2012。

下面通过 SQL Server 2008 R2 的 Analysis Services 介绍如何通过商业数据仓库产品构建一个实际的数据仓库。

4.6.1 数据准备

Analysis Services 使用 SQL Server 数据库系统存储基础数据。在正式开始建设数据仓库实例前，需要确保已经正常安装 SQL Server 数据库和 Analysis Services 实例，并在配置管理器中启动相关服务器，如图 4-7 所示。

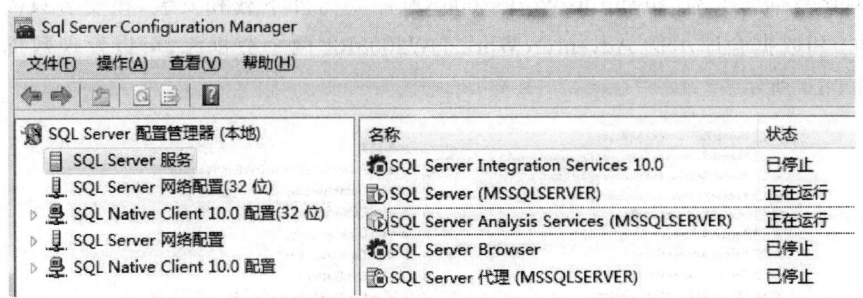

图 4-7 启动服务

SQL Server 2008 R2 在安装时并没有提供示例数据库和数据仓库，需要从 msftdbprodsamples.codeplex.com 下载数据库文件，并手动安装，如图 4-8 所示。

选择 AdventureWorks 2008R2 DW Script，下载后解压缩得到的是一系列 csv 数据文件和一个 instawdwdb.sql(INSTall AdventureWorks Data Warehouse DB)文件。该 sql 文件是自动导入数据的 sql 脚本(Script)文件。使用 SQL Server Management Studio 打开这个 sql 脚本文件。在第 36、37 行处有两个参数需要配置，SqlSamplesDatabasePath 为示例数据库准备要安装的物理目录字符串变量，SqlSamplesSourceDataPath 为示例数据库 csv 文件解压缩后得到的物理目录字符串变量。简单起见，可以用具体的目录字符串将这两个参数在 sql 脚本中直接替换掉。按 F5 键执行整个脚本，该示例数据库即可导入。不要手动将 csv 文件导入数据库，因为该安装脚本文件不但会建立数据库(CREATE DATABASE)、建表(CREATE TABLE)、导入数据(BULK INSERT)，还会建立必要的约束、索引、视图和触发器。

正常执行安装脚本后，在 SQL Server Management Studio 中可以看到一个名为

AdventureWorksDW2008R2 的数据库，该数据库将作为构建数据仓库的数据源，如图 4-9 所示。

图 4-8 下载示例数据　　　　图 4-9 示例数据库

如果对比数据库示例 AdventureWorks2008R2（需要另外下载和安装，该安装只需附加数据库文件即可）和数据仓库示例 AdventureWorksDW2008R2 两个数据库，可以发现数据组织上的不同，如图 4-10 所示。

图 4-10 数据源结构对比

一方面，数据库示例的表数量要多于数据仓库示例。另外，在表的命名上也可以看出来，数据库示例是按照部门或业务来组织的，每个部门（业务）提供了一系列的表，而数据仓库示例在每个部门或业务上只给了一个表。数据仓库示例还将表划分为带有 Dim 前缀的表和带 Fact 前缀的表，可以直观上看出来哪些是维度表，哪些是事实表。

另一方面，通过对比两个库同一业务部门数据表的结构和内容，如 Employee、AdventureWorks2008R2. HumanResources. Employee 和 AdventureWorksDW2008R2. dbo. DimEmployee，可以感受到数据库和数据仓库在数据组织上的差异。

最后，请在数据仓库 AdventureWorksDW2008R2 中比较各维度表（带有 Dim 前缀）和事实表（带有 Fact 前缀）的数据差异。

该示例数据库是基于一家虚构的公司 Adventure Works Cycles 设计的。该公司是一家大型跨国制造公司，生产金属复合材料的自行车，产品远销北美、欧洲和亚洲市场。Adventure Works Cycles 公司总部设在华盛顿州的伯瑟尔市，雇用了约 300 名工人。此外，在 Adventure Works Cycles 市场中还活跃着一些地区销售团队。

在近几年中，Adventure Works Cycles 购买了位于墨西哥的小型生产厂 Importadores Neptuno。Importadores Neptuno 为 Adventure Works Cycles 产品系列生产多种关键子组件。这些子组件将被运送到伯瑟尔市进行最后的产品装配。在 2005 年，Importadores Neptuno 转型成为专注于旅游登山车系列产品的制造商和销售商。

实现一个成功的会计年度之后，Adventure Works Cycles 现在希望通过以下方法扩大市场份额：专注于向高端客户提供产品、通过外部网站扩展其产品的销售渠道、通过降低生产成本来削减其销售成本。

为了支持销售和营销团队以及高级管理人员的数据分析需要，公司当前从 AdventureWorks 数据库中提取事务数据，从电子表格中提取销售配额之类的非事务信息，并将这些信息合并到 AdventureWorksDW 关系数据仓库。

下面将介绍如何利用这些数据构建数据仓库。

4.6.2 数据仓库的构建过程

SQL Server 为数据仓库的建设和管理提供了 SQL Server Business Intelligence Development Studio 管理工具。Microsoft 利用 Visual Studio 的 IDE 界面，将数据仓库建设、管理、数据挖掘等 BI 相关内容均整合在这个工具下。与之前的 SQL Server 2000 版本不同的是，在 2005 版本后，相关 BI 的活动都按照智能项目管理，而不再体现为数据库管理模式。所以，数据仓库的构建过程基本遵循新建项目、新建数据源、定义数据源视图、构建维度、设计粒度、构建多维数据集几个主要步骤实现。

1. 新建项目

选择文件/新建/项目命令，或在最近项目窗口中选择创建项目命令，如图 4-11 所示。

在对话框中选择 Analysis Services 项目，输入项目名称和项目文件保存位置即可，如图 4-12 所示。

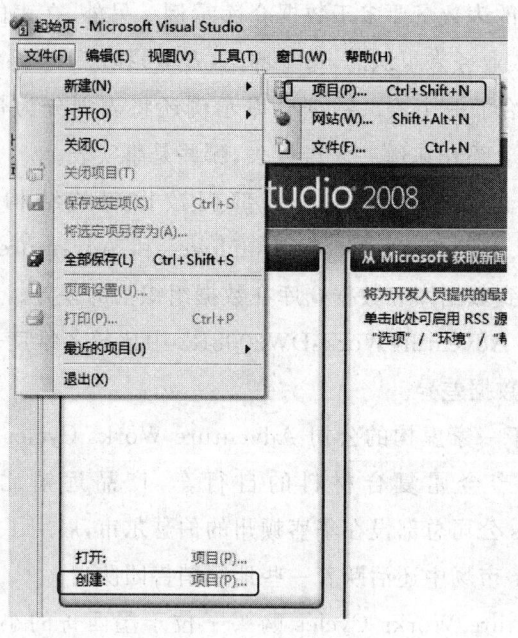

图 4-11 新建 BI 项目

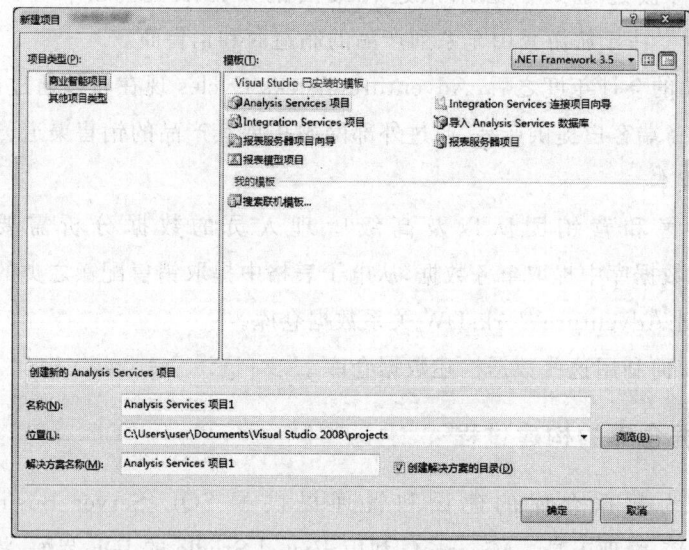

图 4-12 新建 Analysis Services 项目

2. 新建数据源

在解决方案资源管理器中,右击数据源文件夹,选择菜单中的新建数据源命令,如图 4-13 所示。

在"选择如何定义连接"页上,可以基于新连接、现有连接或以前定义的数据源对象来定义数据源,选中"基于现有连接或新连接创建数据源",再单击"新建"。

在"提供程序"列表中,选中"本机 OLE DB\SQL Server Native Client 10.0"。在"服务器名称"文本框中,键入 localhost。如果要连接到特定的计算机而不是本地计算机,请键入该计算机名称或 IP 地址。接着选中"使用 Windows 身份验证"。在"选择或输入数据库名称"列表中,选择 AdventureWorksDW2008。单击"测试连接",以测试与数据库的连接。在该向导的"模拟信息"页上,可以定义 Analysis Services 用于连接数据源的安全凭据。在选中"Windows 身份验证"时,模拟会影响用于连接数据源的 Windows 账户。Analysis Services 不支持使用模拟功能来处理 OLAP 对象。在这一步需要选择"使用服务账户",然后单击"下一步"。最后一步是键入名称 AdventureWorksDW,然后单击"完成",以创建新数据源。

3. 定义数据源视图

由于数据源数据库提供的表可能并不都需要导入数据仓库,所以需要选择在构建多维数据集时需要用到的表。数据源视图是元数据的单个统一视图,这些元数据来自数

图 4-13　新建数据源

据源在项目中定义的指定表和视图。通过在数据源视图中存储元数据,可以在开发过程中使用元数据,而无须打开与任何基础数据源的连接。

在解决方案资源管理器中,右击"数据源视图",再单击"新建数据源视图"命令。在"选择表和视图"页上,可以从选定的数据源提供的对象列表中选择表和视图。在"可用对象"列表中,选择下列对象。在按住 Ctrl 键的同时单击各个表可以选择多个表,需选择以下表到右侧列表中:DimCustomer(dbo)(客户维度表)、DimDate(dbo)(时间维度表)、DimGeography(dbo)(地理维度表)、DimProduct(dbo)(产品维度表)、FactInternetSales(dbo)(互联网销售事实表)。操作完成后数据源视图的内容还将显示在数据源视图设计器中,界面如图 4-14 所示。

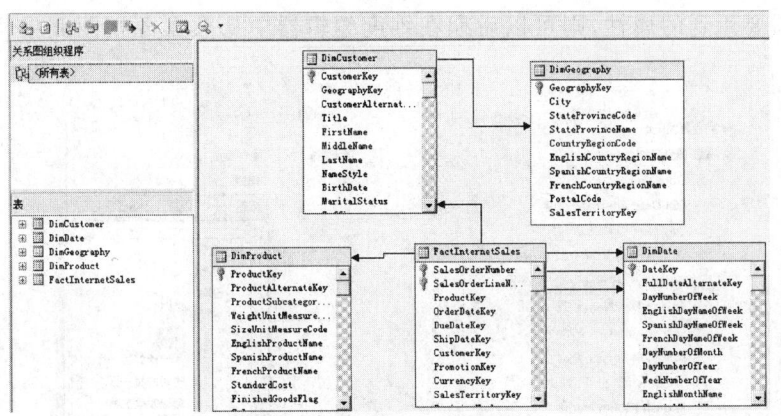

图 4-14　数据源视图设计器

在"关系图"窗格中可以查看所有表及其相互关系,FactInternetSales 表和 DimDate 表之间存在三种关系,这是因为每个销售记录都具有三个与其关联的日期:订单日期、到期日期和发货日期。这些关系代表了数据库中的外键,如果在安装示例数据库时没有使用安装脚本的话,此处可能无法得到现在的结果。不过也可以在事实表上右击,通过选择新建关系命令来手工增加关系。若要查看某种关系的详细信息,可双击"关系图"窗格中的关系箭头。

现在这些数据源视图采用的名称就是数据库中原始的表名。如果为了更适合阅读需要修改相关名称,可以通过修改属性窗口的 FriendlyName 属性实现,如图 4-15 所示。

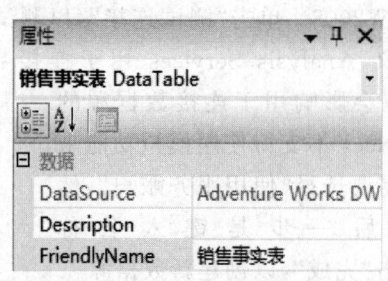

图 4-15　修改数据源视图表名

4. 构建维度

维度设计会影响多维分析的角度、概念层次级别、粒度等重要内容,因此数据仓库中的维度设计是比较重要的环节。一般来说,每个数据立方体都离不开时间维度,需要首先建立这个特殊维度。

在解决方案资源管理器中,右击"维度",然后单击"新建维度",在"选择创建方法"页上,验证是否选择了"使用现有表"选项,然后单击"下一步"。这里 SQL Server 提供了四种建立时间维度的方法。如果数据源没有提供单独的时间维度表,可以由这个向导自动生成单独的时间表,用该表作为时间维度。

在"主表"列表中,选择 DimDate,键列采用默认。在"选择维度属性"页上,选中下列属性旁的复选框:Date Key(日期键)、FullDateAlternameKey(完整日期备用键)、English Month Name(英文月份名称)、Calendar Quarter(日历季度)、Calendar Year(日历年)、Calendar Semester(日历半年),如图 4-16 所示。这里选中的将作为时间维度的属性出现,如果在这里没有选后期需要用到的属性,则可以后期在维度编辑器中从数据源视图表中将所需属性拖出来。

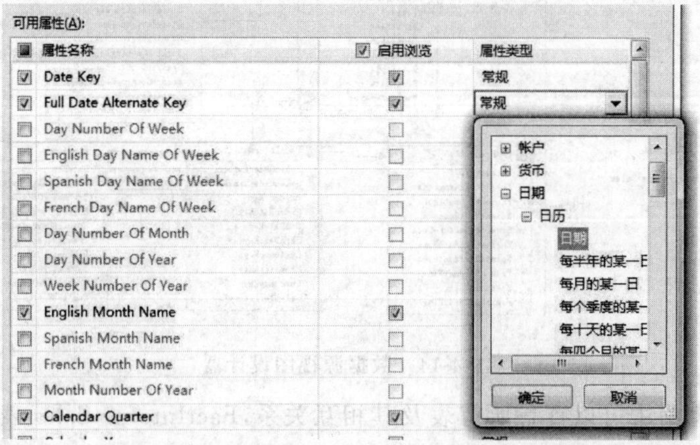

图 4-16　修改属性

将"完整日期备用键"属性的"属性类型"列的设置更改为"日期",将"英文月份名称"更改为"月份",将"日历季度"更改为"季度",将"日历年"更改为"年",将"日历半年"更改为"半年"。这个操作是将原始数据表中具体的字段与时间的物理含义对应起来,如果是其他的维度请合理选择。

完成后,可以在维度设计器中看到 Dim Date 维度。经过这个操作后,时间维度初步被建立起来。由于时间维度的概念层次是年→半年→季度→月份→日期,所以还需要设计这个维度的层次结构。在左侧属性窗口中拖动 Calendar Year 属性到中间的层次结构窗口中,可以新建这个维度的层次结构。依次拖动半年、季度、月份和日期属性过来,即可生成时间维度的概念层次。

请注意层次结构前的小点,点越多代表该级别越低,如图 4-17 所示。

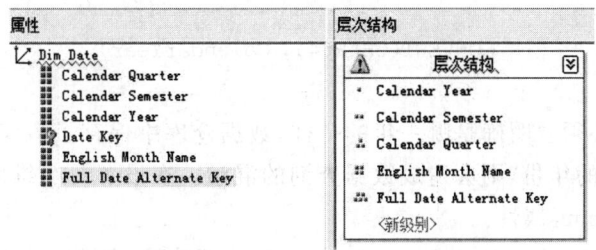

图 4-17 时间维度的层次结构

由于默认的时间属性在具体显示时并不友好,所以将半年和季度按照数值显示,而不按照人们习惯的名称等,如图 4-18 所示。需要做下列调整。

提供唯一的维度成员名称。打开数据源视图,在"表"窗格中,右击"日期",然后单击"新建命名计算"。在"创建命名计算"对话框中,在"列名"框中键入 MonthName,然后在"表达式"框中键入以下语句:EnglishMonthName＋' '＋CONVERT(CHAR (4),CalendarYear),这条语句将表中每月的月份和年份连接成一个新列。最后单击"确定",如图 4-19 所示。

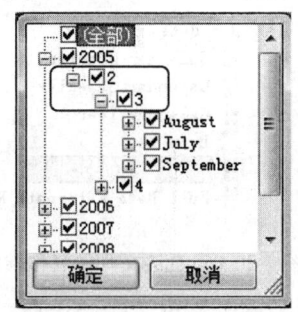

图 4-18 不友好的时间维度

图 4-19 新建命名计算

在"表"窗口中,右击"日期",然后单击"新建命名计算"。在"创建命名计算"对话框的"列名"框中键入 CalendarQuarterDesc,然后在"表达式"框中键入以下 SQL 脚本:'Q'＋CONVERT(CHAR(1),CalendarQuarter)＋' '＋'CY'＋CONVERT(CHAR(4),CalendarYear)。这条语句将表中每季度的日历季度和年份连接成一个新列。最后单击"确定"。

再新建一个名为 CalendarSemesterDesc 的命名计算,其表达式为
```
CASE
WHEN CalendarSemester = 1 THEN 'H1' + '' + 'CY' + ''
       + CONVERT(CHAR(4), CalendarYear)
ELSE
'H2' + '' + 'CY' + '' + CONVERT(CHAR(4), CalendarYear)
END
```

正如 3 月 11 日必须要明确是哪一年的一样,数据仓库中保存了多年的数据,如果在时间维度中没有指定具体的年份,则会造成数据查询的混淆。在设置几个维度属性的唯一键属性时需要用到 KeyColumns 属性。

图 4-20 设置英文月份名称维度属性

打开"日期"维度的"维度结构"选项卡。在"属性"窗口中,单击"English Month Name"属性,如图 4-20 所示。

如图 4-21 所示,在"属性"窗口中,在 KeyColumns 字段中单击,然后单击浏览(...)按钮。在"键列"对话框的"可用列"列表中,选择 CalendarYear 列,然后单击">"按钮。此时 EnglishMonthName 和 CalendarYear 列会显示在"键列"列表中。最后单击"确定"。

由于当前英文月份维度属性设置了 2 个字段作为 KeyColumns,所以必须设定一个 NameColumn,在这里选择刚才新建的命名计算 MonthName。

图 4-21 设置 KeyColumns 属性

随后设置季度和半年的 KeyColumns 属性,与上面设置月份的方法一致,都需要将 CalendarYear 属性作为 KeyColumns 之一增加进去。它们各自的 NameColumn 分别是 CalendarQuarterDesc 和 CalendarSemesterDesc。

经过这些设置后,在重新部署项目后可以看到与之前看到的时间维度不同,现在的时间维

度已经能够显示半年、季度、月份的合理名称了。请注意,在图 4-22 中半年、季度、月份后面连接了年份数值,这正是由于前面新建了三个命名计算和设置了 NameColumn。

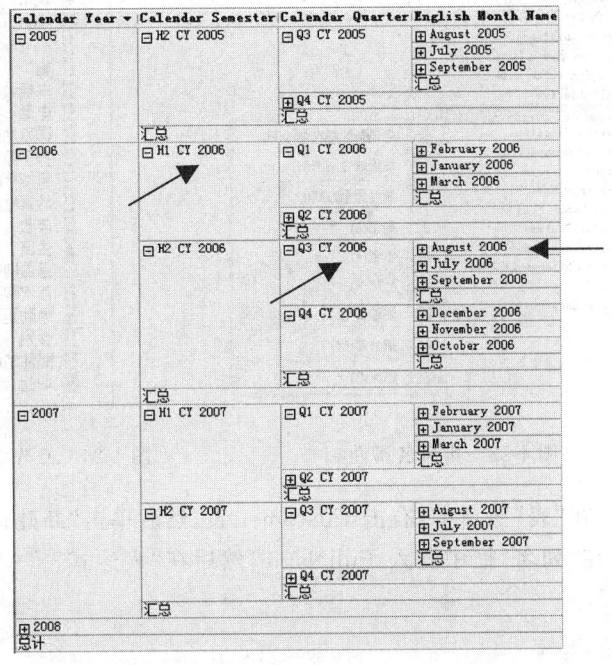

图 4-22　界面更友好的时间维度

时间维度建好后,客户维度和产品维度作为一般维度,其建设过程与时间维度类似。

参照时间维度建立的方法,仍然使用向导建立新维度,只是在指定源信息页中,主表选择 DimCustomer。客户维度在选择主表后,还需要选择相关表 DimGeography,因为该表提供了客户所在位置的相关属性。选择维度属性时需要添加以下字段:BirthDate、MaritalStatus(婚姻状态)、Gender、EmailAddress、YearlyIncome、TotalChildren、NumberChildrenAtHome(在家的孩子数量)、EnglishEducation、EnglishOccupation(职业)、HouseOwnerFlag、NumberCarsOwned、Phone、DateFirstPurchase、CommuteDistance(通勤距离),以及地理表中的 City、StateProvinceName、EnglishCountryRegionName、PostalCode 属性。

选择好需要用到的属性后,为了更好地在交叉表中使用这些属性,还需要做以下的工作。

(1) 将属性按照习惯命名

目前,当前客户维度的各个属性还都是英文,可以按照本地习惯将属性重命名。一种方法是右击需重命名的属性对象,并选择"重命名"命令,如图 4-23 所示。将该属性的名称更改或者选中属性对象后,在右下侧的属性工具箱中,修改 Name 属性,如图 4-24 所示。

(2) 创建客户维度的层次结构

客户维度按照地理的区划实现其层次级别。这个地理区划的范围从大到小依次为国家、省、市、县。最后的级别是具体的个人客户,但需要先做完下一步后才能加入。

(3) 为客户维度增加一个客户全名的属性

由于数据源表中没有一个客户全名字段,客户名是分为 FirstName、MiddleName 和 LastName 三个字段分别存储的。为了增加这个全名字段,需要使用命名计算。

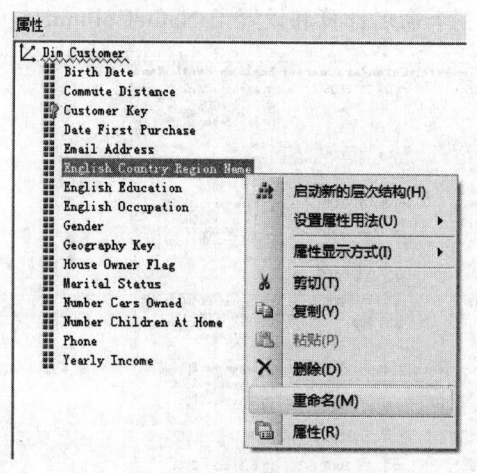 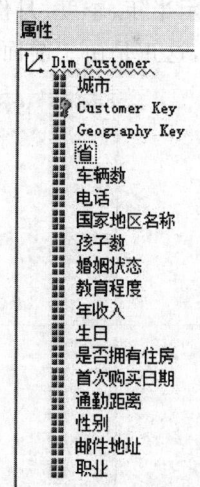

图 4-23　重命名属性　　　图 4-24　修改 Name 属性

打开数据源视图,在"表"窗口中,右击 Customer 表,然后单击"新建命名计算"。在"创建命名计算"对话框中,在"列名"框中键入 FullName,然后在"表达式"框中键入下列 CASE 语句,如图 4-25 所示。

```
CASE
    WHEN MiddleName IS NULL THEN
    FirstName + '' + LastName
    ELSE
    FirstName + '' + MiddleName + '' + LastName
END
```

CASE 语句将 FirstName、MiddleName 和 LastName 列串联为一个列,该列将在"客户"维度中用作"客户"属性的显示名称。

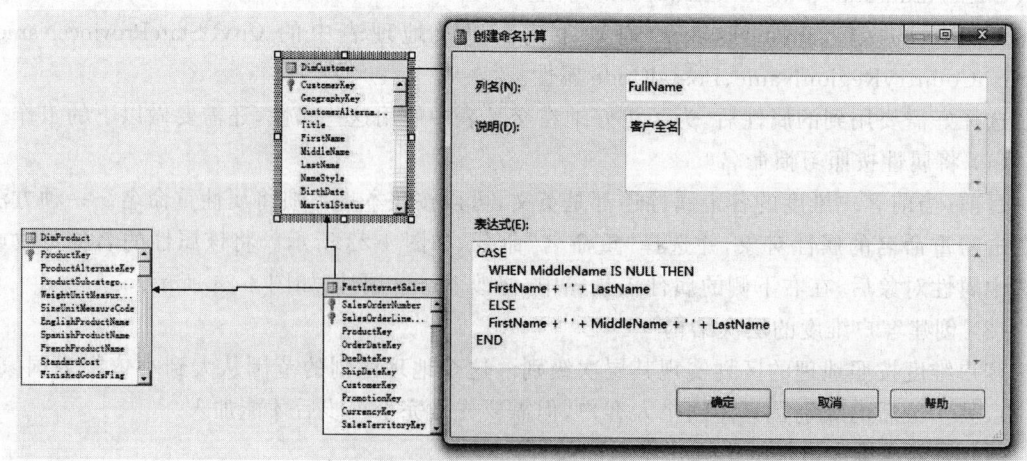

图 4-25　新增客户全名命名计算

保存后,可以在客户维度设计器的数据源视图中看到这个名为 FullName 的新属性,可以将它直接拖动到左侧维度属性中,也可以使用该属性作为客户维度主键(Customer Key)字段的名称列(NameColumn),即在多维分析时显示客户全名作为客户维度的主键,如图 4-26 所示。需要注意的是,这里并不是把客户全名作为主键,只是在显示时使用友好的全名,而不是 5 位整数的 CustomerKey 而已。

图 4-26　设置 Customer Key 的 NameColumn 属性

做完这步后,可以在客户维度的层次结构中将全名拖动到层次结构的最后一个级别中。

(4) 归类相关属性作为一个属性组

由于一些属性描述了客户的一类特征,为了更好地组织维度属性,可以定义显示文件夹。

在左侧"属性"窗格中,在按住 Ctrl 键的同时单击以下各个属性并将它们选中:市、国家、邮政编码、省。在右下侧"属性"工具箱窗口中,单击 AttributeHierarchyDisplayFolder 属性字段,并键入"位置"。在"层次结构"窗格中,单击当前层次结构,然后在"属性"窗口中选择"位置"作为 DisplayFolder 属性的值。

(5) 定义组合键

由于客户所在城市属性需要从属于上级的国家、省,特别是有部分省间存在同名的城市,如果不处理的话在后续查询时可能会出错。所以,在设计维度时需要将城市维度属性的 KeyColumns 属性指定为由省(StateProvinceName)和城市(City)列组成的组合键,如图 4-27 所示。

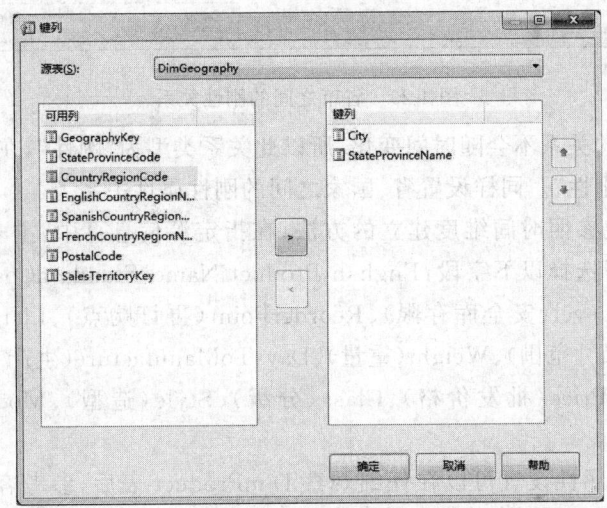

图 4-27　设置城市(city)属性的组合键

(6) 定义属性之间的属性关系

定义属性关系可加快维度、分区和查询处理的速度,所以如果基础数据支持,则应定义属性之间的属性关系。在这里可以定义国家、省、市三个级别的属性关系,如图 4-28 所示。

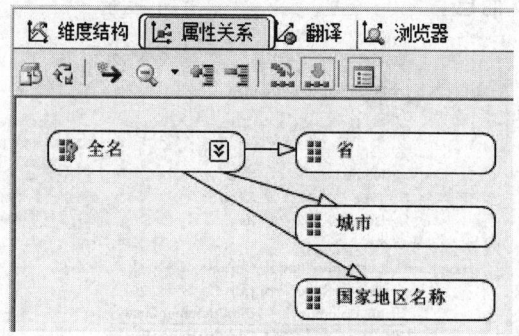

图 4-28　设置属性关系

在"客户"维度的维度设计器中,单击"属性关系"选项卡。在关系图中,右击"城市"属性,然后选择"新建属性关系"。在"创建属性关系"对话框中,"源属性"是"城市"。将"相关属性"设置为"省",如图 4-29 所示。

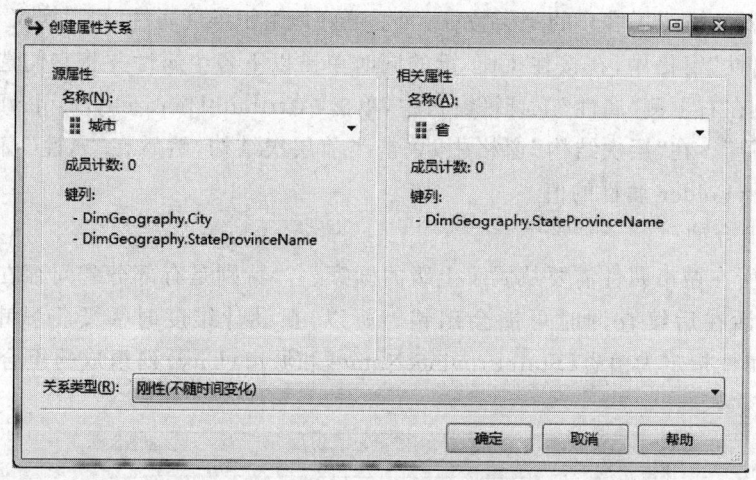

图 4-29　省市之间的刚性关系

因为省、市之间的关系不会随时间变化,所以此关系类型为"刚性",在"关系类型"列表中,将关系类型设置为"刚性"。同样设置省、国家之间的刚性属性关系。

产品维度的建设参照时间维度建立的方法,在指定源信息页中,主表选择 DimProduct。选择维度属性页时请选择以下字段:English Product Name、StandardCost(标准成本)、Color(颜色)、SafetyStockLevel(安全库存限)、ReorderPoint(再订购点)、ListPrice(市场价)、Size(尺寸)、SizeRange(尺寸范围)、Weight(重量)、DaysToManufacture(生产日)、ProductLine(产品型号系列)、DealerPrice(批发价格)、Class(分级)、Style(造型)、ModelName、StartDate、EndDate、Status。

产品维度其他的属性设置可以在仔细观察 DimProduct 表后,参考客户维度设置方法进行设置。

5. 构建多维数据集

在解决方案资源管理器中,右击"多维数据集",然后单击"新建多维数据集"。在"选择创建方法"页上,选中"使用现有表"选项,在"选择度量值组表"页上,将 InternetSales 作为度量值组表。这里所谓的度量值组表就是事实表。

在"选择度量值"页上,清除下列度量值的复选框:Promotion Key(促销关键字)、Currency Key(货币关键字)、Sales Territory Key(销售区域关键字)、Revision Number(修订号)。因为这些属性是其他表的外键,不是度量。

在"选择现有维度"页上,选择之前创建的所有维度,然后单击"下一步"。在"选择新维度"页上,选择要创建的新维度。选中 DimCustomer、DimGeography 和 DimProduct 复选框并清除 InternetSales 复选框。此时完成向导。

完成向导后,可以对比之前手工建立的产品、客户维度与在这里直接连接而生成的新维度之间的差异。可以发现,在这里自动建立的维度仅有用来连接其他表的××Key 属性,所以该维度还需要再单独修改。另外,如果在建立多维数据集时没有选择相关维度,可以通过在左下侧的维度窗口中选择"添加多维数据集维度"命令来补充维度,如图 4-30 所示。

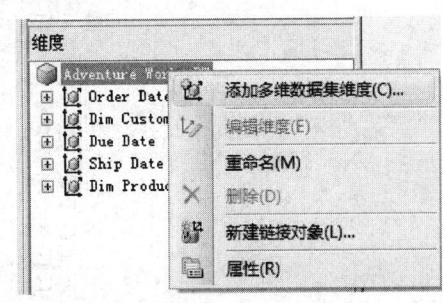

图 4-30 添加维度

在多维数据集编辑器中的数据源视图窗口中看到设计好的多维数据集结构,如图 4-31 所示。中间被圈住的是事实表,周围的是维度表。虽然这个结构与之前在数据源视图(如图 4-14 所示)中看到的类似,但是请注意,在这里是定义好的多维数据集,有明确的事实表和维度表划分,不是一般的数据库关系图。

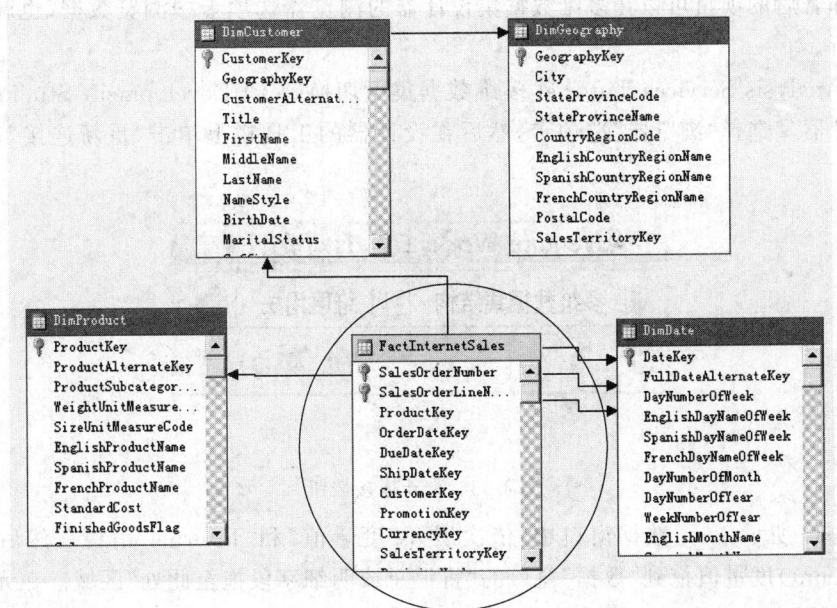

图 4-31 多维数据集结构

尽管在数据库级别只创建了三个维度(Customer、Date、Product),但在多维数据集内却有五个多维数据集维度,如图 4-30 所示。该多维数据集包含的维度比数据库多,其原因是,根据事实数据表中与日期相关的不同事实数据,"日期"数据库维度被用作三个与日期相关的单独多维数据集维度的基础。这些与日期相关的维度也称为"角色扮演维度"。使用三个与日期相关的多维数据集维度,用户可以按照下列三个与每个产品销售相关的单独事实数据在多维数据集中组织维度:产品订单日期、履行订单的到期日期和订单发货日期。通过将一个数据库维度重复用于多个多维数据集维度,Analysis Services 简化了维度管理,降低了磁盘空间使用量,并减少了总体处理时间。

设计完毕后,下一步是部署项目到具体的数据库中,将数据按设计好的多维数据集组织起来,如图 4-32 所示。

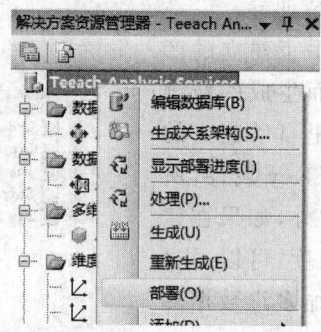

图 4-32　部署项目

经过部署的项目才能在浏览器中使用多维分析功能。

4.6.3　开展 OLAP 分析的方法

经过部署后的项目可以在多维数据集设计器的浏览器选项卡中浏览数据,也就是可以开展多维分析。

单击 Analysis Services Tutorial 多维数据集可切换到 BI Development Studio 中的多维数据集设计器。选择"浏览器"选项卡,然后在设计器的工具栏上单击"重新连接",如图 4-33 所示。

图 4-33　重新连接按钮

如图 4-34 所示,在元数据窗口中,依次展开"度量值"和"Internet 销售",然后将销售额(Sales Amount)度量值拖到"数据"窗口的"将汇总或明细字段拖至此处"区域。在元数据窗口中,展开"产品"。

将产品型号系列(Product Line)用户层次结构拖到数据窗格的"将列字段拖至此处"区域,然后展开该用户层次结构的"产品系列"级别的 Road 成员。

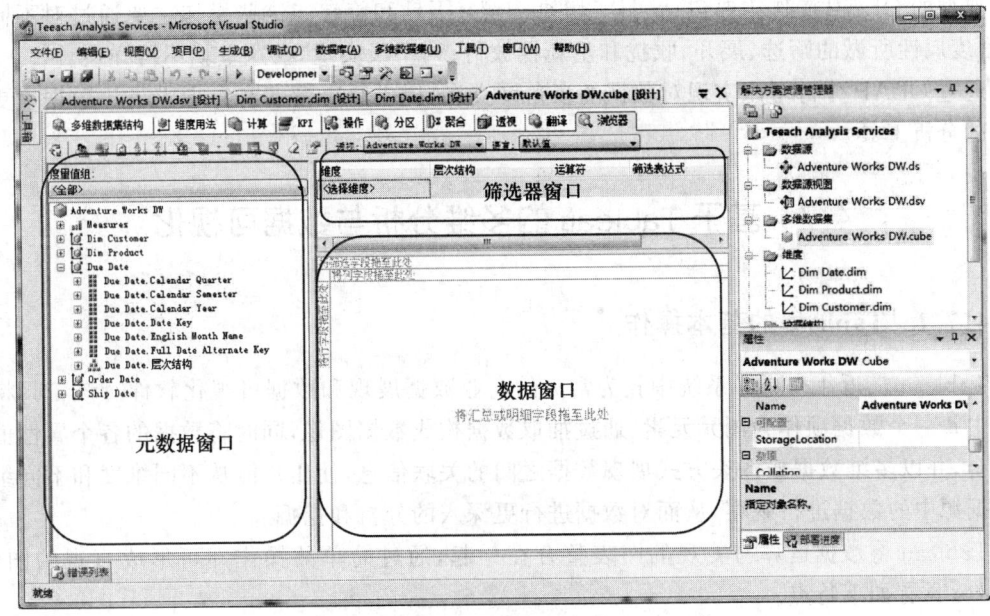

图 4-34 数据浏览器界面

在元数据窗口中,依次展开"客户"和"位置",然后将层次结构从"客户"维度中的"位置"显示文件夹拖到数据窗口的"将行字段拖至此处"区域。在行轴上,展开"美国",以便按美国的区域查看销售详细信息。

在这个界面中可以通过展开各个维度来筛选不同的数据。如图 4-35 的箭头所示,61.97 是指由在美国加州贝尔弗劳尔(Bellflower)市名叫 Seth M Edwards 的客户购买 M 系列产品带来的销售额。

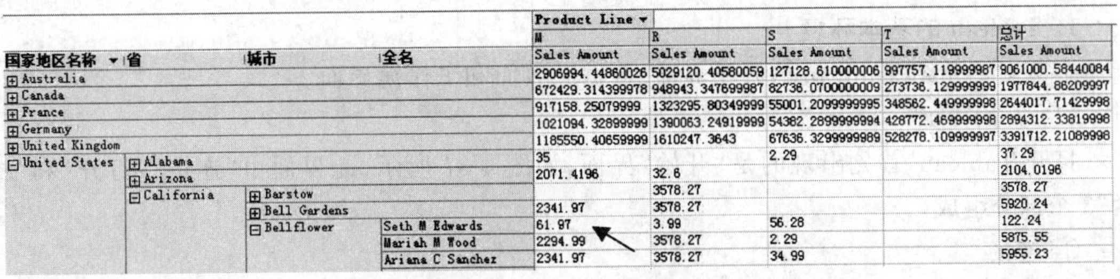

图 4-35 OLAP 分析

除了直接筛选外,还可以将维度或维度属性拖动到上方的筛选器区,形成筛选条件。如图 4-36 所示,可以根据客户的婚姻状态(选择已婚或未婚)来分析不同客户带来的差异。

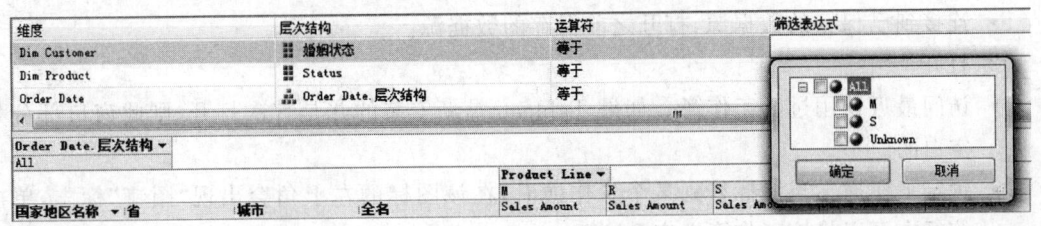

图 4-36 筛选维度条件

典型的 OLAP 操作主要包括切片、切块、上卷、下钻和旋转。这些操作主要通过对不同维度、维度属性所做的筛选、展开、收拢和重新摆放行、列字段实现,在这里就不再详述。

通过 OLAP 分析可以实现对数据的多角度查询,提供给决策者和管理人员比数据库更为灵活的分析工具。

4.7 基于 Tableau 的多维分析与数据可视化

4.7.1 Tableau 的基本操作

Tableau 是近年来桌面系统中较为常见的商业数据展现和数据可视化软件。该工具将数据源中每一个数据项作为图元元素,通过抽取数据构成数据图像,同时将数据的各个属性值加以组合,并以多维数据或图表方式展现数据之间的关联信息,使用户能从不同维度和不同组合对数据源中的数据进行观察,从而对数据进行更深入的分析和挖掘。

Tableau 将数据运算与美观的图表整合在一起,通过简单的操作即可形成直观的图表。Tableau 具有如下特点。

(1) 具有多样化的图形、图表,数据可视化效果好。

(2) 简单易用,学习曲线平滑。

(3) 数据处理速度快,不限容量,在数分钟内完成数据连接和可视化。

(4) 嵌入数据地图,使结果呈现更形象。

(5) 无论是电子表格、数据库还是 hadoop 和云服务,Tableau 都可以轻松分析其中的数据,其还具有统计学预测功能。

(6) 可以实现实时数据自动更新。

(7) 所见即所得,通过鼠标拖拽,各种图形即刻呈现,更智能。

1. Tableau 的基本环境

本节主要介绍 Tableau 的开始界面、数据源界面和工作簿界面。

(1) 开始界面

打开 Tableau,首先出现的是"开始"界面,如图 4-37 所示,此界面由"连接""打开"和"探索"3 个部分组成。

① 连接

连接区提供了三种连接数据源的方法。

- 连接到文件:可以连接 Excel 文件、文本文件等。
- 连接到服务器:可以连接 Microsoft SQL Server、Oracle 等数据库数据,也可以连接到 Tableau Server。
- 连接到已保存的数据源:打开之前保存的数据源。

② 打开

- 访问最近使用过的工作簿。如果 Tableau 是新安装的并是首次打开,则此窗口部分是空白的。
- 锁定工作簿。当鼠标移到某个工作簿时,在该图标的左上角会出现"图钉"标志,单击该标志可以将该工作簿锁定到这里。

③ 探索

该区域提供了 Tableau 的学习资源,有 87 个视频以及一些论坛等。

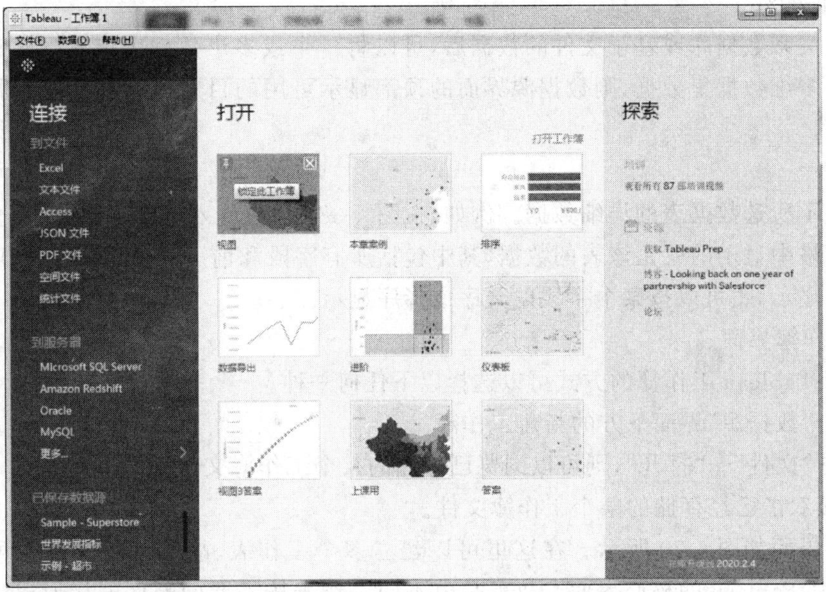

图 4-37　Tableau"开始"界面

(2) 数据源界面

如果单击连接"到文件"或"到服务器",就可以出现图 4-38 所示的"数据源"界面,主要有左侧窗格、工作表区、网格三个部分。

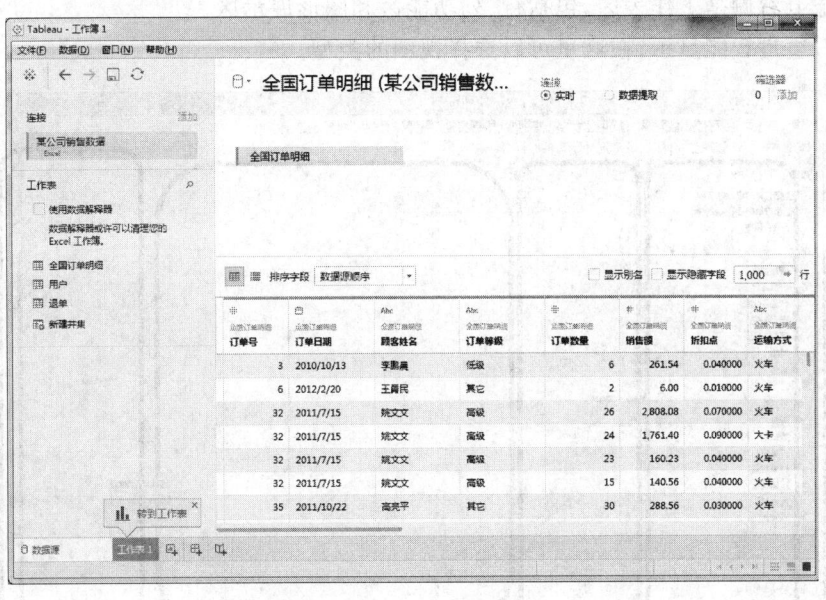

图 4-38　Tableau 的"数据源"界面

① 左侧窗格

"数据源"界面左侧窗格显示的是所连接数据源的详细信息。如果连接的是文件,则显示文件名和文件中的工作表,例如,在本例中文件名是"某公司销售数据",共有"全国订单明细""用户"和"退单"三个工作表。

如果连接的是关系数据库数据,则显示服务器、数据库、数据库中的表等信息。

② 工作表区

连接到关系数据库或基于文件的数据后,可以将一个或多个数据表拖放到工作表区。如果连接的是多维数据集数据,则数据源界面的顶部显示可用的目录或者要从中选择的查询和多维数据集。

③ 网格

网格显示所选数据表的详细数据。例如,在图4-38中,拖放入工作表区的是"全国订单明细",那么网格中显示的就是该表的数据,其中包括所有字段和前1 000行数据,既可以按照源数据的顺序显示,也可以按某个字段的升序或降序显示。

(3) 工作簿界面

连接到Tableau工作簿的方式可以选择以下任何一种。

① 单击"数据源"界面下方的新建工作簿。

② 单击"文件"→"打开",则可以浏览已存储的某个工作簿文件。

③ 直接双击已经存储的某个工作簿文件。

工作簿界面如图4-39所示。在这里可以建立多个工作表、故事和仪表板并可以保存下来,此界面为Tableau的核心界面。故事是由不同工作表按需要的顺序连接形成的数据展示路径。仪表板是客户定义的多视图集成窗口,可用于提供数据驾驶舱。工作表界面主要包括以下区域。

- 最左侧窗口是数据区,包括数据源文件、维度、度量等信息。
- 数据区右侧是标记卡,包括页面、筛选器以及颜色、大小等功能模块。
- 标记卡右侧是工作表区,包括行、列功能区和图形展示区。
- 最右边是智能显示,在这里可以选择视图的类型。

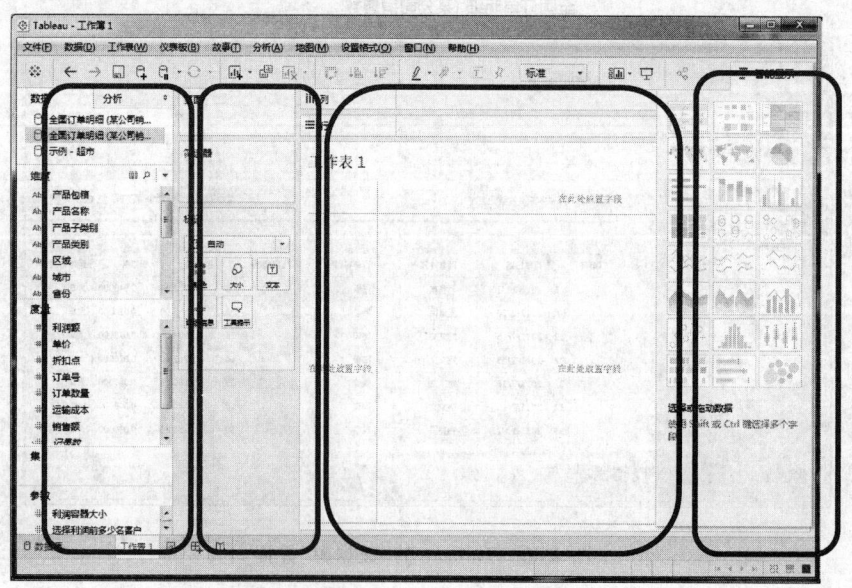

图4-39　Tableau的工作簿界面

2. 连接数据源

Tableau支持各种数据源类型,本节以SQL Server数据库和Excel文件的连接为例进行介绍。

(1) 连接 Excel 文件。

① 在"开始"界面,单击连接到文件的"Excel",找到文件路径,打开对应文件即可。如果文件不太大,可以选择"实时"。

② 转到工作表。此时出现图 4-39 所示的界面。图中左侧分别有"维度"列表框和"度量"列表框。Tableau 可根据多维数据集的定义自动识别数据表中的维度和度量。如需指定某属性或字段为维度或度量,可将它拖放到维度或度量列表框中即可。

(2) 连接 SQL Server 数据库

① 在"开始"界面,单击连接的界面"到服务器"的"Microsoft SQL Server",如图 4-40 所示,进入连接 SQL Server 的对话框,如图 4-41 所示。

图 4-40　连接 Microsoft SQL Server 数据源

② 在图 4-41 所示的对话框中,输入所连接的服务器名称和数据库名称,登录信息可选择"使用 Windows 身份验证",也可以选择使用"用户名和密码",如果选择后者,需输入用户名和密码。这里选择前者,即使用 Windows 身份验证,然后点击"登录"。

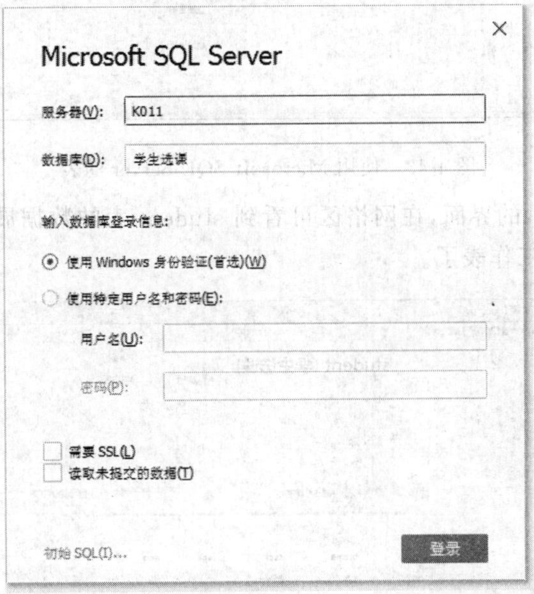

图 4-41　连接 Microsoft SQL Server 数据源的对话框

③ 进入图 4-42 所示的数据源界面,左侧显示的是服务器、数据库、数据库中的表等信息,此处拖放"student"表到右侧"工作表区"。

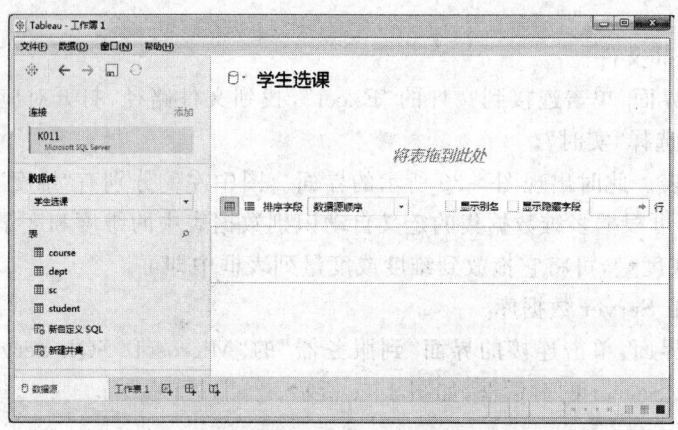

图 4-42　连接到 Microsoft SQL Server 数据源

④ 进入图 4-43 所示的数据表连接界面,如果表数据不是特别大,则可以选择"自动更新",那么 Tableau 中的数据随着数据库中数据的变化自动更新;否则,可选择"立即更新"。

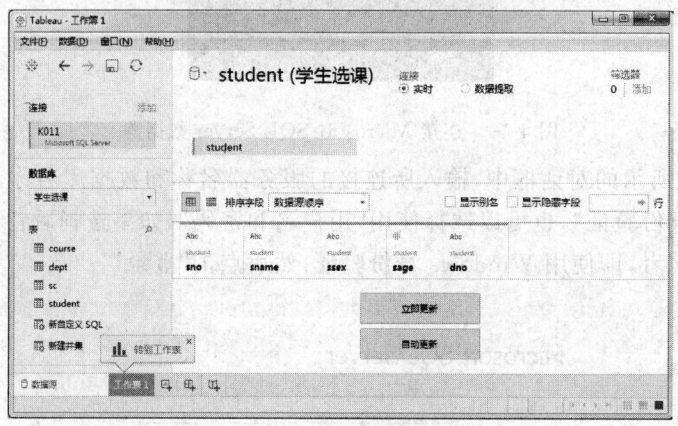

图 4-43　使用 Microsoft SQL Server 的表

⑤ 出现图 4-44 所示的界面,在网格区可看到 student 表的数据展示,然后就可以使用数据库数据创建 Tableau 工作表了。

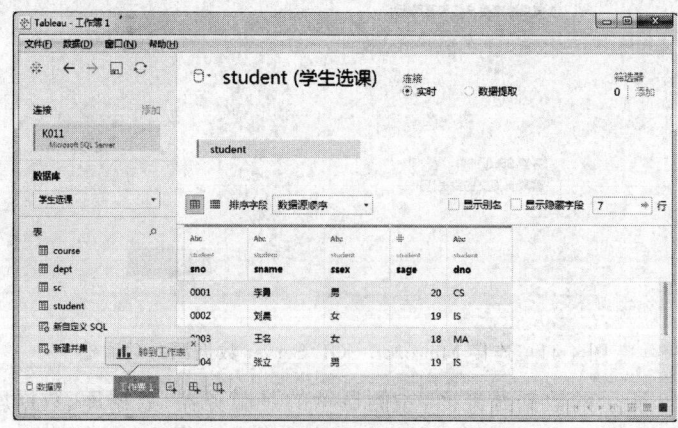

图 4-44　Microsoft SQL Server 表数据

4.7.2 在 Tableau 中开展 OLAP 分析的方法

Tableau 能够非常方便地实现 OLAP 操作,这里以某公司销售数据.xlsx 为源数据,介绍在 Tableau 中如何实现多维数据集的切片、切块、钻取和旋转操作。

1. 切片

在某公司销售数据中,仅选定办公用品在各区域的销售额,以条形图为例。具体步骤如下。

(1) 将"产品类别"和"销售额"拖放至列功能区,将"区域"拖放至行功能区,在"智能显示"中选择"水平条"。

(2) 单击工具栏中的"降序"图标,将视图按照各区域销售额降序排列。如图 4-45 所示,此时得到的是各类产品在各个区域中的销售额条形图。

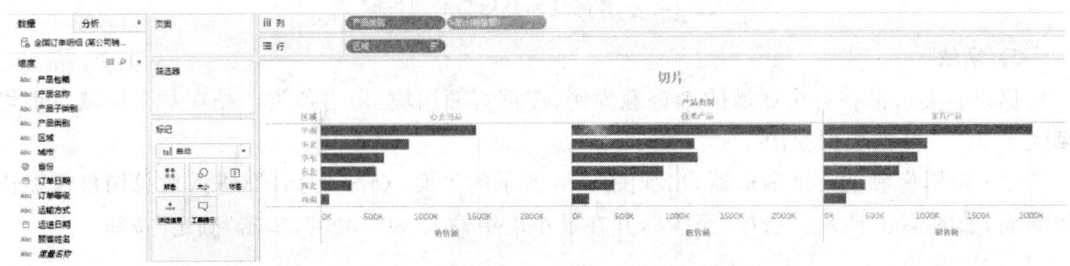

图 4-45 各类产品在各区域的销售额

(3) 切片。使用筛选器,仅筛选出办公用品在各区域的销售额。

将"产品类别"字段拖放至"筛选器",出现图 4-46 所示的对话框,在复选框中只选中"办公用品",单击"确定"按钮,此时出现办公用品在各区域销售额的视图,如图 4-47 所示。

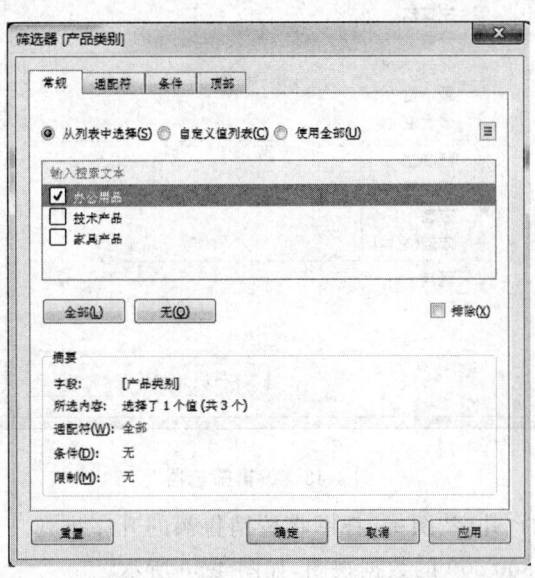

图 4-46 筛选出"办公用品"

当然,也可以同时筛选出办公用品和技术产品在各区域的销售额,这样切片的数目就是2。同样,也可以筛选某一个或多个区域的各类产品销售额,这就相当于在"区域"维度上的切片。

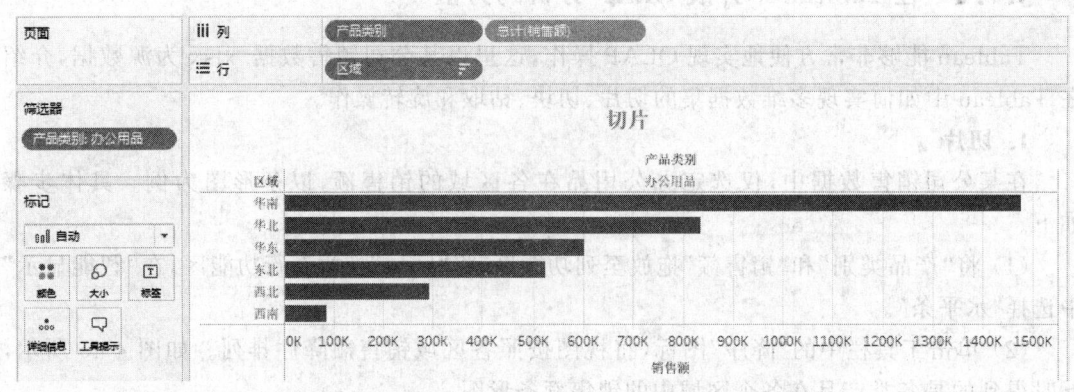

图 4-47　各区域办公用品的销售额

2. 切块

仍以各类产品在各个区域的销售额为例，按销售额切块，切出各类产品在每个区域总销售额大于 800 000 的数据视图。

(1) 将销售额拖放至筛选器，出现图 4-48 所示的界面，双击"总计"，进入对总销售额筛选的界面，如图 4-49 所示。选择"至少"，并在最小值中输入"800 000"，单击"确定"按钮。

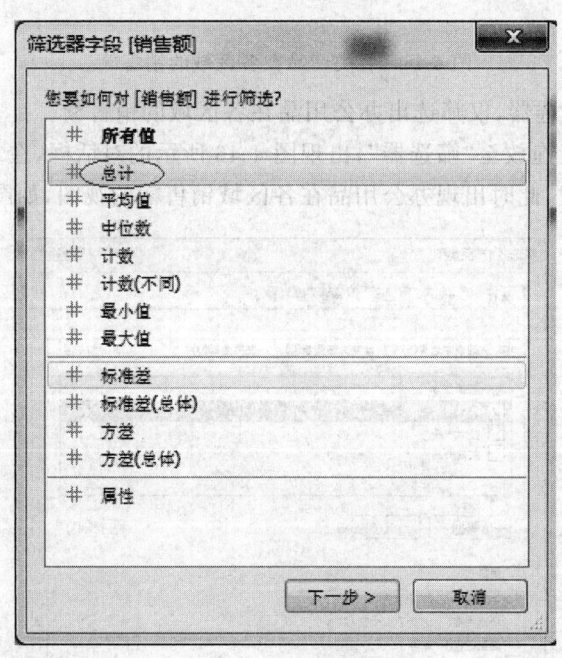

图 4-48　编辑筛选器

(2) 点击工具栏中的"升序"图标，视图将按销售额的升序排列。此时得到各类产品在每个区域中总销售额大于 800 000 的数据视图，如图 4-50 所示。

由图 4-50 可以明确看出各类产品在每个区域销售量比较大的数据视图，这样就确定了一个 3 维的数据范围，即切块。

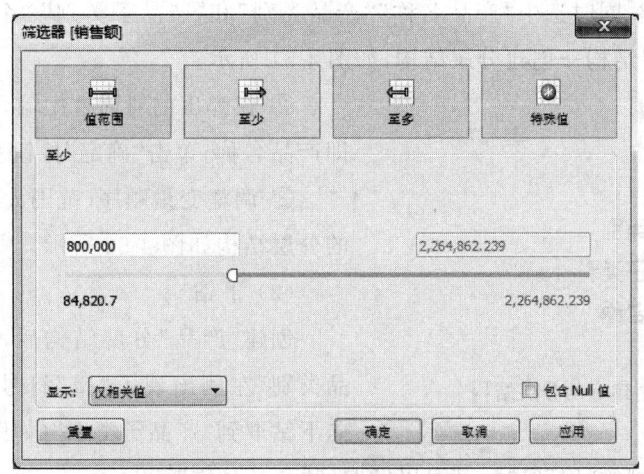

图 4-49　筛选总销售额

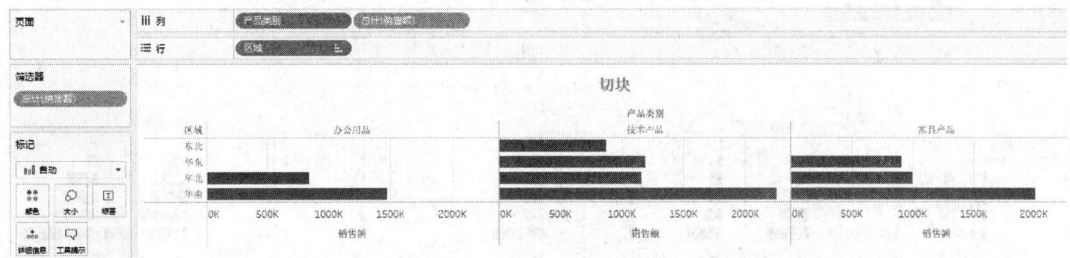

图 4-50　各类产品在每个区域中总销售额大于 800 000 的数据视图

3. 钻取

钻取包含向下钻取和向上钻取的操作,钻取的深度与维度所划分的层次相对应。

(1) 分层结构

分层结构是维度字段之间自上而下的组织形式,在图 4-51 中显示了分层前的维度变量,下面创建分层结构。

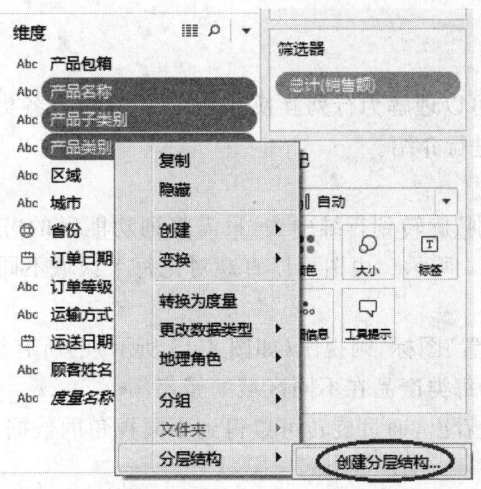

图 4-51　创建分层结构

① 按住 Ctrl 键,同时选中"产品名称""产品类别"和"产品子类别"3 个变量,右击选中的变量,然后选择分层结构→创建分层结构,如图 4-51 所示。

② 在弹出的对话框中输入分层结构的名称,即产品名称,单击"确定"按钮。

③ 调整变量顺序(范围大的在上面),创建好的分层结构如图 4-52 所示。

(2) 下钻

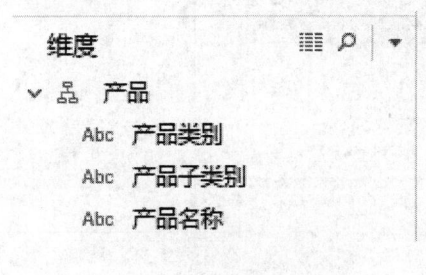

图 4-52　创建好的分层结构

创建"产品"分层结构后,在列功能区的"产品类别"左侧出现了"田"符号,单击该符号可以向下钻取到"产品子类别"(如图 4-53 所示),再单击"产品子类别"左侧的"田"符号,就可以钻取到"产品名称"。

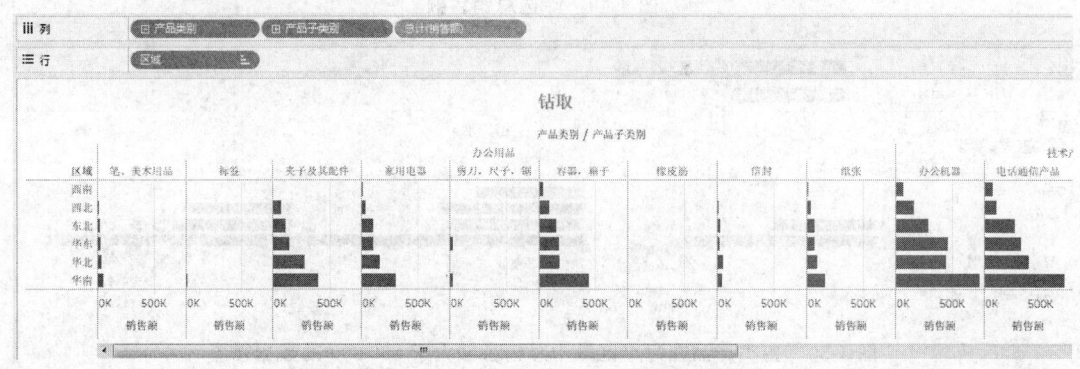

图 4-53　向下钻取

(3) 上卷

下钻后的"产品类别"左侧出现"曰"符号,单击该符号可以实现上卷,视图则恢复到"产品类别"的级别。

通过钻取,可以根据需要展示数据的详细程度。在本例中,层次结构有 3 层,所以钻取的深度为 3。

4. 旋转

在 Tableau 中,旋转可以理解为行列互换,即转置。这里以各类产品在各区域的销售额视图(如图 4-45 所示)为例进行介绍。

(1) 旋转一个维度

若要把列维"产品类别"旋转到行维中去,只需将列功能区的"产品类别"拖放至行功能区即可,得到的视图如图 4-54 所示。由图可以直观对比每个区域不同产品类别的销售额。

(2) 旋转所有维度

单击工具栏中的"转置"图标,则视图(如图 4-45 所示)的所有维方向发生改变,如图 4-55 所示。该视图可直观展示每类产品在不同区域的销售额。

由上面两种情况可以看出,通过旋转可以得到不同视角的数据,方便技术人员快速得到数据分析的结论。

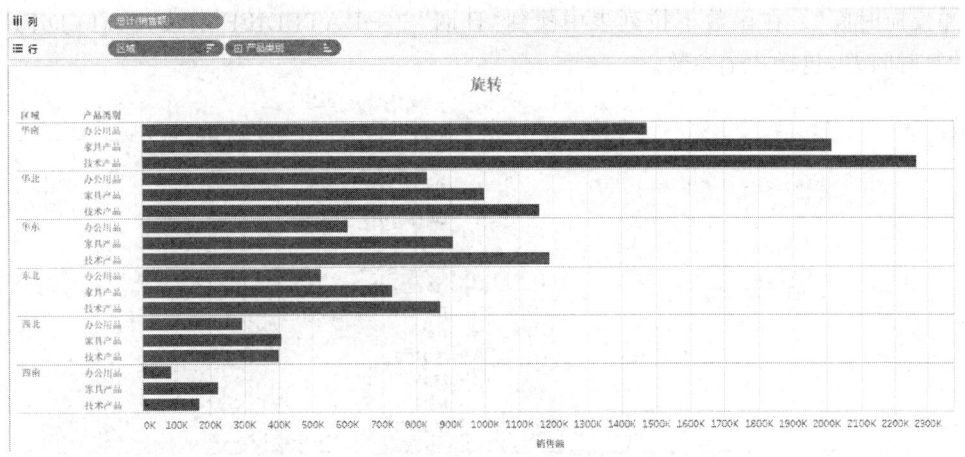

图 4-54　一个维度的行列互换

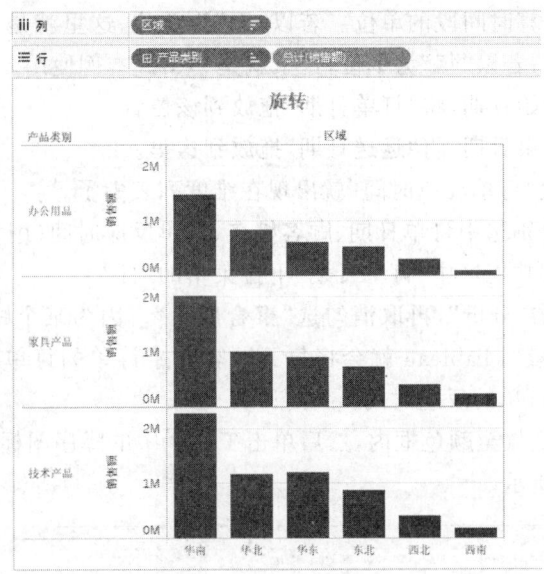

图 4-55　旋转所有维度

4.7.3　在 Tableau 中完成数据展现的方法

Tableau 通过简单的拖放就可以生成各种类型的图形,从而节约大量人力成本和时间,尤其是对于一些定期重复的工作。本节以某公司销售数据.xlsx 为源数据,介绍如何使用 Tableau 生成甘特图和嵌套条形图等常用视图。

1. 甘特图

对于任何一个公司来说,把握项目的进度,知道什么时候该完成什么,并在截止日期前完成相应的工作都是非常重要的。甘特图可以用来展示和分析某个项目的开始和截止日期。

从下单到发货这段时间称为订单反应时间。使用甘特图很容易发现哪个订单的反应时间较长、订单订购的是哪个类别的产品,具体步骤如下。

(1) 创建新字段"订单反应时间"。

右击订单日期→创建→计算字段,弹出"创建字段"对话框,如图 4-56 所示。在名称中输入"订单反应时间"。在函数下拉列表中找到"日期"——DATEDIFF 函数，DATEDIFF 函数用来计算时间差，包括 3 个参数。

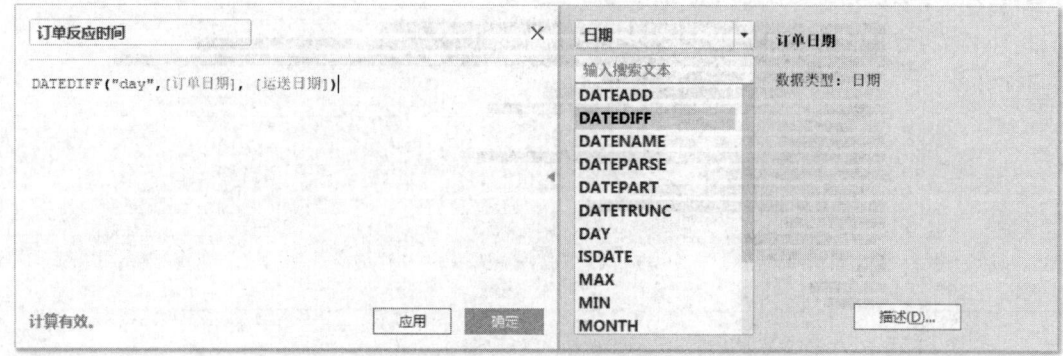

图 4-56　创建新字段"订单反应时间"

- 第 1 个参数是计算时间段的单位。若以"天"为单位，这里就是 day；若以"月"为单位，这里就是 month；若以"年"为单位，这里就是 year。本例使用 day。
- 第 2 个参数是起始日期，将"订单日期"拖放到该位置。
- 第 3 个参数是结束日期，将"运送日期"拖放到这里。

单击"确定"，新字段"订单反应时间"就出现在维度列表中了。

（2）按住 Ctrl 键，分别选中订单日期、顾客姓名、订单反应时间（用大小表示），在智能显示中选择"甘特图"，单击列功能区中"订单日期"下拉菜单的"日"。

（3）先在菜单栏单击"分析"，再取消勾选"聚合度量"。因为某个顾客某天可能会有多个订单，如果勾选"聚合度量"，Tableau 就会将每天顾客各个订单的订单反应时间求和，取消勾选"聚合度量"才是单个订单的反应时间。

（4）将"产品类别"拖放至颜色框内，然后单击工具栏中的降序图标，按"订单反应时间"降序排列，结果如图 4-57 所示。

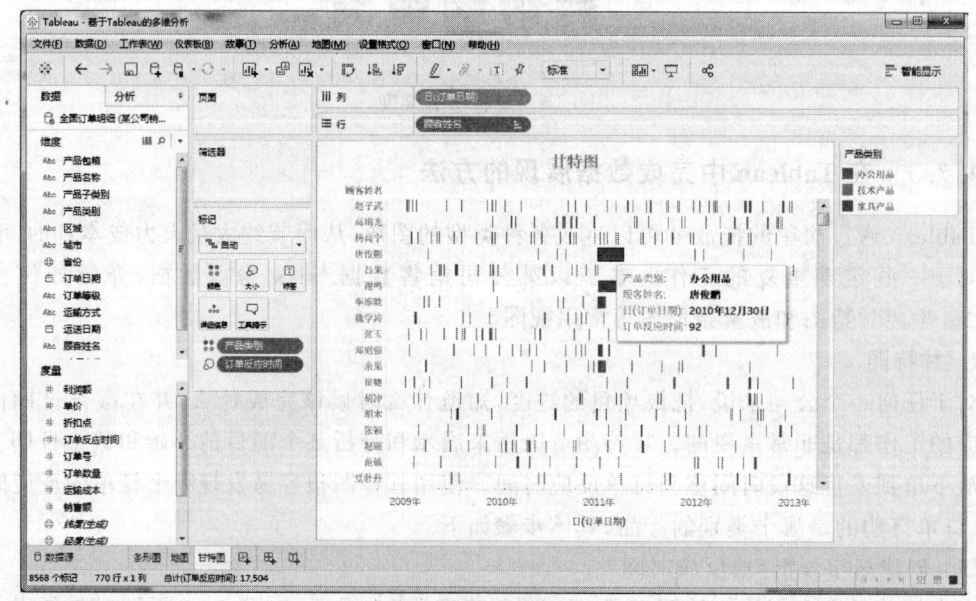

图 4-57　甘特图

数据分析:在图4-57中,发现个别订单的反应时间较长,其中有一个超过了90天,这是不正常的。对于这类客户的订单应该做进一步分析,因为如此长的订单反应时间,如果不是客户方面的原因,那就很可能导致顾客的不满。

2. 嵌套条形图

在需要用两个度量来衡量一个维度并且两个度量使用相同的刻度,或者需要用一个维度评价另外一个维度时,嵌套条形图是很好的选择。

使用某公司销售数据,对比2011年和2012年各个产品子类别的销售情况。

(1) 构造两个新的字段

右击"销售额"→创建→计算字段,出现图4-58所示的结果,输入字段名为"2011年销量",表达式为

IF YEAR([订单日期]) = 2011 THEN [销售额] END

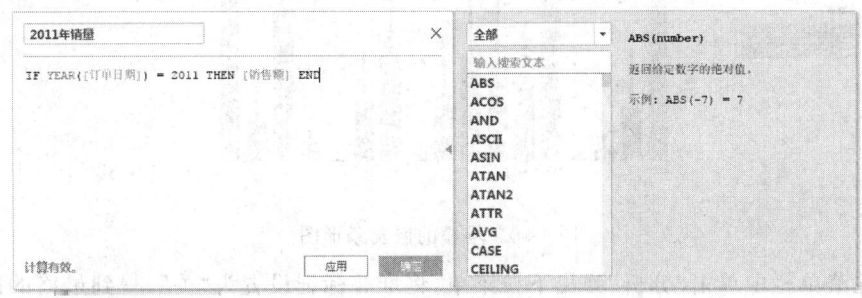

图4-58 创建新字段"2011年销量"

用同样方式创建新字段"2012年销量":

[2012年销量]:IF YEAR([订单日期]) = 2012 THEN [销售额] END。

此时两个新字段已经出现在度量列表中。

(2) 分别将"2011年销量"和"产品子类别"拖放至行功能区和列功能区。

(3) 将"2012年销量"直接拖放至"2011年销量"所在的纵轴上,这时在行、列功能区会出现"度量值"和"度量名称"。

(4) 将列功能区的"度量名称"拖至颜色框内。如图4-59所示,这时变成了堆叠条形图,但这不是最终目的。

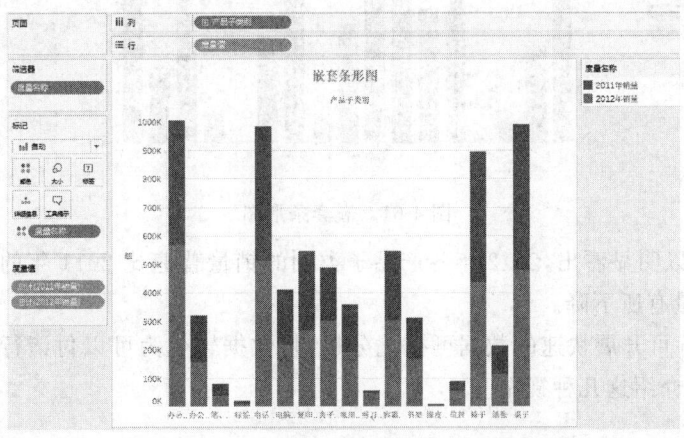

图4-59 堆叠条形图

(5) 为了不让条形图重叠,需要将代表 2011 年和 2012 年的两个条形柱区分开。按住 Ctrl 键,将标记卡中的"度量名称"拖放至"大小"框内,这时出现堆叠的嵌套条形图,如图 4-60 所示。

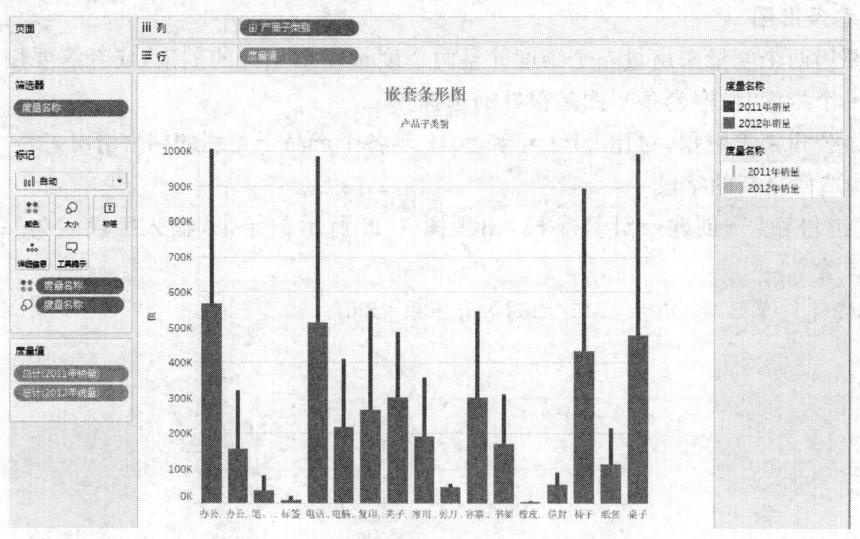

图 4-60 堆叠的嵌套条形图

(6) 在菜单栏中单击"分析"弹出下拉菜单,将堆叠标记设置为"关",得到最终的嵌套条形图,如图 4-61 所示。当然也可以通过编辑颜色来设置自己喜欢的颜色。

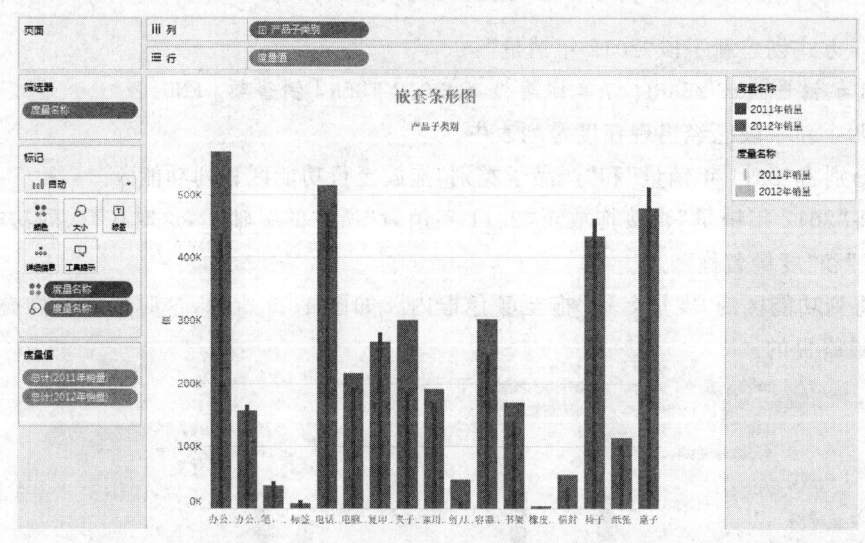

图 4-61 嵌套条形图

从图 4-61 可以明显看出,2012 年各产品子类别的销量普遍比 2011 年的要好,但椅子、桌子等子类别的销量有所下降。

通过 Tableau 可开展快速的数据可视化分析,将数据转化为可以付诸行动的见解。由于篇幅有限,这里只介绍这几种视图。

思 考 题

请在 AdventureWorks 数据仓库中完成以下工作。
（1）试分析男性客户群与女性客户群销售之间的差异。
（2）试分析客户受教育程度对销售带来的影响。
（3）试分析不同产品销售的年度变化趋势。
（4）试分析美国不同州之间产品销售的差异。
（5）撰写一份 2009 年 AdventureWorks 公司的销售分析报告。

第 5 章　数据预处理

由于数据库系统所获的数据量迅速膨胀(已达 G 或 T 数量级),从而导致现实世界数据库中常常包含许多有噪声、不完整甚至不一致的数据。显然对数据挖掘所涉及的数据对象必须进行预处理。那么如何对数据进行预处理以改善数据质量,并最终达到完善数据挖掘结果的目的呢?

数据预处理主要包括:数据清洗(data cleaning)、数据集成(data integration)、数据转换(data transformation)和数据规约(data reduction)。本章将介绍这四种数据预处理的基本处理方法。

5.1　数据预处理的重要性

数据预处理是数据挖掘(知识发现)过程中的一个重要步骤,尤其是在对有噪声、不完整,甚至不一致的数据进行数据挖掘时,更需要进行数据的预处理,以提高数据挖掘对象的质量,并最终达到提高数据挖掘质量的目的。例如,一个负责公司销售数据分析的商场主管,他会仔细检查公司数据库或数据仓库的内容,精心挑选与挖掘任务相关的数据对象的特征或数据仓库的维度(dimensions),这包括商品类型、价格、销售量等,但这时他或许会发现有数据库中有几条记录的一些特征值没有被记录下来,甚至数据库中的数据记录还存在着一些错误、反常(unusual),甚至是不一致的情况,对于这样的数据对象进行数据挖掘,显然首先必须进行数据的预处理,然后才能进行正式的数据挖掘工作。

所谓噪声数据是指数据中存在着错误或异常(偏离期望值)的数据;不完整(incomplete)数据是指感兴趣的属性没有值的数据;而数据的不一致则是指数据内涵出现不一致情况(如作为关键字的同一部门编码出现不同值)。而数据清洗是指消除数据中存在的噪声以及纠正其不一致的错误;数据集成则是指将来自多个数据源的数据合并到一起构成一个完整的数据集;数据转换是指将一种格式的数据转换为另一种格式的数据;最后,数据规约是指通过删除冗余特征或聚类消除多余数据。

不完整、有噪声和不一致对大规模现实世界的数据库来讲是非常普遍的情况。不完整数据的产生有以下几个原因:

(1) 有些属性的内容有时没有,如销售事务数据中的顾客信息;
(2) 有些数据当时被认为是不必要的;
(3) 由于误解或检测设备失灵导致相关数据没有记录下来;
(4) 与其他记录内容不一致而被删除;
(5) 历史记录或对数据的修改被忽略。

遗失数据(missing data),尤其是一些关键属性的遗失数据或许需要推导出来。

噪声数据的产生原因有：

（1）数据采集设备有问题；

（2）在数据录入过程发生了人为或计算机错误；

（3）数据传输过程中发生错误，如由于技术限制(有限通信缓冲区)；

（4）由于命名规则(name convention)或数据代码不同而引起的不一致。

数据清洗(data cleaning)处理通常包括填补遗漏的数据值、平滑有噪声数据、识别或除去异常值(outlier)，以及解决不一致问题。有问题的数据会误导数据挖掘的搜索过程。尽管大多数数据挖掘过程均包含有对不完全(incomplete)数据或噪声数据的处理，但它们并不鲁棒(控制论中的词汇，形容系统健壮性)且常常将处理的重点放在如何避免所挖掘出的模式对数据产生过拟合上。因此，使用一些数据清洗例程对待挖掘的数据进行预处理是十分必要的。稍后将详细介绍数据清洗的有关具体方法。

数据集成(data integration)就是将来自多个数据源(如数据库、文件等)的数据合并到一起。由于描述同一个概念的属性在不同数据库取的名字不同，在进行数据集成时就常常会引起数据的不一致或冗余。例如，在一个数据库中一个顾客的身份编码为"custom-id"，而在另一个数据库则为"cust-id"。命名的不一致常常也会导致同一属性值的内容不同，如在一个数据库中一个人的姓取"Bill"，而在另一个数据库中取"B"。同样大量的数据冗余不仅会降低挖掘速度，还也会误导挖掘进程。因此，除了进行数据清洗之外，在数据集成中还需要注意消除数据的冗余。此外在完成数据集成之后，有时还需要进行数据清洗以便消除可能存在的数据冗余。

数据转换(data transformation)主要是对数据进行标准化(normalization)操作。在正式进行数据挖掘之前，尤其是使用基于对象距离(distance-based)的挖掘算法时，如神经网络、最近邻分类等，必须进行数据标准化，也就是将其缩至特定的范围之内，如[0,1]。例如，对于一个顾客信息数据库中的年龄属性或工资属性，由于工资属性的取值比年龄属性的取值要大许多，因此，如果不进行标准化处理，基于工资属性的距离计算值显然将远超过基于年龄属性的距离计算值，这就意味着工资属性的作用在整个数据对象的距离计算中被错误地放大了。

数据规约(data reduction)的目的就是缩小所挖掘数据的规模，但却不会影响(或基本不影响)最终的挖掘结果。现有的数据规约包括：

（1）数据聚合(data aggregation)，如构造数据立方(cube)；

（2）消减维数(dimension reduction)，如通过相关分析消除多余属性；

（3）数据压缩(data compression)，如利用编码方法(如最小编码长度或小波)进行压缩；

（4）数据块消减(numerosity reduction)，如利用聚类或参数模型替代原有数据。此外，利用基于概念树的泛化(generalization)也可以实现对数据规模的消减，有关概念树的详情将在稍后介绍。

这里需要强调的是以上所提及的各种数据预处理方法，并不是相互独立的，而是相互关联的。如消除数据冗余既可以看成是一种形式的数据清洗，也可以认为是一种数据规约。

由于现实世界数据常常是含有噪声、不完全和不一致的，数据预处理能够帮助改善数据的质量，进而帮助提高数据挖掘进程的有效性和准确性。高质量的决策来自高质量的数据。因此，数据预处理是整个数据挖掘与知识发现过程中的一个重要步骤。

5.2 数据清洗

现实世界的数据常常是有噪声、不完全的和不一致的。数据清洗(data cleaning)例程的作用是填补缺失数据、消除异常数据、平滑噪声数据,以及纠正不一致的数据。以下将详细介绍数据清洗的主要处理方法。

5.2.1 缺失数据处理

假设在分析一个商场销售数据时,发现多个记录中的属性值为空,如顾客的收入(income)属性,对于为空的属性值,可以采用以下方法进行缺失数据(missing data)处理。

1. 忽略该条记录

若一条记录中有属性值被遗漏了,则将此条记录排除在数据挖掘过程之外,尤其当类别属性(class label)的值没有而又要进行分类数据挖掘时。当然这种方法并不是很有效,尤其是在每个属性遗漏值的记录比例相差较大时。

2. 手工填补遗漏值

一般来说手工填补遗漏值这种方法比较耗时,而且对于存在许多遗漏情况的大规模数据集而言,显然可行性较差。

3. 利用缺省值填补遗漏值

对一个属性的所有遗漏值均利用一个事先确定好的值来填补,如都用 0 来填补。但当一个属性空缺率太高,采用这种方法,就可能误导挖掘进程。因此,这种方法虽然简单,但并不推荐使用,或使用时需要仔细分析填补后的情况,以尽量避免对最终挖掘结果产生较大误差。

4. 利用均值填补遗漏值

计算一个属性(值)的平均值,并用此值填补该属性的所有遗漏值。例如,若一个顾客的平均收入(income)为 12 000 元,则用此值填补 income 属性中所有被遗漏的值。

5. 利用同类别均值填补遗漏值

利用同类别均值填补遗漏值的方法常在进行分类挖掘时使用。例如,若要对商场顾客按信用风险(credit-risk)进行分类挖掘时,就可以用在同一信用风险类别下(如良好)的 income 属性的平均值,来填补所有在同一信用风险类别下属性 income 的遗漏值。

6. 利用最可能的值填补遗漏值

可以利用回归分析、贝叶斯计算公式或决策树推断出该条记录特定属性的最大可能取值。例如,利用数据集中其他顾客的属性值,可以构造一个决策树来预测属性 income 的遗漏值。

最后一种方法是较常用的方法,与其他方法相比,它最大程度地利用了当前数据所包含的信息来帮助预测所遗漏的数据。通过利用其他属性的值来帮助预测属性 income 的值。

5.2.2 噪音数据的处理

噪声是指被测变量的一个随机错误和变化。它通常是数值型属性,如价格。去噪的具体方法有以下几种。

1. 分箱平滑方法

分箱平滑方法通过利用相应被平滑数据点的周围(近邻)数据点,对一组排序数据进行平滑。排序后数据分配到若干箱(称为 buckets 或 bins)中。该方法利用周围点的数值来进行局部平滑。一般来说每个箱的宽度越宽,其平滑效果越明显,但是可能损失的信息也越多。按照等宽划分箱,则每个箱的取值间距(左右边界之差)相同。此外,这种方法也是属性离散化处理的重要方法。

(1) 等深分箱法(统一权重):将数据集按记录行数分箱,每箱具有相同的记录数,每箱记录数称为箱子的深度。这是最简单的一种分箱方法。例如:

设定权重(箱子深度)为4,分箱后,

箱1:800   1000   1200   1500
箱2:1500   1800   2000   2300
箱3:2500   2800   3000   3500
箱4:4000   4500   4800   5000

(2) 等宽分箱法(统一区间):使数据集在整个属性值的区间上平均分布,即每个箱的区间范围是一个常量,称为箱子宽度。例如:

设定区间范围(箱子宽度)为1000元,分箱后,

箱1:800   1000   1200   1500   1500   1800
箱2:2000   2300   2500   2800   3000
箱3:3500   4000   4500
箱4:4800   5000

用户自定义区间:用户可以根据需要自定义区间,当用户明确希望观察某些区间范围内的数据分布时,使用这种方法可以方便地帮助用户达到目的。例如:

如将客户收入划分为1000元以下、1000~2000元、2000~3000元、3000~4000元和4000元以上几组,分箱后,

箱1:800
箱2:1000   1200   1500   1500   1800   2000
箱3:2300   2500   2800   3000
箱4:3500   4000
箱5:4500   4800   5000

2. 聚类方法

通过聚类分析可帮助发现异常数据,相似或相邻近的数据聚合在一起形成了各个聚类集合,而那些位于这些聚类集合之外的数据对象,就可以认为是异常数据(或称为孤立点)。

3. 人机结合检查方法

通过人与计算机检查相结合的方法,可以帮助发现异常数据。例如,利用基于信息论的方法可帮助识别用于分类识别的手写符号库中的异常模式,由人对这一列表中的各异常模式进行检查,并最终确认无用的模式(真正异常的模式)。这种人机结合的检查方法比单纯利用手工方法手写符号库进行检查要快许多。

4. 回归方法

可以利用拟合函数对数据进行平滑。通过线性回归、多变量回归等方法,可以获得多个变量之间的一个拟合关系,从而达到利用一个(或一组)变量值来帮助预测另一个变量的可能取值的目的。利用回归分析方法所获得的拟合函数,能够帮助平滑数据及除去其中的噪声。

许多数据平滑方法,同时也是数据规约方法。例如,上面提到的分箱方法,可以帮助消减

一个属性中的不同取值,这也就意味着该方法可以作为基于逻辑挖掘方法中的数据规约处理方法。

5.2.3 不一致数据处理

现实世界的数据库常出现数据记录内容不一致的情况,其中一些数据不一致可以利用它们与外部的关联,手工加以解决。例如,输入造成的数据录入错误一般可以与原稿进行对比来加以纠正。此外,还有一些例程可以帮助纠正使用编码时所发生的不一致问题。知识工程工具也可以帮助发现违反数据约束条件的情况。

由于同一属性在不同数据库中的取名不规范,常常使得在进行数据集成时,不一致情况的发生。数据集成以及消除数据冗余将在以下小节介绍。

5.3 数据集成与转换

5.3.1 数据集成

数据挖掘任务常常涉及数据集成操作,即将来自多个数据源的数据,如数据库、数据立方体、普通文件等,结合在一起并形成一个统一数据集合,以便为数据挖掘工作的顺利完成提供完整的数据基础。

在数据集成过程中,需要考虑解决以下几个问题。

1. 模式集成问题

如何使来自多个数据源的现实世界的实体相互匹配,这其中就涉及实体识别的问题。例如,如何确定一个数据库中的"custom_id"与另一个数据库中的"cust_number"是否表示同一实体。

2. 冗余问题

冗余问题是数据集成中经常发生的另一个问题。若一个属性可以从其他属性中推演出来,那这个属性就是冗余属性。例如,一个顾客数据表中的平均月收入属性就是冗余属性,显然它可以根据月收入属性计算出来。此外,属性命名的不一致也会导致集成后的数据集出现不一致的情况。

利用相关分析可以帮助发现一些数据冗余的情况。例如,给定两个属性,则根据这两个属性的数值分析出这两个属性间的相互关系。另外,除了检查属性是否冗余之外,还需要检查记录行的冗余。

3. 数据的冲突检测与消除

对于一个现实世界实体来说,来自不同数据源的属性值或许不同。产生这个问题原因可能是表示的差异、比例尺度的不同或编码的差异等。例如:重量属性在一个系统中采用公制,而在另一个系统中却采用英制;同样价格属性不同地点采用不同货币单位。这些语义的差异为数据集成提出许多问题。

5.3.2 数据转换处理

所谓数据转换就是将数据转换或归并以构成一个适合数据挖掘的描述形式。数据转换包含以下处理方法。

1. 平滑

平滑是帮助除去数据中的噪声,主要技术方法有分箱、聚类和回归。

2. 聚集

聚集是对数据进行总结或合计操作。例如,每天销售额(数据)可以进行合计操作以获得每月或每年的总额。这一操作常用于构造数据立方体或对数据进行多粒度的分析。

3. 泛化

所谓泛化(generalization)就是用更抽象(更高层次)的概念来取代低层次或数据层的数据对象。例如,街道属性,就可以泛化到更高层次的概念,诸如城市、国家。同样对于数值型的属性,如年龄属性,就可以映射到更高层次概念,如青年、中年和老年。

4. 标准化

标准化就是将有关属性数据按比例投射到特定的小范围之中,如将工资收入属性值映射到 0 至 1 的范围内。

5. 属性构造

根据已有属性集构造新的属性,以帮助数据挖掘过程。

平滑是一种数据清洗方法。聚集和泛化也可以作为数据规约的方法。这些方法前面已分别做过介绍,因此下面将着重介绍标准化和属性构造方法。

标准化就是将一个属性取值范围投射到一个特定范围之内,以消除数值型属性因大小不一而造成挖掘结果的偏差。该处理是神经网络、基于距离计算的最近邻分类和聚类挖掘的最基本的数据预处理方法。对于神经网络,采用标准化后的数据不仅有助于确保学习结果的正确性,还会帮助提高学习的速度。对于基于距离计算的挖掘,标准化方法可以帮助避免因属性取值范围不同而影响挖掘结果的公正性。下面介绍三种标准化方法。

(1) 最大最小标准化方法

最大最小标准化方法对初始数据进行一种线性转换。设 $\min_A$ 和 $\max_A$ 为属性 A 的最小值和最大值。最大最小标准化方法将属性 A 的一个值 v 映射为 v' 且有 $v' \in [\text{new\_min}_A, \text{new\_max}_A]$,具体映射计算公式如下:

$$v' = \frac{v - \min_A}{\max_A - \min_A}(\text{new\_max}_A - \text{new\_min}_A) + \text{new\_min}_A$$

最大最小标准化方法保留了原来数据中存在的关系。但若将来遇到超过目前属性取值范围的数值,将会引起系统出错。

(2) 零均值标准化方法

零均值标准化方法是根据属性 A 的均值和偏差来对 A 进行标准化。属性 A 的 v 值可以通过以下计算公式获得其映射值 v'。

$$v' = \frac{v - \overline{A}}{\sigma_A}$$

其中的 $\overline{A}$ 和 σ_A 分别为属性 A 的均值和方差。这种标准化方法常用于属性 A 最大值与最小值未知,或使用最大最小标准化方法时会出现异常数据的情况。

(3) 十基数变换标准化方法

十基数变换标准化方法通过移动属性 A 值的小数位置来达到标准化的目的。所移动的小数位数取决于属性 A 绝对值的最大值。属性 A 的 v 值可以通过以下计算公式获得其映射值 v'。

$$v' = \frac{v}{10^j}$$

属性构造方法是指利用已有属性集构造出新的属性,并加入现有属性集合中以帮助挖掘更深层次的模式知识,提高挖掘结果准确性。例如,根据宽、高属性,可以构造一个新属性——面积。通过属性结合可以帮助发现所遗漏的属性间的相互联系,而这常常对于数据挖掘过程是十分重要的。

5.4 数据规约

对大规模数据库内容进行复杂的数据分析通常需要耗费大量的时间,这就常常使得这样的分析变得不现实和不可行,尤其是需要交互式数据挖掘时。数据规约技术正是用于帮助从原有庞大数据集中获得一个精简的数据集合,并使这一精简数据集保持原有数据集的完整性,这样在精简数据集上进行数据挖掘显然效率更高,并且挖掘出来的结果与使用原有数据集所获得结果基本相同。

数据规约的主要策略有以下几种。

(1) 数据立方合计,这类合计操作主要用于构造数据立方(数据仓库操作)。

(2) 维规约,主要用于检测和消除无关、弱相关,或冗余的属性或维(数据仓库中的属性)。

(3) 数据压缩,利用编码技术压缩数据集的大小。

(4) 数据块消减,利用更简单的数据表达形式,如参数模型、非参数模型(聚类、采样、直方图等),来取代原有的数据。

(5) 离散化与概念层次规约。所谓离散化就是利用取值范围或更高层次的概念来替换初始数据。利用概念层次可以帮助挖掘不同抽象层次的模式知识。

数据规约所花费的时间不应超过由于数据规约而节约的数据挖掘时间。

5.4.1 数据立方合计

如图 5-1 所示就是一个对某公司三年销售额的合计处理(aggregation)的示意描述。而图 5-2 则描述在三个维度上对某公司原始销售数据进行合计所获得的数据立方。

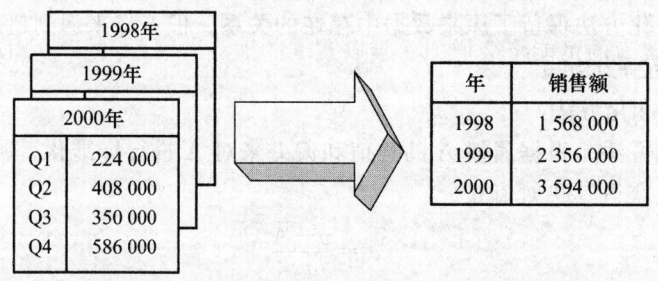

图 5-1 销售额合计

这个三维数据立方,从时间、公司分支,以及商品类型三个维度描述销售额(对应一个小立方块)的情况。每个属性都可对应一个概念层次树,以帮助进行多抽象层次的数据分析。例如,一个分支属性的(概念)层次树,可以提升到更高一层,到区域概念,这样就可以将多个同一区域的分支合并到一起。

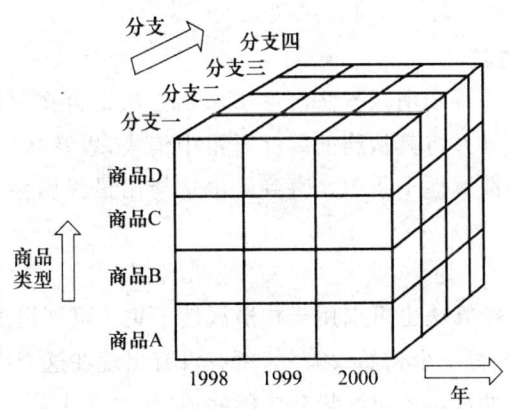

图 5-2　销售数据立方体

当按照 OLAP 上卷或下钻操作查询不同抽象层次的数据时,最高可查询整个公司三年内所有分支、所有类型商品的销售总额,最低则可查询到最小数据粒度的细节信息。每一层次的数据立方都是对其低一层数据的进一步抽象,因此它也是一种有效的数据规约。

5.4.2　维规约

由于数据集可能包含成百上千的属性,这些属性中的许多与挖掘任务无关。例如,挖掘顾客是否会在商场购买 MP3 播放机的分类模型时,顾客的电话号码很可能与挖掘任务无关。但如果通过人类专家来挑选有用的属性,则是一件困难和费时费力的工作,特别是当数据内涵并不十分清楚的时候。无论是漏掉了相关属性,还是选择了无关属性参加数据挖掘工作,都将严重影响数据挖掘最终结果的正确性和有效性。此外,多余或无关的属性也将影响数据挖掘的挖掘效率。

维规约就是通过消除多余和无关的属性来有效消减数据集的规模。这里通常采用属性子集的选择方法。属性子集选择方法的目标就是寻找出最小的属性子集并确保新数据子集的概率分布尽可能接近原来数据集的概率分布。利用筛选后的属性集挖掘所获的结果,由于使用了较少的属性,从而使得用户更加容易理解挖掘结果。

从初始属性集中发现较好的属性子集的过程就是一个最优穷尽搜索的过程,显然随着属性个数不断增加,搜索的可能将会增加到难以实现的地步。因此,可以利用启发知识来帮助有效缩小搜索空间。这类启发式搜索通常都基于可能获得全局最优的局部最优来指导属性的筛选。

一般利用统计重要性的方法来选择"最优"或"最差"属性。这里假设各属性之间都是相互独立的。构造属性子集的基本启发式方法有以下两种。

1. 逐步添加方法

逐步添加方法从一个空属性集(作为属性子集初始值)开始,每次从原来属性集合中选择一个当前最优的属性添加到当前属性子集中。直到无法选择出最优属性或满足一定阈值约束为止。

2. 逐步消减方法

逐步消减方法从一个全属性集(作为属性子集初始值)开始,每次从当前属性子集中选择一个当前最差的属性并将其从当前属性子集中消去。直到无法选择出最差属性为止或满足一定阈值约束为止。

3. 消减与添加结合方法

消减与添加结合方法将逐步消减方法与逐步添加方法结合在一起,每次从当前属性子集中选择一个当前最差的属性并将其从当前属性子集中消去,以及从原来属性集合中选择一个当前最优的属性添加到当前属性子集中。直到无法选择出最优属性且无法选择出最差属性,或满足一定阈值约束为止。

4. 决策树归纳方法

通常用于分类的决策树算法也可以用于构造属性子集。可利用决策树的归纳方法对初始数据进行分类归纳学习,获得一个初始决策树,所有没有出现在这个决策树上的属性均认为是无关属性,因此,将这些属性从初始属性集合中删除掉,就可以获得一个较优的属性子集。

5.4.3 数据压缩

数据压缩就是利用数据编码或数据转换将原来的数据集合压缩为一个较小规模的数据集合。若仅根据压缩后的数据集就可以恢复原来的数据集,那么就认为这一压缩是无损的,否则就称为有损的。在数据挖掘领域通常使用的两种数据压缩方法均是有损的,它们是离散小波转换(discrete wavelet transforms)和主成分分析(principal components analysis,PCA)。

1. 离散小波转换

离散小波变换是一种线性信号处理技术。该技术方法可以将一个数据向量 D 转换为另一个数据向量 D'(为小波相关系数),且两个向量具有相同长度。但是对后者而言,可以舍弃其中的一些小波相关系数,如保留所有大于用户指定阈值的小波系数,而将其他小波系数置为 0,以帮助提高数据处理的运算效率。这一技术方法可以在保留数据主要特征情况下除去数据中的噪声,因此该方法可以有效地进行数据清洗。此外,给定一组小波相关系数,利用离散小波变换的逆运算还可以近似恢复原来的数据。

离散小波变换与离散傅里叶变换相近,后者也是一个信号处理技术。但一般讲来离散小波变换具有更好的有损压缩性能,也就是给定同一组数据向量(相关系数),利用离散小波变换所获得(恢复)的数据比利用离散傅里叶变换所获得(恢复)的数据更接近原来的数据。

2. 主成分分析

假设需要压缩的数据是由 N 个数据行(向量)组成的,共有 k 个维度(属性或特征)。主成分分析从 k 个维度中寻找出 c 个共轭向量,$c \ll N$,从而实现对初始数据进行有效的压缩。PCA 方法主要处理步骤说明如下:

(1) 首先对输入数据进行标准化,以确保各属性的数据取值均落入相同的数值范围;

(2) 根据已标准化的数据计算 c 个共轭向量,这 c 个共轭向量就是主要素(principal components),而所输入的数据均可以表示为这 c 个共轭向量的线性组合;

(3) 对 c 个共轭向量按其重要性(计算所得变化量)进行递减排序;

(4) 根据所给定的用户阈值,消去重要性较低的共轭向量,以便最终获得消减后的数据集合;此外,利用最主要的要素也可以较好近似恢复原来的数据。

PCA 方法的计算量不大且可以用于取值有序或无序的属性,同时也能处理稀疏或异常的数据。PCA 方法还可以将多于两维的数据通过处理降为两维数据。与离散小波变换相比,PCA 方法能较好地处理稀疏数据;而离散小波变换则更适合对高维数据进行处理变换。

5.4.4 数据块的消减

数据块(numerosity)消减方法主要包含参数方法与非参数方法两种基本方法。所谓参数方法是利用一个模型来帮助计算获得数据,因此只需要存储模型的参数即可(当然异常数据也需要存储)。例如,线性回归模型可以根据一组变量预测计算另一个变量。而非参数方法则是利用直方图、聚类或取样来获得消减后的数据集。以下将介绍几种主要的数据块消减方法。

1. 回归与线性对数模型

回归与线性对数模型可用于拟合所给定的数据集。线性回归方法是利用一条直线模型对数据进行拟合。例如,利用自变量 X 的一个线性函数可以拟合因变量 Y 的输出,其线性函数模型为

$$Y = \alpha + \beta X$$

其中系数 α 和 β 称为回归系数,也是直线的截距和斜率。这两个系数可以通过最小二乘法计算获得。多变量回归则利用多个自变量的一个线性函数拟合因变量 Y 的输出,其主要计算方法与单变量线性函数的计算方法类似。

对数线性模型则用于拟合多维离散概率分布。该方法能够根据构成数据立方的较小数据块,对其一组属性的基本单元分布概率进行估计,并且利用低阶的数据立方构造高阶的数据立方。对数回归模型可用于数据压缩和数据平滑。

回归与对数线性模型均可用于稀疏数据以及异常数据的处理。但是回归模型对异常数据的处理结果要好许多。应用回归方法处理高维数据时计算复杂度较大;而对数线性模型则具有较好可扩展性。

2. 直方图

直方图是利用分箱方法对数据分布情况进行近似,它是一种常用的数据规约方法。一个属性 A 的直方图就是根据属性 A 的数据分布将其划分为若干不相交的子集(bucket)。这些子集沿水平轴显示,其高度(或面积)与该 bucket 所代表的数值平均(出现)频率成正比。通常 bucket 代表某个属性的一段连续值。

构造直方图所涉及的数据集的划分方法有以下几种。

(1) 等宽方法:在一个等宽的直方图中,每个 bucket 的宽度(范围)是相同的。

(2) 等高方法:在一个等高的直方图中,每个 bucket 中数据的个数是相同的。

(3) V-Optimal 方法:若对指定 bucket 个数的所有可能直方图进行考虑,V-Optimal 方法所获得的直方图是这些直方图中变化最小的。而所谓直方图变化最小就是指每个 bucket 所代表的数值的加权之和,其权值为相应 bucket 的数据个数。

(4) MaxDiff 方法:MaxDiff 方法以相邻数值(对)之差为基础,一个 bucket 的边界则是由包含有 $\beta-1$ 个最大差距的数值对所确定的,其中 β 为用户指定的阈值。

V-Optimal 方法和 MaxDiff 方法一般来说更准确和实用。直方图在拟合稀疏和异常数据时具有较高的效能。此外,直方图方法也可以用于处理多维(属性)的情况,多维直方图能够描述出属性间的相互关系。研究发现直方图在对多达 5 个属性(维)的数据进行近似时也是有效的。这方面仍然有较大的研究空间。

3. 聚类

聚类技术将数据行视为对象。对于聚类分析所获得的组或类则有如下性质:同一组或类中的对象彼此相似而不同组或类中的对象彼此不相似。所谓相似通常利用多维空间中的距离

来表示。一个组或类的"质量"可以用其所含对象间的最大距离(称为半径)来衡量,也可以用中心距离(centroid distance),即以组或类中各对象与中心点(centroid)距离的平均值,来作为组或类的"质量"。

在数据规约中,数据的聚类表示用于替换原来的数据。当然这一技术的有效性依赖于实际数据的内在规律。在处理带有较强噪声的数据时采用数据聚类方法常常是非常有效的。有关聚类方法的具体内容将在数据挖掘方法章节中详细介绍。

4. 采样

采样方法由于可以利用一小部分(子集)来代表一个大数据集,从而可以作为数据规约的一个技术方法。假设一个大数据集为 D,其中包括 N 个数据行。几种主要采样方法说明如下:

(1) 无替换简单随机采样方法。该方法从 N 个数据行中随机(每一数据行被选中的概率为 $1/N$)抽取出 n 个数据行,以构成由 n 个数据行组成的采样数据子集。

(2) 有替换简单随机采样方法。该方法与无替换简单随机采样方法类似,是从 N 个数据行中随机抽取一个数据行,但该数据行被选中后它仍将留在大数据集 D 中,这样最后获得的由 n 个数据行组成的采样数据子集中可能会出现相同的数据行。

(3) 聚类采样方法。首先将大数据集 D 划分为 M 个不相交的"类",然后再对这 M 个类中的数据对象分别进行随机抽取,这样就可以最终获得聚类采样数据子集。

(4) 分层采样方法。首先将大数据集 D 划分为若干不相交的"层"。然后再分别从这些"层"中随机抽取数据对象,从而获得具有代表性的采样数据子集。例如,可以对一个顾客数据集按照年龄进行分层,然后再在每个年龄组中进行随机选择,从而确保了最终获得的分层采样数据子集中的年龄分布具有代表性。

利用采样方法进行数据规约的一个突出优点是:这样获取样本的时间仅与样本规模成正比。

5.5 离散化和概念层次树生成

离散化技术方法可以通过将属性(连续取值)域值范围分为若干区间,来帮助消减一个连续(取值)属性的取值个数。可以用一个标签来表示一个区间内的实际数据值。在基于决策树的分类挖掘中,消减属性取值个数的离散化处理是一个极为有效的数据预处理步骤。

概念层次树可以通过利用较高层次概念替换低层次概念(如年龄的数值)的方法来减少原来的数据集。虽然一些细节在数据泛化过程中消失了,但这样所获得的泛化数据或许会更易于理解、更有意义。在消减后的数据集上进行数据挖掘显然效率更高。图 5-3 所示为年龄属性的概念层次树。

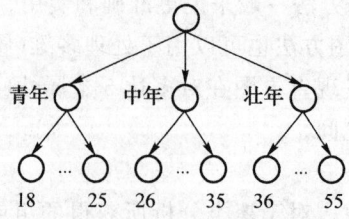

图 5-3　年龄属性的概念层次树

手工构造概念层次树是一个费时费力的工作,庆幸的是在数据库模式定义中隐含着许多层次描述。此外,也可以通过对数据分布的统计分析自动构造或动态完善出概念层次树。

5.5.1 数据概念层次树生成

由于数据范围变化较大,构造数值属性的概念层次树是一件较为困难事情。利用数据分布分析,可以自动构造数值属性的概念层次树。其中主要五种构造方法说明如下。

1. 分箱方法

前面小节已经讨论过用于数据平滑的分箱方法。这些应用也是离散化的一种形式。例如,属性的值可以通过将其分配到各箱中而将其离散化。利用每个箱的均值和中数替换每个箱中的值(利用均值或中数进行平滑)。循环应用这些操作处理每次操作结果,就可以获得一个概念层次树。

2. 直方图方法

之前所讨论的直方图方法也可以用于离散化处理。例如,在等宽直方图中,数值被划分为等大小的区间,如(0,100]、(100,200],…、(900,1 000]。循环应用直方图分析方法处理每次划分结果,从而最终自动获得多层次概念树,而当达到用户指定层次水平后划分结束。最小间隔大小也可以帮助控制循环过程,其中包括指定一个划分的最小宽度或每一个层次每一划分中的数值个数等。

3. 聚类分析方法

聚类分析方法可以将数据集划分为若干类或组。每个类构成了概念层次树的一个节点;每个类还可以进一步分解为若干子类,从而构成更低水平的层次。当然类也可以合并起来构成更高层次的概念水平。

4. 基于熵的离散化方法

与其他方法不同的是,基于熵的离散化方法采用了信息论中熵的概念来划定类别,使得边界的划分更加有利于改善分类挖掘结果的准确性。

5. 自然划分分段方法

尽管分箱方法、直方图方法、聚类方法和基于熵的离散化方法均可以帮助构造数值概念层次树,但许多时候用户仍然将数值区间划分为归一的、易读懂的间隔,以使这些间隔看起来更加自然直观。例如,将年收入数值属性取值区域分解为[50 000,60 000]区间要比利用复杂聚类分析所获得的[51 263,60 872]区间要直观得多。

利用 3-4-5 规则可以将数值量(取值区域)分解为相对同一、自然的区间,3-4-5 规则通常将一个数值范围划分为 3、4 或 5 个相对等宽的区间,并确定其重要(数值)位数(基本分解单位),然后逐层不断循环分解直到均为基本分解单位为止。3-4-5 规则内容描述如下。

(1) 若 1 个区间包含 3、6、7、9 个不同值,则将该区间(包含 3、6、9 个不同值)分解为 3 个等宽小区间;而将包含 7 个不同值的区间分解为分别包含 2 个、3 个和 2 个不同值的小区间(也共是 3 个)。

(2) 若 1 个区间包含 2、4、8 个不同值,则将该区间分解为 4 个等宽小区间。

(3) 若 1 个区间包含 1、5、10 个不同值,则将该区间分解为 5 个等宽小区间。

对指定数值属性的取值范围不断循环应用 3-4-5 规则,就可以构造出相应数值属性的概念层次树。由于数据集中或许存在较大的正数或负数,因此若最初的分解仅依赖数值的最大值与最小值,就有可能获得与实际情况相悖的结果。例如,一些人的资产可能比另一些人的资产多几个数量级,而若仅依赖资产最大值进行区间分解,就会得到带有较大偏差的区间划分结果。因此,最初的区间分解需要根据包含大多数(属性)取值的区间(如包含取值从 5% 到 95% 之间的区域)来进行;而将比这一区域边界大或者小的数值分别归入(新增的)左右两个边界区间中。下面将以一个例子来解释说明利用 3-4-5 规则构造数值属性概念层次树的具体操作过程。

假设某个时期内一个商场不同分支的利润数从 −351 976 元到 4 700 896 元,要求利用 3-4-5 规则自动构造利润属性的一个概念层次树。

设在上述范围中取值为 5% 至 95% 的区间为 −159 876 元至 1 838 761 元。而应用 3-4-5 规则具体步骤如下。

(1) 属性的最小最大值分别为 min= −351 976 元,max= 4 700 896 元。而根据以上计算结果,取值 5% 至 95% 的区间范围(边界)应为 low= −159 876 元,high= 1 838 761 元。

(2) 依据 low 和 high 及其取值范围,确定该取值范围应按 1 000 000 元单位进行区间分解,从而得到 low′= −1 000 000 元,high′= 2 000 000 元。

(3) 由于 low′ 与 high′ 之间有 3 个不同值,即 (2000 0000−(−1 000 000))/1 000 000=3。将 low′ 与 high′ 的区间分解为 3 个等宽小区间,它们分别为 (−1 000 000 元,0 元]、(0 元,1 000 000 元]、(1 000 000 元,2 000 000 元],作为概念树的最高层组成。

(4) 现在检查原来属性的 min 和 max 值与最高层区间的联系。min 值落入 (−1 000 000 元,0 元],因此调整左边界,对 min 取整后得 −400 000 元,所以第一个区间(最左边区间)调整为 (−400 000 元,0 元]。而由于 max 值不在最后一个区间 (1 000 000 元,2 000 000 元],因此,需要新建一个区间(最右边区间),对 max 值取整后得 5 000 000 元,因此新区间为 (2 000 000 元,5 000 000 元],这样概念树最高层最终包含 4 个区间,它们分别是 (−400 000 元,0 元]、(0 元,1 000 000 元]、(1 000 000 元,2 000 000 元]、(2 000 000 元,5 000 000 元]。

(5) 对上述分解所获得的区间继续应用 3-4-5 规则进行分解,如图 5-4 所示,以构成概念树的第二层区间组成内容。

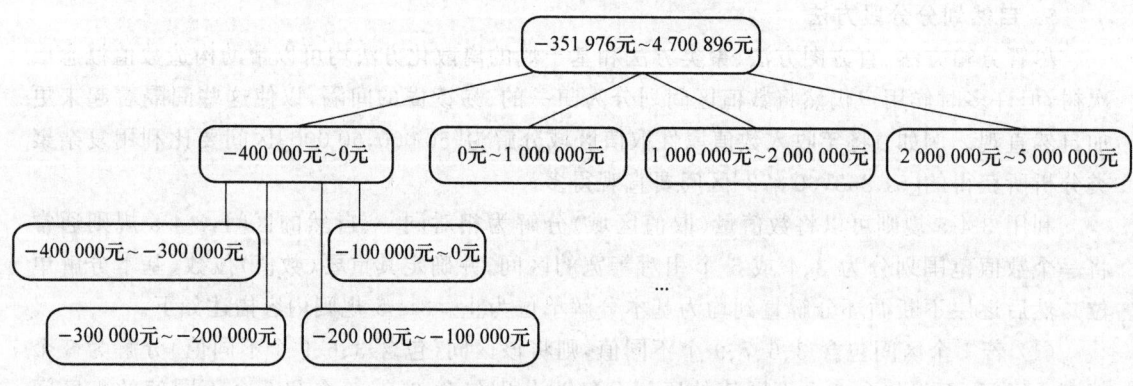

图 5-4 利用 3-4-5 规则生成的利润概念层次树

① 第一个区间 (−400 000 元,0 元] 分解为 4 个子区间,它们分别是 (−400 000 元,−3 00 000 元]、(−300 000,−200 000 元]、(−200 000 元,−100 000 元] 和 (−100 000 元,0 元]。

② 第二个区间 (0 元,1 000 000 元] 分解为 5 个子区间,它们分别是 (0 元,200 000 元]、(200 000 元,400 000 元]、(400 000 元,600 000 元]、(600 000 元,800 000 元] 和 (800 000 元,

1 000 000元]。

③ 第三个区间(1 000 000元,2 000 000元]分解为5个子区间,它们分别是(1 000 000元,1 200 000元]、(1 200 000元,1 400 000元]、(1 400 000元,1 600 000元]、(1 600 000元,1 800 000元]和(1 800 000元,2 000 000元]。

④ 第四个区间(2 000 000元,5 000 000元]分解为3个子区间,它们分别是(2 000 000元,-3 000 000元]、(3 000 000元,4 000 000元]和(4 000 000元,5 000 000元]。

类似可以继续应用3-4-5规则以产生概念层次树中更低层次的区间内容(如果不满足停止条件的话)。

5.5.2 类别概念层次树生成

类别数据(定类尺度)(categorical data)是一种离散数据。类别属性可取有限个不同的值且这些值之间无大小和顺序。这样的属性有国家、工作、商品类别等。构造类别属性的概念层次树的主要方法有以下几种。

(1) 属性值的顺序关系已在用户或专家指定的模式定义说明。构造属性(或维)的概念层次树涉及一组属性。通过在模式定义时指定各属性的有序关系,可以帮助轻松构造出相应的概念层次树。例如,一个关系数据库中的地点(location)属性将会涉及以下属性:街道(street)、城市(city)、省(province)和国家(country)。根据数据库模式定义时的描述,可以很容易地构造出(含有顺序语义的)层次树,即街道＜城市＜省＜国家。

(2) 通过数据聚合来描述层次树。这是概念层次树的一个主要(手工)构造方法。在大规模数据库中,想要通过穷举所有值而构造一个完整概层次树是不切实际的,但可以对其中一部分数据进行聚合说明。例如,在模式定义基础构造了省(province)和国家(country)的层次树,这时可以手工加入:{安徽、江苏、山东}⊂华东地区、{广东、福建}⊂华南地区等"地区"中间层次。

(3) 定义一组属性但未说明其顺序。用户可以简单将一组属性组织在一起以便构成一个层次树,但没有说明这些属性之间的相互关系。这就需要自动产生属性顺序以便构造一个有意义的概念层次树。当没有数据语义的知识时,想要获得任意一组属性的顺序关系是很困难的。有一个重要的常见特征是高层次概念通常包含了若干低层次概念。定义属性的一个高层次概念通常包含了比一个低层次概念所包含的要少的不同值。根据这一观察,就可以通过给定属性集中每个属性的一些不同值自动构造一个概念层次树。拥有最多不同值的属性被放到层次树的最低层;拥有的不同值数目越少在概念层次树上所放的层次就越高。这条启发知识在许多情况下工作效果都很好。用户或专家在必要性时,可以对所获得的概念层次树进行局部调整。

假设用户针对商场地点(location)属性选择了一组属性:街道(street)、城市(city)、省(province)和国家(country)。但没有说明这些属性的层次顺序关系。地点(location)维度的概念层次树可以通过以下步骤自动产生的。

首先根据每个属性不同值的数目从小到大进行排序,从而获得这样的顺序,其中括号中的内容为相应属性不同值的数目。country(15)、province(65)、city(3 567)和 street(674 339)。

根据所排顺序自顶而下构造层次树,即第一个属性在最高层,最后一个属性在最低层。

最后用户对自动生成的概念层次树进行检查,必要时进行修改以使其能够反映所期望的属性间的相互关系。

需要提醒,上述启发知识并非始终正确。例如,在一个带有时间描述的数据库中,time 属性涉及 20 个不同年(year)、12 个不同月(month)和 7 个不同星期(week)的值。根据上述自动产生概念层次树的启发知识,得到 year＜month＜week 的层次。星期(week)在概念层次树的最顶层,这显然是不符合实际的。

(4) 仅有部分属性说明情况。有时用户仅能够提供概念层次树所涉及的一部分属性。例如,用户仅能提供与地点(location)属性有关部分属性:街道(street)和城市(city)。在这种情况下就必须利用数据库模式定义中有关属性间的语义联系,来帮助获得构造层次树所涉及的所有属性。

假设一个数据库系统将以下五个属性联系在一起,即门牌(number)、街道(street)、城市(city)、省(province)和国家(country)。这五个属性与地点(location)属性密切相关。若用户仅说明地点属性的概念层次树中有城市属性,系统应能自动抽取出上述五个属性来构造位置维度的概念层次树。用户可以除去概念层次树中的门牌(number)和街道(street)两个属性,这样城市(city)属性就成为概念层次树中的最底层内容。

思 考 题

1. 请简述数据预处理需完成的主要工作有哪些。
2. 请分析当数据源中学生年龄字段出现少量(10%以下)空缺值时,应采取的解决方法。
3. 产品价格维度取值范围为(0,1 000],请设计一个该维度的概念分层。

第 6 章 数据挖掘基础

正如第 1 章提到的,数据挖掘(data mining)就是从大量的、不完全的、有噪声的、模糊的、随机的实际应用数据中,提取隐含在其中的、人们事先不知道的,但又是潜在有用的信息和知识的过程。

这个定义包括以下几层含义:
(1) 数据源必须是真实的、大量的、含噪声的;
(2) 发现的是用户感兴趣的知识;
(3) 发现的知识要可接受、可理解、可运用;
(4) 并不要求发现普遍适用的知识,仅要求发现特定的问题。

人们把数据看作是形成知识的源泉,好像从矿石中采矿或淘金一样。原始数据可以是结构化的,如关系数据库中的数据,也可以是半结构化的,如文本、图形和图像数据,甚至是分布在网络上的异构型数据。发现知识的方法可以是数学的,也可以是非数学的,可以是演绎的,也可以是归纳的。发现的知识可以被用于信息管理、查询优化、决策支持和过程控制等,还可以用于数据自身的维护。因此,数据挖掘是一门交叉学科,它把人们对数据的应用从低层次的简单查询,提升到从数据中挖掘知识,提供决策支持。在这种需求的引导下,汇聚了不同领域的研究者,尤其是数据库技术、人工智能技术、数理统计、可视化技术、并行计算等方面的学者和工程技术人员,他们投身到数据挖掘这一新兴的研究领域,形成新的技术热点。这里所说的知识发现,不是要求发现放之四海而皆准的真理,也不是发现崭新的自然科学定理和纯数学公式,更不是什么机器定理证明。实际上,所有发现的知识都是相对的,是有特定前提和约束条件并面向特定领域的,同时还要能够易于被用户理解。最好能用自然语言表达所发现的结果。

作为一种数据处理和分析的方法,数据挖掘与传统的数据分析(如查询、报表、联机应用分析)的本质区别在于数据挖掘是在没有明确假设的前提下去挖掘信息、发现知识的。数据挖掘所得到的信息应具有预先未知、有效和实用三个特征。它与传统的统计方法的不同之处主要体现在:通常的统计方法是在已有的假设基础上,从大量的数据中得到验证,而数据挖掘则是从大量的数据中得到崭新的模式、结论和假设;数据挖掘是纯粹地给予数据驱动的方式,而统计方法则更多地引入人为因素并加以分析。探索式数据分析是统计方法中与数据挖掘最相似的分支,但它所面向的数据集还是比数据挖掘对象小得多。

本章将从数据挖掘的任务、功能、实施及数据挖掘的难点和知识表示方法等方面做出简单介绍。

6.1 数据挖掘的任务

数据挖掘的任务是从数据中发现模式。模式有很多种,按功能可分为两大类:预测型(predictive)模式和描述型(descriptive)模式。预测型模式是可以根据数据项的值精确确定某种结果的模式。挖掘预测型模式所使用的数据都是可以明确知道结果的。例如,根据各种动物的资料,可以建立这样的模式:凡是胎生的动物都是哺乳类动物。当有新的动物资料时,就可以根据这个模式判别此动物是否是哺乳动物。描述型模式是对数据中存在的规则做一种描述,或者根据数据的相似性将数据分组。描述型模式不能直接用于预测。例如,在地球上,70%的表面被水覆盖,30%是土地。

在实际应用中,往往根据模式的实际作用将其分为以下七种。

1. 数据总结

数据总结的目的是对数据进行压缩提取,给出对它简洁概括的描述。传统的数据总结方法是计算出数据库的各个字段上的求和值、计数、平均值、方差等统计值,或者用直方图、饼图等图形方法来表示。而数据挖掘希望能从数据概化(把数据库中的有关数据从低层次抽象到高层次上的过程)的角度来讨论数据总结。因为数据库中的数据包含的信息总是最原始和基本的信息,有时需要能从较高层次的视图上处理或浏览数据,所以要对数据进行不同层次的极化以适应各种查询要求。数据概化现在主要有两种技术:多维数据分析方法和面向属性的归纳方法。

2. 概念描述

用户常常需要抽象有意义的描述。经过归纳的抽象描述能概括大量的关于类的信息。有两种典型的描述:特征描述和判别描述。特征描述是从与学习任务相关的一组数据中提取关于这些数据的特征式,这些特征式表达了该数据集的总体特征。而判别描述则描述了两个或更多类之间的差异。

3. 相关性分析

相关性分析的目的是发现特征之间或数据之间相互依赖的关系。数据相关性关系代表了一类重要的可发现的知识。一个依赖关系存在于两个元素之间。如果从一个元素 A 的值可以推出另一个元素 B 的值($A \rightarrow B$),则说 B 依赖于 A。相关性分析的结果有时可以直接应用。但是,强的依赖关系有可能反映的是固有的领域结构知识而不是新的或有兴趣的规则。常用的技术是关联规则、回归分析、信息网络等。

4. 分类

分类的目的是提出一个分类函数或分类模型(又称分类器),该模型能把数据库中的数据项映射到信息类别中的某一个中,分类和回归都可用于预测,分类输出离散的类别值,回归输出连续数值。分类器的构造方法有统计、机器学习、神经网络等。不同的分类器有不同的特点,通常分类器有三种评价标准:预测准确度、计算复杂度和模型描述的简洁度。分类的效果一般和数据的特点有关,目前还不存在哪一种分类方法能适应所有的数据。

5. 聚类

聚类是根据数据的不同特征,将其划分为不同的数据类。其目的是使得属于同一个类别(簇)的个体之间的距离尽可能小(簇内具备很高的相似度),而不同类别(簇)的个体间的距离尽可能大(簇间相似度尽可能小,差异度尽可能大)。

6. 偏差分析

偏差分析包括分类中的反常实例,例如,模式、观测结果对期望值的偏离以及量值随时间的变化等。其基本思想是寻找观察结果与参照量或期望值之间有意义的差别。通过发现异常可以引起人们对特别情况的注意。异常可以包括不满足常规类的异常例子、出现在其他模式边缘的奇异点、与父类或兄弟类不同的类、在不同时刻发生显著变化的某个元素或集合、观察值与模型推测出的期望值之间有显著差异的事例等。偏差分析的一个重要特征就是它可以有效地过滤大量不感兴趣的模式。

7. 建模

建模就是通过数据挖掘，构造描述一种活动或状态的数学模型。如机器学习中的挖掘，实际就是对一些自然现象进行建模，发现新的科学定律。

6.2 数据挖掘的实施

数据挖掘是一个完整的过程，该过程是从大型数据库或数据仓库中挖掘先前未知的、有效的、可实用的信息，并使用这些信息做出决策或丰富知识。

6.2.1 数据挖掘的基本过程

正如第 1 章介绍的，数据挖掘其基本过程主要包括数据准备、建立模型和模型结果的解释和评估三个主要阶段。

1. 数据准备

数据准备又可分为三个子步骤：数据选取、数据预处理和数据变换。数据选取的目的是搜索所有与业务对象有关的内部和外部数据信息，并从中选择出适用于数据挖掘应用的数据。数据预处理一般包括消除噪声、推导计算缺值数据、消除重复记录、完成数据类型转换等。当数据挖掘的对象是数据仓库时，一般来讲，数据预处理已经在生成数据仓库时完成了。

2. 建立模型

建立模型(数据挖掘)阶段要根据事先确定的挖掘任务或目的和描述的业务问题决定使用什么样的挖掘算法。同样的任务可以用不同的算法来实现，选择实现算法有两个考虑因素：一是不同的数据有不同的特点，因此需要用与之相关的算法来挖掘；二是用户或实际运行系统的要求，有的用户可能希望获取描述型的、容易理解的知识，而有的用户或系统的目的是获取预测准确度尽可能高的预测型知识。

3. 模型结果的解释和评估

挖掘得到的模式，必须经过用户或机器的评价。由于这些结果可能存在冗余或无关的模式，这时需要将其剔除，也有可能不满足用户要求，这时则需要整个挖掘过程重新选取数据，采用新的数据变换方法，设定新的数据挖掘参数值，甚至采用其他的挖掘算法。因此，数据挖掘的过程一般要经过反复多次，是一个不断反馈的过程。

值得注意的是，可视化在数据挖掘的整个过程中的各个阶段都起着重要作用。在数据准备阶段，用户可能要使用直方图等统计可视化技术来显示有关数据，以期对数据有一个初步的理解，从而为更好地选取数据打下基础；在建立模型阶段，用户则要使用与领域问题有关的可视化工具；在对数据挖掘的结果进行解释和评价时，对发现的模式进行可视化可使得结果更容易理解、分析和使用。

6.2.2 数据挖掘的实施难点

数据挖掘的许多技术源于机器学习方法，但由于现实世界数据库存在一些固有的特点，因此给数据挖掘带来一些难点。正是这些关键之处，才形成了数据挖掘自己独特的研究方向。

1. 动态变化的数据

数据的动态变化是大多数业务系统的一个主要特点。新的数据在业务系统和环境中不断产生,并引入到数据挖掘过程中。一方面数据在变化,另一方面数据的量也在不断增加,所有这些变化都有可能引发模型的调整和失效。

2. 噪声

人为或不可知、不可控因素的影响,如数据的手工录入以及主观选取数据等,会使得数据具有噪声。一定量的噪声数据会影响挖掘结果的准确性。虽然在大数据时代,超大的分析数据量可以将噪声模式湮没,但噪声数据处理仍然是数据挖掘过程中不可忽视的一个重要问题。

3. 数据不完整

数据库中某些个别记录的属性可能存在空缺,另外,对某些挖掘模型来说,原始数据可能缺少必需的信息,或者数据预处理未能将不一致的信息完全清除掉。这种数据的不完整性将给发现、评估和解释一些重要的模式带来一定困难。

4. 超大数据量

数据库中数据的迅速增长是数据挖掘得以发展的原因之一,这也正是对数据挖掘研究的挑战。传统的数据挖掘系统需要采用一定的数据规约方法,根据用户定义的发现任务,对部分数据进行分析。而随着技术的进步,在大数据时代数据量难题在逐步缓解。已经出现能够全量处理 PB 级别数据的系统。

以上是现实世界数据库中存在的一些不利因素。在数据挖掘发展的道路上,还有许多困难要加以克服,许多问题有待研究。

6.3 知识表示方法

人类的智能活动过程主要是一个获得知识并运用知识的过程,知识在数据层次结构中高于数据和信息,是实现智慧和智能的基础。数据挖掘的主要目标是为了找到有价值的知识。知识找出来后如何用适当的模式表示出来,如何存储在计算机中使得后续能够更好地利用这些知识,是人工智能研究的一个重要方面,这就是所谓的知识表示问题。知识表示是对知识的一种描述,或者说是一组约定,是一种计算机可以接受的用于描述知识的数据结构,对知识进行表示就是把知识表示成便于计算机存储和利用的某种数据结构。知识表示方法给出的知识表示形式称为知识表示模式。

目前使用较多的知识表示方法主要有一阶谓词逻辑表示方法、产生式表示方法、框架表示方法、语义网络表示方法、过程型知识表示方法、面向对象表示方法和基于人工神经网络的知识表示方法等。根据是否可以表示不确定性知识,知识表示方法分为确定性知识表示和不确定性知识表示两类。

本节简单介绍确定性知识表示中的产生式表示方法、框架表示方法和一阶谓词逻辑表示方法。

6.3.1 产生式表示方法

产生式表示方法又称为产生式规则表示方法。"产生式"这一术语是由逻辑学家 E. Post 在 1943 年首先提出来的,用于计算形式体系中的符号串替换运算。他根据串替换规则提出了一种称为波斯特机的计算模型,模型中的每一条规则称为一个产生式。在此之后,经过不断修改和充实,如今已被用到许多领域。例如,用产生式来描述形式语言的语法,表示人类心理活动的认知过程等。1972年,Newell和Simon在研究人类的认识模型时开发了基于规则的产生式系统,重新提出了产生式系统,作为人类心理活动中信息加工过程研究的基础,并用它来建立人类问题求解行为的模型。目前它已成为人工智能中最典型的一种基本结构,也是应用最多的一种知识表示模式,是专家系统及其他应用人工智能系统中最自然的知识表示和推理的模型。例如,费根鲍姆等人研制的化学分子结构专家系统DENDRAL、肖特里菲等人研制的用于诊断和治疗细菌感染性疾病的专家系统MYCIN等。

产生式表示方法主要用于表示因果关系的知识,其基本形式是

$$P \Rightarrow Q \text{ 或 } P \rightarrow Q$$

其表示的含义是 if P then Q,也就是如果出现 P,那么会有结果 Q 或执行 Q 所规定的操作。其中:P 是产生式的前提,亦可称为前件、条件、前提条件,用于指出该产生式是否可用;Q 是产生式的结论或操作,亦可称为后件,用于指出当前提 P 所指示的条件被满足时,应该得出的结论或应该执行的操作。

实际上产生式规则不但可以表示确定性知识,也可以表示不确定性知识。正如在第1章中举的一个例子:

$$\text{age}(X, "20-29") \wedge \text{income}(X, "20k-30k") \Rightarrow \text{buys}(X, "MP3")$$
$$[\text{support}=2\%, \text{confidence}=60\%]$$

这个式子表示有2%的顾客年龄在20岁到29岁且收入在2万到3万之间,这群顾客中有60%的人购买了MP3,或者说这群顾客购买MP3的概率为60%。

作为目前应用最广的一种知识表示方法,产生式表示方法具备自己的特点。

(1) 自然性。产生式表示方法用"如果……,则……"的形式表示知识,这是人们常用的一种表达事物因果关系的知识表示形式,既直观、自然,又便于进行推理。正是这一原因,使得产生式表示方法成为人工智能中最重要且应用最多的一种知识表示模式。

(2) 模块性。产生式是规则库中最基本的知识单元,规则库与推理机相对独立,而且每条规则都具有相同的形式,这就便于对规则库进行模块化处理,为知识的增、删、改带来方便。

(3) 有效性。产生式表示方法既可表示确定性知识,又可表示不确定性知识,既有利于表示启发式知识,又可方便地表示过程性知识,既可表示领域知识,又可表示元知识。因此,产生式表示方法可以把专家系统中需要的多方面知识用统一的知识表示模式有效地表示出来。这也是目前已建造成功的专家系统大多采用产生式表示方法的一个重要原因。

(4) 清晰性。产生式有固定的格式,每一条产生式规则都由前提与结论(或操作)两部分组成。产生式规则具有所谓的自含性,即一条产生式规则仅仅描述该规则的前提与结论之间的静态的因果关系,且所含的知识量都比较少。这就便于对规则进行设计和保证规则的正确性,同时,也便于在获取知识时对规则库进行知识的一致性和完整性检测。

但产生式规则无法表示所有类型的知识,还存在一定的不足。

6.3.2 产生式系统

设计一套合理的产生式规则,并使得这些规则可以互相配合,协同工作,也就是,一个产生式规则的结论可以作为另一个产生式规则的前件,依次推理最终求得问题的解,这样的系统称为产生式系统。一个典型的产生式系统由规则库、综合数据库、推理机三个基本部件构成。

1. 规则库

用于描述相应领域内知识的产生式集合称为规则库。规则库是产生式系统进行问题求解的基础,其中的知识是否完整、一致,表达是否准确,对知识的组织是否合理等,不仅直接影响系统的性能,还影响系统运行的效率,因此,对规则库的设计与组织应予以足够的重视。一般来说,在建立规则库时应注意以下问题。

1) 有效地表达领域内的过程性知识

规则库中存放的主要是过程性知识,用于实现对问题的求解。为了使系统具有较强的问题求解能力,除了需要获得足够的知识外,还需要对知识进行有效的表达。为此,需要解决如何把领域中的知识表达出来的问题,即为了求解领域内的各种问题需要建立哪些产生式规则。规则库建成后能否对领域内的不同求解问题分别形成相应的推理链,即规则库中的知识是否具有完整性?下面通过一个典型例子来看这些问题是如何解决的。

例:建立一个动物识别系统的规则库,用以识别虎、豹、斑马、长颈鹿、企鹅、鸵鸟、信天翁等七种动物。

为了识别这些动物,可以根据动物识别的特征,建立包含下述规则的规则库。

R1:if 动物有毛发,then 动物是哺乳动物。

R2:if 动物有奶,then 动物是哺乳动物。

R3:if 动物有羽毛,then 动物是鸟。

R4:if 动物会飞 and 会生蛋,then 动物是鸟。

R5:if 动物吃肉,then 动物是食肉动物。

R6:if 动物有犀利牙齿 and 有爪 and 眼向前方,then 动物是食肉动物。

R7:if 动物是哺乳动物 and 有蹄,then 动物是有蹄动物。

R8:if 动物是哺乳动物 and 反刍,then 动物是有蹄动物。

R9:if 动物是哺乳动物 and 是食肉动物 and 有黄褐色 and 有暗斑点,then 动物是豹。

R10:if 动物是哺乳动物 and 是食肉动物 and 有黄褐色 and 有黑色条纹,then 动物是虎。

R11:if 动物是有蹄动物 and 有长脖子 and 有长腿 and 有暗斑点,then 动物是长颈鹿。

R12:if 动物是有蹄动物 and 有黑色条纹,then 动物是斑马。

R13:if 动物是鸟 and 不会飞 and 有长脖子 and 有长腿 and 有黑白二色,then 动物是鸵鸟。

R14:if 动物是鸟 and 不会飞 and 会游泳 and 有黑白二色,then 动物是企鹅。

R15:if 动物是鸟 and 善飞,then 动物是信天翁。

由上述产生式规则可以看出,虽然该系统是用来识别七种动物的,但并不是简单地只设计七条规则分别直接用于识别七种动物。规则设计的基本思想是:首先把动物划分为若干类,如"哺乳动物""鸟""食肉动物""有蹄动物"等,根据"类"的识别特征建立若干条规则,如规则 R1~R5;然后对各类的各个动物根据其个性的识别特征建立各自相应的规则,如规则 R9~R15。这样至少有两个好处:一是当给出的已知事实不完全时,虽然不能推出最终结论,但可能会给出分类结果;二是当需要增加对其他动物(如牛、马等)的识别要求时,规则库中只需增加关于这些动物个性方面的知识,对于规则库中已有的分类知识,如规则 R1~R8 可以直接使用。

2) 对知识进行合理的组织与管理

对规则库中的知识进行适当的组织,采用合理的结构形式,可避免访问那些与当前问题求解无关的知识,从而提高问题求解的效率。

例如,对上面的规则库,可根据"哺乳动物"和"鸟"这两类动物的识别规则将 15 条规则分为两个子集:

｛ R1、R2、R5、R6、R7、R8、R9、R10、R11、R12 ｝
｛ R3、R4、R13、R14、R15 ｝

当识别过程一旦开始使用其中某一个子集的规则时,就可以只使用该子集中的规则完成推理过程,而无须在另一个子集中去查找所需要的规则,从而减少查找规则的时间。当然,这种划分还可以逐级进行下去,使得相关的知识构成一个子集或子子集,组成一个层次型的规则库。

2. 综合数据库

综合数据库又称为全局数据库,或事实库、黑板。综合数据库用于存放问题求解过程中的各种当前信息,例如,问题的初始事实、原始证据、推理中得到的中间结论,如上例中的"动物是哺乳动物""动物是鸟"以及最终结论"动物是虎"等。当规则库中某一条产生式的前提可与综合数据库中某些已知事实匹配时,该产生式规则就被激活,并把用它推出的结论放入综合数据库中,作为其后推理的已知事实。可见,综合数据库的内容随着推理的进行是在不断动态变化的。

3. 推理机

推理机又可称为控制机构,由一组程序组成,实现对问题的推理求解。正向推理的推理机主要功能如下。

(1) 按某种策略从规则库中选择规则与综合数据库中的已知事实进行匹配。所谓匹配是指把规则的前提条件与综合数据库中的已知事实进行比较。如果两者一致或者近似一致且满足预先规定的近似程度,则称匹配成功,其相应的规则称为可用规则;否则,称为匹配不成功,其相应的规则不可用于当前的推理。

(2) 若匹配成功的可用规则有多条,则称为发生冲突。此时,推理机必须调用执行某种冲突消解策略的程序,从中选出一条可用规则来执行。

(3) 在执行某一条规则时,如果该规则的后件是一个或多个结论,则把这些结论添加到综合数据库中;如果规则的后件是一个或多个操作,则依序执行这些操作。

(4) 对于不确定性知识,在执行每一条规则时还要按一定的算法来计算结论的不确定性。

(5) 随时检查结束推理机运行的条件,在满足结束条件时停止推理机的运行。

从这个例子可以看出,问题的求解过程是一个不断从规则库中选取可用规则与综合数据库中的已知事实进行匹配的过程,规则的每一次成功匹配与执行都使得综合数据库增加了新的事实,并向着问题的解前进了一步,这个过程称为推理。

产生式系统是专家系统实现的重要形式,依靠产生式规则可以较好地将人类专家的经验结构化地保存在计算机系统中。但是产生式系统也存在一定的不足,主要体现在下面两点。

1) 效率不高

在产生式系统问题的求解过程中,首先要从规则库中选出可与综合数据库当前状态匹配的可用规则,若可用规则不止一个,就需要按某种冲突消解策略从中选出一条规则来执行。因此,产生式系统求解问题的过程是一个"匹配冲突消解—执行"反复进行的过程。由于规则库一般规模较大,拥有的规则条数较多,而规则匹配又是一件十分费时的工作,因此产生式系统的工作效率是不高的。

2) 不能表达具有结构性的知识

产生式规则适合于表达具有因果关系的过程性知识,但对具有结构关系的知识却无能为力。它不能把具有结构关系的事物之间的结构联系表示出来。因此,产生式规则除了可以独立作为一种知识表示模式外,还常与其他可表示知识结构关系的表示方法结合起来使用。例如,把产生式表示与语义网络表示两种表示方法相结合,把产生式表示与框架表示两种表示方法相结合等。

6.3.3 其他知识表示方法

除了上面介绍的产生式表示方法以外,常用到的还有其他几种知识表示方法。下面简单介绍几种。

1. 框架式表示方法

1975年,美国的人工智能学者明斯基首先提出框架理论,该理论认为人们对现实世界中各种事物的认识都是以一种类似于框架的结构存储在记忆中的,当面临一个新事物时,就从记忆中找出一个合适的框架,并根据实际情况对其细节加以修改、补充,从而形成对当前事物的认识。世界上的各类事物都各自具有不同的属性,而不同事物的属性之间往往具有一定的规律性联系。这种规律性的知识经过提炼,就可以形成人们认识某一类事物的一种固定的框架。框架表示法就是用来表示这种经验性知识的一种知识表示方法。

在这里框架是描述对象(一个事物、一个事件或一个概念)属性的一种数据结构,在框架表示法中,框架被看成是知识表示的基本单位。不同的框架之间可以通过属性之间的关系建立联系,从而构成一个框架网络,充分表达相关对象间的各种关系。

一个框架由若干个被称为"槽"的结构组成,每一个槽又可根据实际需要分为若干个"侧面"。一个槽用于描述对象某一方面的属性,一个侧面用于描述相应属性的一个方面。槽和侧面所具有的属性值分别称为槽值和侧面值。在一个用框架表示知识的系统中都含有多个框架,需要给它们赋予不同的框架名。同样,对一个框架内的不同槽和不同侧面也需要分别赋予不同的槽名和侧面名。

在用框架表示知识的系统中,构成的框架网络是一个层次结构。框架推理是以此层次结构为基础,按照一定的搜索策略,不断寻找可匹配的框架并进行填槽的过程。

框架表示方法有着结构性、继承性的特点,但是不适用于表示过程性知识。因此,可以把框架表示法与产生式方法结合起来。另外,对于给定的问题领域,如果有关领域知识具有比较明显的结构性特点,就比较容易建立用框架表示的知识库。否则,用框架网络来形式化领域知识就不是一件简单的事情。

2. 一阶谓词逻辑表示方法

谓词逻辑是一种形式语言,也是目前能够表达人类思维活动的一种最精确的语言,它与人类的自然语言比较接近,可以方便地存储到计算机中并被计算机处理,因此,成为最早应用于人工智能中表示知识的一种逻辑表示方法。谓词逻辑表示方法是在命题逻辑的基础上发展起来的对于知识的一种形式化表示。它在定理的自动证明中发挥了重要作用,在人工智能发展史中占有重要地位。

谓词逻辑适合于表示事物的状态、属性、概念等事实性的知识,也可以用来表示事物间确定的因果关系,即规则。事实通常用谓词公式的与/或形表示,所谓与/或形是指用合取符号($\wedge$)及析取符号($\vee$)连接起来的公式。除了与和或以外,还有非($\neg$)、蕴含($\rightarrow$)、存在量词($\exists x$)、全称量词($\forall x$)等,形成了典型的谓词公式。规则通常用蕴含式表示。

用谓词公式表示知识时,首先需要定义谓词,给出每个谓词的确切含义,然后用连词把有关谓词连接起来表示一个更复杂的含义。对谓词公式中的变元,根据知识表示的需要,把需要约束的变元用相应的量词予以约束。下面是两个使用谓词逻辑表达知识的例子。

例1 王林是计算机系的学生,但他不喜欢编程序。

例2 人人爱劳动。

要完成表达,首先定义下列谓词:

COMPUTER(x) 　　　　　表示 x 是计算机系的学生
LIKE(x,y) 　　　　　　表示 x 喜欢 y
LOVE(x,y) 　　　　　　表示 x 爱 y
MAN(x) 　　　　　　　表示 x 是人

然后用谓词公式把上述知识表示为

$$\text{COMPUTER(WangLin)} \wedge \neg \text{LIKE(WangLin, Programing)}$$
$$(\forall x)(\text{MAN}(x) \rightarrow \text{LOVE}(x, \text{Labour}))$$

一阶谓词逻辑是一种形式语言,它用逻辑方法研究推理的规律,即条件与结论之间的蕴含关系。谓词逻辑是一种接近于自然语言的形式语言,人们比较容易接受,用它表示知识比较容易理解。另外,谓词逻辑是二值逻辑,谓词公式的真值只有"真"与"假",因此,可用它表示精确知识,并可保证经演绎推理所得出的结论的精确性。谓词逻辑也具有严格的形式定义及推理规则,利用这些推理规则及有关定理证明的方法和技术可从已知事实推出新的事实,或证明提出的假设。用谓词逻辑表示的知识可以比较容易地转换为计算机易于存储与处理的内部表示模式,便于实现对知识的增加、删除与修改。基于谓词逻辑知识表示的演绎推理易于在计算机上实现。由于这些突出的优点,在人工智能发展的前期,由一阶谓词逻辑所实现的推理机曾经取得过辉煌的成就。

但是,一阶谓词逻辑表示方法的局限性也比较突出,主要体现在两个方面。

第一,其不能表示不确定的知识。现实世界中的许多知识并不总是只有"真"与"假"两种状态,在"真"与"假"之间还存在许多中间状态,即存在为"真"的程度问题,知识的这一特性称为知识的不确定性。例如:"王林可能是计算机系的学生"就是一个不确定的事实;"如果头痛且流涕,则可能患了感冒"是一个不确定的规则。谓词逻辑只能表示确定的知识,不能表示不确定的知识,但是,由于人类的知识大多都不同程度地具有不确定性,这就使得谓词逻辑所表示的知识范围受到限制。另外,谓词逻辑难以表示启发性知识,启发性知识是与被求解的问题的特性有关的知识。

第二,推理效率低。用谓词逻辑表示知识时,其推理是根据形式逻辑进行的,把推理与知识的语义割裂开来,这就使得推理过程冗长,降低了系统的效率。

思 考 题

1. 请举例说明数据挖掘的主要任务。
2. 请分别举出在零售、金融、电信行业数据挖掘应用的案例。
3. 简述数据挖掘的基本过程。
4. 请使用产生式规则表示方法描述"中国人是黄皮肤,黑头发的黄种人"这条规则。

第 7 章 数据挖掘的主要方法

本章将分别介绍数据挖掘中最常见的几种不同方法。

7.1 关联规则挖掘

在数据挖掘的知识模式中,关联规则模式是比较重要的一种。关联规则的概念由 Agrawal、Imielinski、Swami 提出,是数据中一种简单但很实用的规则。关联规则模式属于描述型模式,发现关联规则的算法属于无监督学习的方法。关联分析或者称为关联规则挖掘,是在数据中寻找频繁出现的项集模式的方法,它广泛用于市场营销、事务分析等应用领域。

7.1.1 关联规则的定义和属性

考察一些涉及许多物品的事务:事务 1 中出现了物品甲,事务 2 中出现了物品乙,事务 3 中则同时出现了物品甲和乙。那么,物品甲和乙在事务中的出现相互之间是否有规律可循呢?在数据库的知识发现中,关联规则就是描述这种在一个事务中物品之间同时出现的规律的知识模式。更确切地说,关联规则通过量化的数字描述物品甲的出现对物品乙的出现有多大的影响。

现实中,这样的例子很多。例如,超级市场利用前端收款机收集存储了大量的售货数据,这些数据是一条条的购买事务记录,每条记录存储了事务的处理时间、顾客购买的物品、物品的数量及金额等。这些数据中常常隐含形式如下的关联规则:在购买铁锤的顾客当中,有 70% 的人同时购买了铁钉。这些关联规则很有价值,商场管理人员可以根据这些关联规则更好地规划商场,如把铁锤和铁钉这样的商品摆放在一起,能够促进销售。

有些数据不像售货数据那样很容易就能看出一个事务是许多物品的集合,但稍微转换一下思考角度,仍然可以像处理售货数据一样处理。比如,人寿保险,一份保单就是一个事务。保险公司在接受保险前,往往需要记录投保人的详尽信息,投保人有时还要到医院做身体检查。保单上记录有投保人的年龄、性别、健康状况、工作单位、工作地址、工资水平等。这些投保人的个人信息就可以看作事务中的物品。通过分析这些数据,可以得到类似以下这样的关联规则:年龄在 40 岁以上,在 A 区工作的投保人当中,有 45% 的人曾经向保险公司索赔过。在这条规则中,"年龄在 40 岁以上"是物品甲,"在 A 区工作"是物品乙,"向保险公司索赔过"则是物品丙。可以看出来,A 区可能污染比较严重,环境比较差,导致工作在该区的人健康状况不好,索赔率也相对比较高。

关联规则揭示了数据之间的内在联系,可帮助企业发现用户与站点各页面的访问关系。其数据挖掘的形式描述为:设 $I=\{i_1,i_2,\cdots,i_m\}$ 为挖掘对象的数据集,存在一个事件 T,若 I 中的一个子集 X,有 X 包含于 T,则 I 与 T 存在关联规则。

通常,关联规则表示为如 $X \Rightarrow Y$ 的形式,含义是数据库的某记录中如果出现了 X 情况,则也会出现 Y 的情况。这个写法与数据库中的函数依赖一致,但表述的则是数据库中记录的实际购买行为。一个数据挖掘系统可以从一个超市的销售(交易事务处理)记录数据中,挖掘出如下所示的关联规则:

$$Beer \Rightarrow Potato$$
$$[support=2\%,confidence=60\%]$$

上面这条规则换成自然语言就是,某超市购买啤酒的人中有 70% 的人也购买了土豆,且同时购买啤酒和土豆的人数占购物总人数的 2%。可以说,该规则的可信度为 70%,代表了这条关联规则的准确性,支持度为 2%,代表了这条规则的重要性。关联规则实际上借用了产生式表示方法的形式来表达商品间的联系。

一般来说用以下四个参数来描述一个关联规则的属性。

1. 可信度

设 W 中支持物品集 A 的事务中,有 $c\%$ 的事务同时也支持物品集 B,$c\%$ 称为关联规则 $A \Rightarrow B$ 的可信度(confidence)。简单地说,可信度就是指在出现了物品集 A 的事务 T 中,物品集 B 也同时出现的概率有多大。如上面所举的铁锤和铁钉的例子,该关联规则的可信度就回答了这样一个问题:如果一个顾客购买了铁锤,那么他也购买铁钉的可能性有多大呢?在上述例子中,购买铁锤的顾客中有 70% 的人购买了铁钉,所以可信度是 70%。

2. 支持度

设 W 中有 $s\%$ 的事务同时支持物品集 A 和 B,$s\%$ 称为关联规则 $A \Rightarrow B$ 的支持度(support)。支持度描述了 A 和 B 这两个物品集的并集 C 在所有的事务中出现的概率有多大。如果某天共有 1 000 个顾客到商场购买物品,其中有 100 个顾客同时购买了铁锤和铁钉,那么上述的关联规则的支持度就是 10%。

3. 期望可信度

设 W 中有 $e\%$ 的事务支持物品集 B,$e\%$ 称为关联规则 $A \Rightarrow B$ 的期望可信度(expected confidence)。期望可信度描述了在没有任何条件影响时,物品集 B 在所有事务中出现的概率有多大。如果某天共有 1 000 个顾客到商场购买物品,其中有 200 个顾客购买了铁钉,则上述的关联规则的期望可信度就是 20%。

4. 作用度

作用度(lift)是可信度与期望可信度的比值。作用度描述物品集 A 的出现对物品集 B 的出现有多大的影响。因为物品集 B 在所有事务中出现的概率是期望可信度,而物品集 B 在有物品集 A 出现的事务中出现的概率是可信度,通过可信度对期望可信度的比值反映了在加入"物品集 A 出现"这个条件后,物品集 B 的出现概率发生了多大的变化。在上例中作用度就是 $\frac{70\%}{20\%}=3.5$。

可信度是对关联规则准确度的衡量,支持度是对关联规则重要性的衡量。支持度说明了这条规则在所有事务中有多大的代表性,显然支持度越大,关联规则越重要。有些关联规则可信度虽然很高,但支持度却很低,说明该关联规则实用的机会很小,因此也不重要。

期望可信度描述了在没有物品集 A 的作用下,物品集 B 本身的支持度;作用度描述了物品集 A 对物品集 B 的影响力的大小。作用度越大,说明物品集 B 受物品集 A 的影响越大。一般情况,有用的关联规则的作用度都应该大于 1,只有关联规则的可信度大于期望可信度,才说明 A 的出现对 B 的出现有促进作用,也说明了它们之间某种程度的相关性,如果作用度不大于1,则此关联规则也就没有意义了。

关联分析是数据挖掘应用较为成熟的领域,已经有一些经典算法。从近期各类报道来看,关联分析的热点在于具体的行业应用。

7.1.2 关联规则的挖掘

在关联规则的四个属性中,支持度和可信度能够比较直接形容关联规则的性质。从关联规则的定义可以看出,任意给出事务中的两个物品集,它们之间都存在关联规则,只不过属性值有所不同。如果不考虑关联规则的支持度和可信度,那么在事务数据库中可以发现无穷多的关联规则。事实上,人们一般只对满足一定的支持度和可信度的关联规则感兴趣。因此,为了发现有意义的关联规则,需要给定两个阈值:最小支持度和最小可信度。前者规定了关联规则必须满足的最小支持度;后者规定了关联规则必须满足的最小可信度。一般称满足一定要求(如较大的支持度和可信度)的规则为强规则(strong rules)。

(1) 在关联规则的挖掘中要注意以下几点。

① 充分理解数据。

② 目标明确。

③ 数据准备工作要做好。能否做好数据准备又取决于前两点。数据准备将直接影响问题的复杂度及目标的实现。

④ 选取恰当的最小支持度和最小可信度。这依赖于用户对目标的估计,如果取值过小,那么会发现大量无用的规则,不但影响执行效率、浪费系统资源,而且可能把目标埋没;如果取值过大,则又有可能找不到规则,与知识失之交臂。

⑤ 很好地理解关联规则。数据挖掘工具能够发现满足条件的关联规则,但它不能判定关联规则的实际意义。对关联规则的理解需要熟悉业务背景,拥有丰富的业务经验才能对数据有足够的理解。在发现的关联规则中,可能有两个主观上认为没有多大关系的物品,它们的关联规则支持度和可信度却很高,这时需要根据业务知识、经验,从各个角度判断这是一个偶然现象还是有其内在的合理性;反之,可能有主观上认为关系密切的物品,结果却显示它们之间相关性不强。只有很好地理解关联规则,才能去其糟粕,取其精华,充分发挥关联规则的价值。

(2) 发现关联规则要经过以下三个步骤。

① 连接数据,做数据准备(数据清洗、整合相关工作)。

② 给定最小支持度和最小可信度,利用数据挖掘工具提供的算法发现关联规则。

③ 可视化显示、理解、评估关联规则。

关联规则的具体挖掘过程主要包含两个阶段:第一阶段必须先从资料集合中找出所有的高频项目组(frequent itemsets);第二阶段再由这些高频项目组中产生关联规则(association rules)。

关联规则挖掘的第一阶段必须从原始资料集合中找出所有高频项目组(large itemsets)。高频的意思是指某一项目组出现的频率相对于所有记录而言,必须达到某一水平。一项目组出现的频率称为支持度(support),以一个包含 A 与 B 两个项目的 2-itemset 为例,可以经由公式求得包含 $\{A,B\}$ 项目组的支持度,若支持度大于等于所设定的最小支持度(minimum support)阈值时,则 $\{A,B\}$ 称为高频项目组。一个满足最小支持度的 k-itemset,则称为高频 k-项目组(frequent k-itemset),一般表示为 large k 或 frequent k。算法从 large k 的项目组中再产生 large $k+1$,直到无法再找到更长的高频项目组为止。

关联规则挖掘的第二阶段是要产生关联规则(association rules)。从高频项目组产生关联规则,是利用前一步骤的高频 k-项目组来产生规则,在最小置信度(minimum confidence)的条件下,若一规则所求得的置信度满足最小置信度,称此规则为关联规则。

就著名的啤酒尿布案例而言,使用关联规则挖掘技术,对交易数据库中的记录进行挖掘,首先必须要设定最小支持度与最小置信度两个阈值,在此假设最小支持度 min_support＝5％且最小置信度 min_confidence＝70％。因此,符合此超市需求的关联规则将必须同时满足以上两个条件。若经过挖掘过程所找到的关联规则(尿布,啤酒)满足下列条件,则可接受该关联规则。用公式可以描述为 support(尿布,啤酒)≥5％且 confidence(尿布,啤酒)≥70％。其中,support(尿布,啤酒)≥5％的意义为在所有的交易记录中,至少有5％的交易出现尿布与啤酒这两项商品被同时购买的现象。confidence(尿布,啤酒)≥70％的意义为在所有包含尿布的交易记录中,至少有70％的交易会同时购买啤酒。因此,今后若有某消费者出现购买尿布的行为,超市可推荐该消费者同时购买啤酒。这个商品推荐的行为依据的是(尿布,啤酒)关联规则。因为该超市过去的交易记录支持了"大部分购买尿布的消费者会同时购买啤酒"的结论。

从上面的介绍还可以看出,关联规则挖掘通常比较适用于记录中的指标取离散值的情况。如果原始数据库中的指标值是连续的数据,则在关联规则挖掘之前应该进行适当的数据离散化,离散化的过程是否合理将直接影响关联规则的挖掘结果。

7.1.3 关联规则的分类

按照不同情况,关联规则可以进行分类如下。

(1) 基于规则中处理的变量的类别,关联规则可以分为布尔型和数值型。

布尔型关联规则处理的值都是离散的、种类化的,它显示了这些变量之间的关系;而数值型关联规则可以和多维关联或多层关联规则结合起来,对数值型字段进行处理,将其进行动态的分割,或者直接对原始的数据进行处理,当然数值型关联规则中也可以包含种类变量。例如:性别＝"女"⇒职业＝"秘书",是布尔型关联规则;性别＝"女"⇒avg(收入)＝2 300,涉及的收入是数值类型,所以是数值型关联规则。

(2) 基于规则中数据的抽象层次,可以分为单层关联规则和多层关联规则。

在单层关联规则中,所有的变量都没有考虑现实的数据是具有多个不同的层次的;而在多层关联规则中,对数据的多层性已经进行了充分的考虑。例如:IBM 台式机⇒Sony 打印机,是一个细节数据上的单层关联规则;台式机⇒Sony 打印机,是一个较高层次和细节层次之间的多层关联规则。

(3) 基于规则中涉及的数据的维数,关联规则可以分为单维的和多维的。

在单维的关联规则中,只涉及数据的一个维,如用户购买的物品;而在多维的关联规则中,要处理的数据将会涉及多个维。换成另一句话,单维关联规则是处理单个属性中的一些关系;多维关联规则是处理各个属性之间的某些关系。例如:啤酒⇒尿布,这条规则只涉及用户的购买的物品;性别＝"女"⇒职业＝"秘书",这条规则就涉及两个字段的信息,是两个维度上的一条关联规则。

7.1.4 关联规则挖掘的相关算法

1. Apriori 算法:使用候选项集找频繁项集

Apriori 算法是一种最有影响的挖掘布尔关联规则频繁项集的算法。其核心是基于两阶段频集思想的递推算法。该关联规则在分类上属于单维、单层、布尔关联规则。在这里,所有支持度大于最小支持度的项集称为频繁项集,简称频集。

该算法的基本思想是:首先,找出所有的频集,这些项集出现的频繁性至少和预定义的最小支持度一样;然后,由频集产生强关联规则,这些规则必须满足最小支持度和最小可信度;最后,使用第1步找到的频集产生期望的规则,产生只包含集合的项的所有规则,其中每一条规则的右部只有一项,这里采用的是中规则的定义。一旦这些规则被生成,那么只有那些大于用户给定的最小可信度的规则才能被留下来。为了生成所有频集,使用了递推的方法。

Apriori算法使用频繁项集的先验知识,使用一种称作逐层搜索的迭代方法,k 项集用于探索($k+1$)项集。首先,通过扫描事务(交易)记录,找出所有的频繁 1 项集,该集合记作 L_1,然后,利用 L_1 找频繁 2 项集的集合 L_2,利用 L_2 找 L_3,如此下去,直到不能再找到任何频繁 k 项集。最后,再在所有的频繁集中找出强规则,即产生用户感兴趣的关联规则。

其中,Apriori算法具有这样一条性质:任一频繁项集的所有非空子集也必须是频繁的。因为假如 $P(I)$ 小于最小支持度阈值,当有元素 A 添加到 I 中时,结果项集($A \cap I$)不可能比 I 出现的次数更多。因此,$A \cap I$ 也不是频繁的。

在上述关联规则挖掘过程的两个步骤中,第一步往往是总体性能的瓶颈。Apriori 算法采用连接步和剪枝步两种方式来找出所有的频繁项集。

(1) 连接步

为找出 L_k(所有频繁 k 项集的集合),可以将 L_{k-1}(所有频繁 $k-1$ 项集的集合)与自身连接产生候选 k 项集的集合。候选集合记作 C_k。设 l_1 和 l_2 是 L_{k-1} 中的成员。记 $l_i[j]$ 表示 l_i 中的第 j 项。假设 Apriori 算法对事务或项集中的项按字典次序排序,即对于($k-1$)项集 l_i,$l_i[1]<l_i[2]<\cdots<l_i[k-1]$。将 L_{k-1} 与自身连接,如果 $(l_1[1]=l_2[1]) \&\& (l_1[2]=l_2[2]) \&\& \cdots \&\& (l_1[k-2]=l_2[k-2]) \&\& (l_1[k-1]<l_2[k-1])$,那么认为 l_1 和 l_2 是可连接。连接 l_1 和 l_2 产生的结果是 $\{l_1[1],l_2[2],\cdots,l_1[k-1],l_2[k-1]\}$。

(2) 剪枝步

C_k 是 L_k 的超集,也就是说,C_k 的成员可能是也可能不是频繁的。通过扫描所有的事务(交易),确定 C_k 中每个候选的计数,判断是否小于最小支持度计数,如果不是,则认为该候选是频繁的。为了压缩 C_k,可以利用 Apriori 性质:任一频繁项集的所有非空子集也必须是频繁的,反之,如果某个候选的非空子集不是频繁的,那么该候选肯定不是频繁的,从而可以将其从 C_k 中删除。

为什么要压缩 C_k 呢?因为实际情况下事务记录往往保存在外存储上,比如,保存在数据库或者其他格式的文件上,在每次计算候选计数时都需要将候选与所有事务进行比对,众所周知,访问外存的效率往往都比较低,因此,Apriori 加入了所谓的剪枝步,事先对候选集进行过滤,以减少访问外存的次数。

下面用例子来说明 Apriori 算法。表 7-1 为某商场的交易记录,共有九个事务,利用 Apriori 算法寻找所有的频繁项集的过程如图 7-1 所示。

表 7-1 某商场交易记录

TID	List of item_ID's
T100	I_1,I_2,I_5
T200	I_2,I_4
T300	I_2,I_3

续表

TID	List of item_ID's
T400	I_1, I_2, I_4
T500	I_1, I_3
T600	I_2, I_3
T700	I_1, I_3
T800	I_1, I_2, I_3, I_5
T900	I_1, I_2, I_3

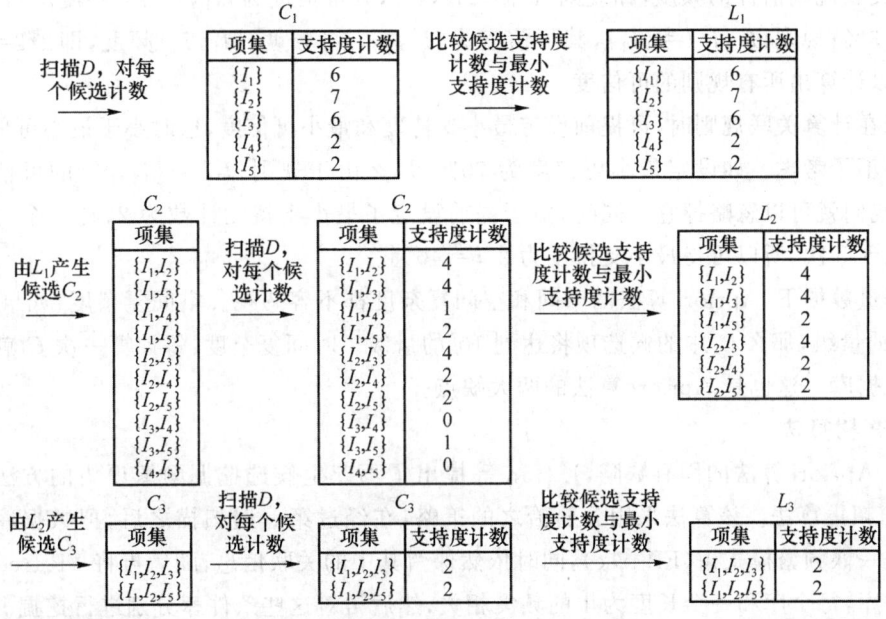

图 7-1　Apriori 算法过程

首先扫描所有事务进行出现频度计数,得到 1 项集 C_1,设定最小支持度计数为 2,那么每一项的计数分别与 2 进行对比,根据支持度要求滤去不满足条件的项,即小于 2 的项集,得到频繁 1 项集。

下面进行递归运算。

已知频繁 k 项集(频繁 1 项集已知),根据频繁 k 项集中的项,连接得到所有可能的 $k+1$ 项,并进行剪枝(如果该 $k+1$ 项集的所有 k 项子集不能都满足支持度条件,那么该 $k+1$ 项集被剪掉),得到 C_{k+1} 项集,然后滤去该 C_{k+1} 项集中不满足支持度条件的项得到频繁 $k+1$ 项集。如果得到的 C_{k+1} 项集为空,则算法结束。

连接的方法如下:假设 L_k 项集中的所有项都是按照相同的顺序排列的,那么如果 $L_k[i]$ 和 $L_k[j]$ 中的前 $k-1$ 项都是完全相同的,而第 k 项不同,则 $L_k[i]$ 和 $L_k[j]$ 是可连接的。比如,L_2 中的 $\{I_1,I_2\}$ 和 $\{I_1,I_3\}$ 就是可连接的,连接之后得到 $\{I_1,I_2,I_3\}$,但是 $\{I_1,I_2\}$ 和 $\{I_2,I_3\}$ 是不可连接的,否则将导致项集中出现重复项。

关于剪枝再举例说明一下,如在由 L_2 生成 k_3 的过程中,列举得到的 3 项集包括 $\{I_1,I_2,I_3\},\{I_1,I_2,I_5\},\{I_1,I_3,I_5\},\{I_2,I_3,I_4\},\{I_2,I_3,I_5\},\{I_2,I_4,I_5\}$,但是由于 $\{I_3,I_4\}$ 和 $\{I_4,I_5\}$ 没

有出现在 L_2 中,所以$\{I_2,I_3,I_4\}$,$\{I_2,I_3,I_5\}$,$\{I_2,I_4,I_5\}$被剪枝掉了。剩下的$\{I_1,I_2,I_3\}$,$\{I_1,I_2,I_5\}$为频繁3项集。可由此频繁3项集生成相应的关联规则并计算可信度。

① 以$\{I_1,I_2,I_3\}$为基础,可生成关联规则:

$\{I_1\}\Rightarrow\{I_2,I_3\}$,$\{I_2\}\Rightarrow\{I_1,I_3\}$,$\{I_3\}\Rightarrow\{I_1,I_2\}$,$\{I_1,I_3\}\Rightarrow\{I_2\}$,$\{I_1,I_2\}\Rightarrow\{I_3\}$,$\{I_2,I_3\}\Rightarrow\{I_1\}$。

② 以$\{I_1,I_2,I_5\}$为基础,可生成关联规则:

$\{I_1\}\Rightarrow\{I_2,I_5\}$,$\{I_2\}\Rightarrow\{I_1,I_5\}$,$\{I_5\}\Rightarrow\{I_1,I_2\}$,$\{I_1,I_5\}\Rightarrow\{I_2\}$,$\{I_1,I_2\}\Rightarrow\{I_5\}$,$\{I_2,I_5\}\Rightarrow\{I_1\}$。

之后需要计算每一条规则的可信度,可信度的计算方法为产生的频繁3项集的频度(计数)除以关联规则前件的频度,如规则$\{I_1\}\Rightarrow\{I_2,I_3\}$,其可信度为$\{I_1,I_2,I_3\}$频度/$\{I_1\}$频度,即2/6=33.3%;规则$\{I_1,I_5\}\Rightarrow\{I_2\}$,其可信度为$\{I_1,I_2,I_5\}$频度/$\{I_1,I_5\}$频度,即2/2=100%。由此,可以计算出所有规则的可信度。

由于在计算关联规则时,可提前设定最小支持度和最小可信度,这时小于最小可信度的规则就可以不予考虑。如设定最小可信度为70%,那么由于规则$\{I_1\}\Rightarrow\{I_2,I_3\}$的可信度仅为33.3%,我们就可以忽略掉它。同时,由于提前设定了最小支持度计数为2,且一个项在该例中最多出现5次,所以可得最小支持度为2/5=40%。

在海量数据下,Apriori算法的时间和空间复杂度都不容忽视。空间复杂度:如果L_1数量达到10^4的量级,那么C_2中的候选项将达到10^7的量级。时间复杂度:每计算一次C_k就需要扫描一遍数据库。这也是 Apriori 算法的两大缺点。

2. FP-树算法

针对 Apriori 算法的固有缺陷,J. Han 等提出了不产生候选挖掘频繁项集的方法:FP-树(FP-tree)频集算法。该算法采用分而治之的策略,在经过第一遍扫描之后,把数据库中的频集压缩进一棵频繁模式树(FP-tree),同时依然保留其中的关联信息,随后再将 FP-tree 分化成一些条件库,每个库和一个长度为1的频集相关,然后再对这些条件库分别进行挖掘。

该算法只进行2次数据库扫描,它直接将数据库压缩成一个频繁模式树,随后通过这棵树生成关联规则。算法第一步利用事物数据库中的数据构造 FP-tree,第二步从 FP-tree 中挖掘频繁模式。

这里还需强化以下几点定义。

(1) FP-tree:如图 7-2,是把事务数据表中的各个事务数据项按照支持度排序后,把每个事务中的数据项按降序依次插入到一棵以 null 为根节点的树中,同时在每个节点处记录该节点出现的支持度。

(2) 条件模式基:包含 FP-tree 中与后缀模式一起出现的前缀路径的集合,也就是同一个频繁项在 FP-tree 中的所有节点的祖先路径的集合。比如,图 7-2 中的 I_3 在 FP-tree 中一共出现了3次,其祖先路径分别是$\{I_2,I_1:2(频度为2)\}$,$\{I_2:2\}$和$\{I_1:2\}$。这3个祖先路径的集合就是频繁项 I_3 的条件模式基。

(3) 条件树:将条件模式基按照 FP-tree 的构造原则形成的一个新的 FP-tree。图 7-2 中 I_3 的条件树就如图 7-3 所示。

在构造 FP-tree 时,首先需构造项头表:扫描一遍数据库,得到频繁项的集合 F 和每个频繁项的支持度,把 F 按支持度递降排序,记为 L。

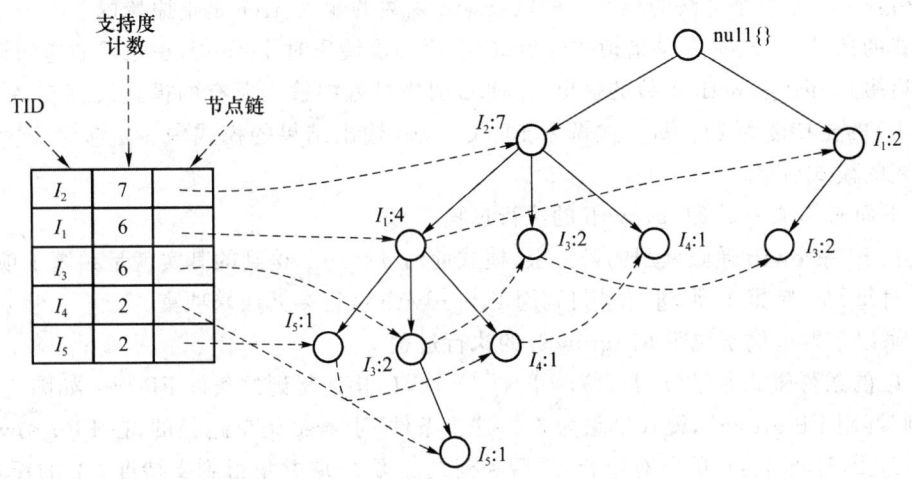

图 7-2 FP-tree

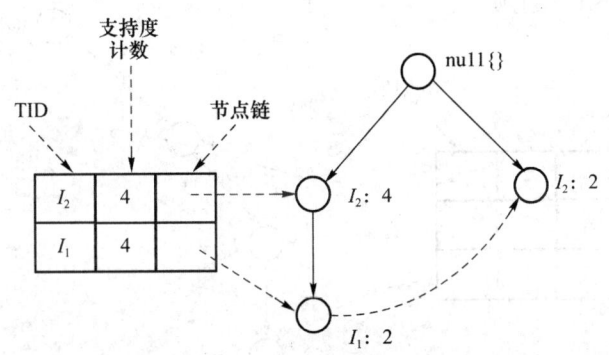

图 7-3 条件树

之后需构造原始 FP-tree：把数据库中每个事物的频繁项按照 L 中的顺序进行重排，并按照重排之后的顺序把每个事物的每个频繁项插入以 null 为根的 FP-tree 中。如果插入时频繁项节点已经存在了，则把该频繁项节点的支持度加 1；如果该节点不存在，则创建支持度为 1 的节点，并把该节点链接到项头表中。

最后调用 FP-growth(Tree,null) 开始进行挖掘。伪代码如下：

```
procedure FP_growth(Tree, a)
if Tree 含单个路径 P then{
    for 路径 P 中节点的每个组合(记作 b)
    产生模式 bUa,其支持度 support = b 中节点的最小支持度;
} else {
    for each a_i 在 Tree 的头部(按照支持度由低到高顺序进行扫描){
        产生一个模式 b = a_iUa,其支持度 support = a_i.support;
        构造 b 的条件模式基,然后构造 b 的条件 FP-树 Tree b;
        if Tree b 不为空 then
            调用 FP_growth (Treeb, b);
    }
}
```

FP-growth 是整个算法的核心。FP-growth 函数的输入：tree 是指原始的 FP-tree 或者是某个模式的条件 FP-tree，a 是指模式的后缀（在第一次调用时 $a=\text{null}$，在之后的递归调用中 a 是模式后缀）。FP-growth 函数的输出：在递归调用过程中输出所有的模式及其支持度（比如 $\{I_1,I_2,I_3\}$ 的支持度为 2）。每一次调用 FP_growth 输出结果的模式中一定包含 FP_growth 函数输入的模式后缀。

1) 下面来模拟一下 FP-growth 的执行过程。

① 在 FP-growth 递归调用的第一层，模式前后 $a=\text{null}$，得到的其实就是频繁 1 项集。

② 对每一个频繁 1 项，进行递归调用 FP-growth 获得多元频繁项集。

2) 举以下两个例子说明 FP-growth 的执行过程。

① I_5 的条件模式基是 $(I_2\ I_1:1)$，$(I_2\ I_1\ I_3:1)$，I_5 构造得到的条件 FP-tree 如图 7-4 所示。然后递归调用 FP-growth，模式后缀为 I_5。这个条件 FP-tree 是单路径的，在 FP-growth 中直接列举 $\{I_2:2, I_1:2, I_3:1\}$ 的所有组合，之后和模式后缀 I_5 取并集得到支持度 ≥ 2 的所有模式：$\{\ I_2\ I_5:2,\ I_1\ I_5:2,\ I_2\ I_1\ I_5:2\}$。

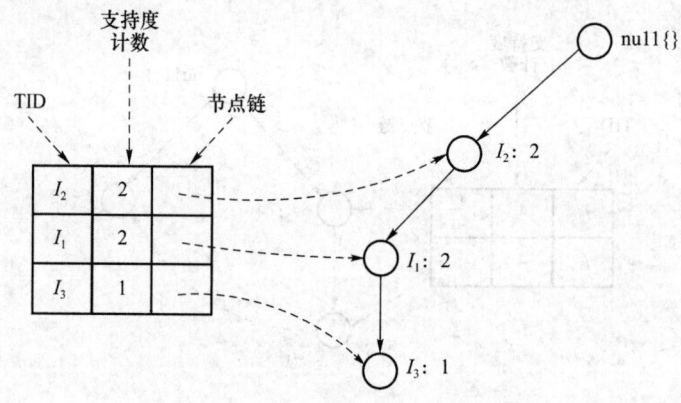

图 7-4　I_5 构造的条件树

② 再来看稍微复杂一点的情况 I_3。I_3 的条件模式基是 $(I_2\ I_1:2)$，$(I_2:2)$，$(I_1:2)$，生成的条件 FP-tree 如图 7-5 所示。

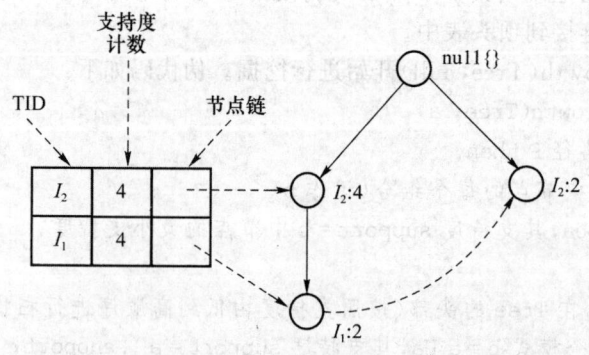

图 7-5　I_3 构造的条件树

然后递归调用 FP-growth，模式前缀为 I_3。I_3 的条件 FP-tree 仍然是一个多路径树，首先把模式后缀 I_3 和条件 FP-tree 中项头表中的每一项取并集，得到一组模式 $\{I_2\ I_3:4,\ I_1\ I_3:4\}$，但是这一组模式不是后缀为 I_3 的所有模式。还需要递归调用 FP-growth，模式后缀为

$\{I_1,I_3\}$,$\{I_1,I_3\}$的条件模式基为$\{I_2:2\}$,其生成的条件 FP-tree 如图 7-6 所示。

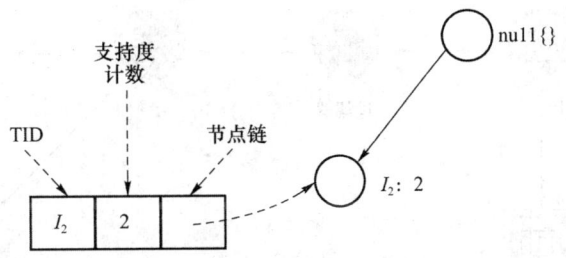

图 7-6　递归调用后生成的条件树

这是一个单路径的条件 FP-tree,在 FP-growth 中把 I_2 和模式后缀$\{I_1,I_3\}$取并集得到模式集$\{I_1 I_2 I_3:2\}$。理论上还应该计算一下模式后缀为$\{I_2,I_3\}$的模式集,但是$\{I_2,I_3\}$的条件模式基为空,递归调用结束。最终模式后缀 I_3 的支持度>2 的所有模式为$\{I_2 I_3:4,I_1 I_3:4,I_1 I_2 I_3:2\}$。

根据 FP-growth 算法,最终得到的支持度>2 频繁模式如表 7-2 所示。

表 7-2　模式发现

item	条件模式基	条件 FP-tree	产生的频繁模式
I_5	$\{(I_2 I_1:1),(I_2 I_1 I_3:1)\}$	$<I_2:2,I_1:2>$	$I_2 I_5:2,I_1 I_5:2,I_2 I_1 I_5:2$
I_4	$\{(I_2 I_1:1),(I_2:1)\}$	$<I_2:2>$	$I_2 I_4:2$
I_3	$\{(I_2 I_1:2),(I_2:2),(I_1:2)\}$	$<I_2:4,I_1:2>,<I_1:2>$	$I_2 I_3:4,I_1 I_3:4,I_2 I_1 I_3:2$
I_1	$\{(I_2:4)\}$	$<I_2:4>$	$I_2 I_1:4$

FP-growth 算法的速度比 Apriori 算法快一个数量级,其对不同长度的规则都有很好的适应性,在空间复杂度方面也远远优于 Apriori 算法。但是对于海量数据,FP-growth 的时空复杂度仍然很高,可以采用的改进方法包括数据库划分,数据采样等。

3. 基于划分的算法

Savasere 等设计了一个基于划分的算法。这个算法先把数据库从逻辑上分成几个互不相交的块,每次单独考虑一个分块并对它生成所有的频集,然后把产生的频集合并,用来生成所有可能的频集,最后计算这些项集的支持度。这里分块的大小选择要使得每个分块可以被放入主存,每个阶段只需被扫描一次。而算法的正确性是由每一个可能的频集至少在某一个分块中是频集来保证的。

该算法是可以高度并行的,可以把每一分块分别分配给某一个处理器生成频集。产生频集的每一个循环结束后,处理器之间进行通信来产生全局的候选 k 项集。通常这里的通信过程是算法执行时间的主要瓶颈;而另一方面,每个独立的处理器生成频集的时间也是一个瓶颈。

7.1.5　关联分析的实际应用

下面用 Spss Modeler 18 软件来说明关联分析中 Apriori 算法的建模过程。

这个例子的背景是关于超市购物清单的记录的,每一条记录描述的是一个客户在超市购买的货物,主要考虑购买货物之间的内在联系。其要解决的业务问题是:根据所买东西的类型,找出哪些东西存在内在的相互关联。比如,一般买啤酒的人会同时买鲜肉。

图 7-7 为 Spss Modeler 18 的关联规则 Apriori 模型图。

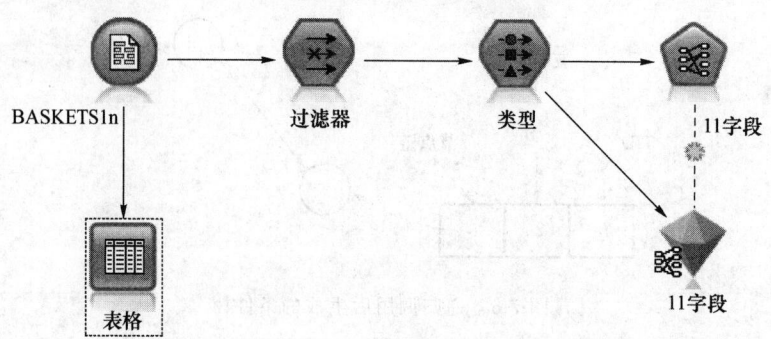

图 7-7　Apriori 模型图

以下是该数据集 BASKETS1n.db 的所有字段名：
- cardid. 卡号
- value. 消费额
- pmethod. 付款方式
- sex. 性别
- income. 收入
- homeown. 是否是户主
- age. 年龄
- fruitveg. 水果 蔬菜
- freshmeat. 鲜肉
- drairy. 日用品
- cannedveg. 罐装蔬菜
- cannedmeat. 罐装肉
- frozenmeal. 冷冻餐
- beer. 啤酒
- wine. 白酒
- softdrink. 软饮料
- fish. 鱼
- confectionery. 糖果

可以使用 Spss Modeler 18 建立一个相关规则模型，以最小支持度和最小置信度来估计商场各种商品之间存在的关联性。

首先是数据的导入和预处理。插入一个变量文件节点，双击该节点，在文件框输入"BASKETS1n.db"的物理路径，如图 7-8 所示。

之后，通过一个输出表格节点与源数据连接，执行表格节点即可。通过此表可以清晰地查看表中的数据，如图 7-9 所示。

在建模之前，需要将一个过滤节点加到目前的流程中。把不需要的维度过滤掉，这里主要分析产品间的相关性，所以把与产品无关的维度过滤掉，如客户卡号、消费额、付款金额等，如图 7-10 所示。

图 7-8　源节点

	cardid	value	pmethod	sex	homeown	income	age	fruitveg	freshmeat	dairy	cannedveg	cannedmeat	frozenmeal	beer	wine	softdrink	fish	confectionery
1	39808	42.712	CHEQ...	M	NO	27000	46	F	T	T	F	F	F	F	F	F	F	T
2	67362	25.357	CASH	F	NO	30000	28	F	T	F	F	F	F	F	F	F	F	T
3	10872	20.618	CASH	M	NO	13200	36	F	F	F	T	F	T	T	F	F	T	F
4	26748	23.688	CARD	F	NO	12200	26	F	F	T	F	F	F	F	T	F	F	F
5	91609	18.813	CARD	M	YES	11000	24	F	F	F	F	F	F	F	F	F	F	F
6	26630	46.487	CARD	F	NO	15000	35	F	T	F	F	F	F	F	T	F	T	F
7	62995	14.047	CASH	F	YES	20800	30	T	F	F	F	F	F	F	F	T	F	F
8	38765	22.203	CASH	M	YES	24400	22	F	F	F	F	F	F	T	F	F	F	F
9	28935	22.975	CHEQ...	F	NO	29500	46	T	F	F	F	F	T	F	F	F	F	F
10	41792	14.569	CASH	M	NO	29600	22	T	F	F	F	F	F	F	F	F	T	F
11	59480	10.328	CASH	F	NO	27100	18	T	T	T	T	F	F	F	T	F	T	F
12	60755	13.780	CASH	F	YES	20000	48	T	F	F	F	F	F	F	F	F	T	F
13	70998	36.509	CARD	M	YES	27300	43	F	F	T	F	T	T	F	F	F	T	F
14	80617	10.201	CHEQ...	F	YES	28000	43	F	F	F	F	F	F	F	F	T	T	F
15	61144	10.374	CASH	F	NO	27400	24	T	F	T	F	F	F	F	F	T	T	F
16	36405	34.822	CHEQ...	F	YES	18400	19	F	F	F	F	F	T	T	F	T	F	F
17	76567	42.248	CARD	M	YES	23100	31	T	F	F	T	F	F	F	F	F	T	F
18	85699	18.169	CASH	F	YES	27000	29	F	F	F	F	F	F	F	F	F	T	F
19	11357	10.753	CASH	F	YES	23100	26	F	F	F	F	F	F	T	F	F	T	F
20	97761	32.318	CARD	F	YES	25800	38	T	F	F	T	F	F	F	T	F	T	T
21	20362	31.720	CASH	M	YES	25100	38	F	F	F	F	F	T	F	F	F	T	F
22	33173	36.833	CASH	F	YES	24700	43	F	F	F	F	F	F	F	T	F	F	T
23	69934	31.179	CHEQ...	F	YES	21300	41	F	F	F	F	F	F	F	F	F	T	F

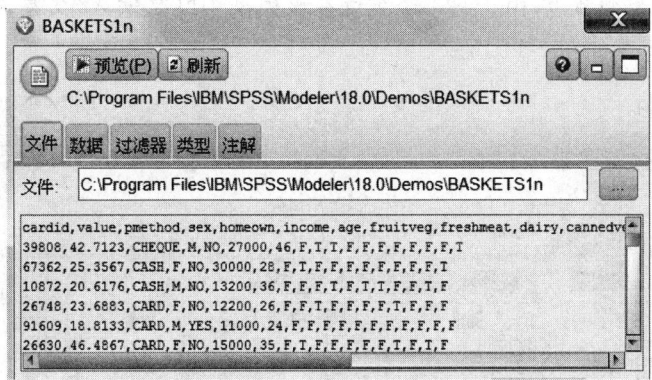

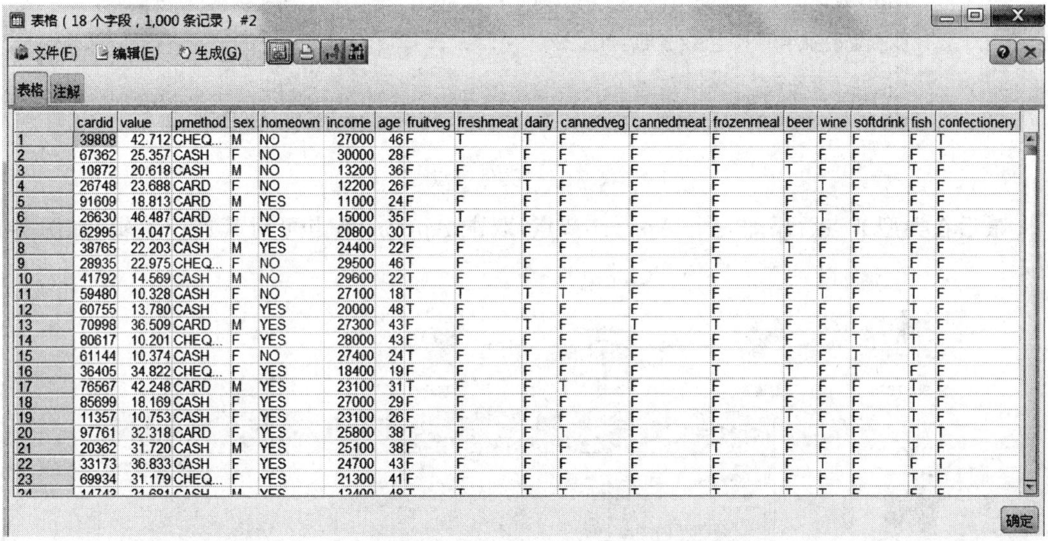

图 7-9　查看源数据

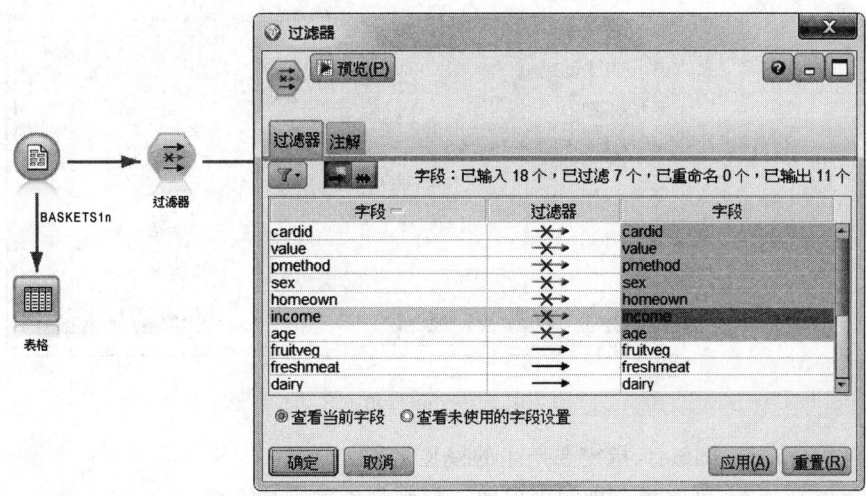

图 7-10　过滤节点

之后添加一个类型节点,由于每一个维度在该模型中既是输入,又是输出,那么在字段选项中应该选择"任意",如图 7-11 所示。

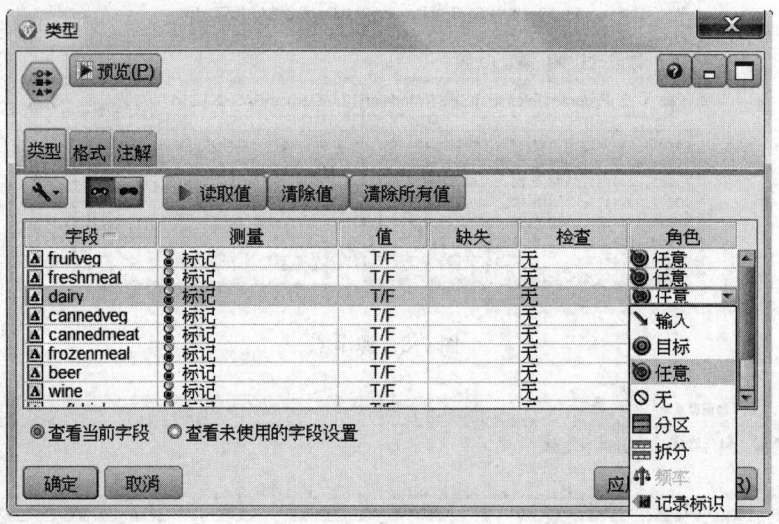

图 7-11 类型节点

最后在类型节点后添加一个 Apriori 节点,双击 Apriori 节点可对其进行编辑,如图 7-12 所示。

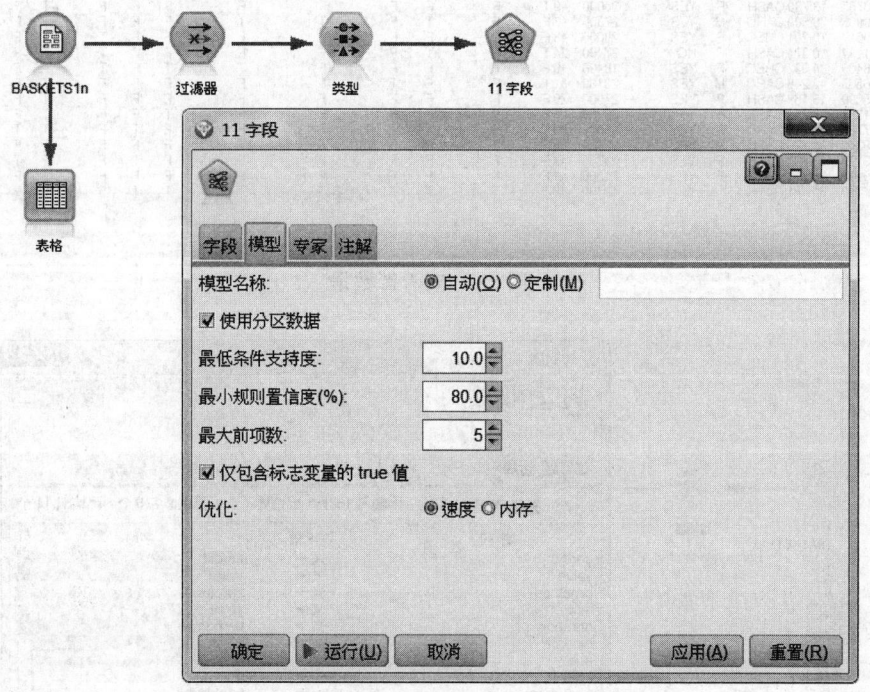

图 7-12 建立模型

模型名称(model name):指定要产生的模型名称。
最低条件支持度:可以指定把规则保留在规则集中的支持准则。
最小规则置信度:可以指定把规则保留在规则集中的精确准则。

可信度：是在前提条件为真的记录中，结论也为真的记录所占的百分比。换句话说，可信度是基于规则的预测中为真的百分比。可信度比指定准则小的规则将被丢弃。如果得到的规则太多，则应尝试提高该项设置；如果得到的规则太少，则应尝试降低该项设置。

最大前项数：可以指定任一规则的最大前提数。这是限制规则复杂程度的一种方法。如果规则过于复杂或者过于具体，则应尝试降低该项设置。该项设置对训练时间也有很大影响。如果对规则集的训练时间过长，则应尝试降低该项设置。

这里最低条件支持度和最小规则置信度分别设置为 10.0 和 80.0，其他选项可不做修改。

执行 Apriori 节点即可得到回归模型，右键单击"模型"，再单击"浏览"，即可查看模型结果，如图 7-13 所示。

如第二条"Consequentbeer & frozenmeal⇒cannedveg"，通过分析，说明买啤酒和冷冻餐的顾客会一起买罐装蔬菜，该规则可信度为 85.882%。

关联规则

后项	前项	支持度百分比	置信度百分比
frozenmeal	beer cannedveg	16.7	87.425
cannedveg	beer frozenmeal	17.0	85.882
beer	frozenmeal cannedveg	17.3	84.393

图 7-13　模型分析结果

操作过程可观看演示视频"关联规则"。

7.2　分类与预测

7.2.1　分类问题与预测问题

分类和预测是数据挖掘的一个重要研究和应用方向，具有很高的实用价值。近年来，已经被广泛、有效地应用于多个领域，如科学实验、气象预报、信用评分、医疗诊断、商业预测和案件侦破等。

分类的目的是提出一个分类函数或分类模型（即分类器），通过分类器将数据对象映射到某一个给定的类别中，如高价值客户、中价值客户、低价值客户。预测的目的是从历史数据记录中自动推导出对给定数据的推广描述，从而能够对事先未知的数据进行预测，如未来一年的销售量增长约 30%。在这里用于区别分类和预测的最简单标准是，分类处理的是离散问题，而预测处理的是连续问题。

1. 商业应用中的分类问题

在商业应用中有几类问题需要使用分类和预测方法加以解决。先来看几个商业应用的实际案例。

1）筛选目标客户（寻找潜在客户）

一家高档化妆品公司希望借助数据挖掘技术，为公司新的产品搜集客户。由于技术和成本的原因，测试产品的最初覆盖面只能涵盖目标客户群的一小部分。在这个项目中，最终选择了该公司现有客户中的几百个做直邮营销，也就是向这些客户寄递广告函件看哪些客户有反馈，有反馈的客户将可能会成为这个新产品的消费者。

因此，这个项目中最重要的问题是推算谁最有可能对这种新产品感兴趣，该向哪些客户寄发广告。这是分类的典型应用，即采用最经济的方法，找到最有可能出现响应的用户。一般来说，定向市场营销的固定成本可以看成是不变的，每次联系目标客户的支出也差不多是固定值，要减少营销活动的总成本，就必须降低要联系的潜在客户的数量。换句话说，如果能在不影响营销效果的前提下，减少发送邮件的数量自然会降低整个项目的成本。

为确保测试的有效性，营销项目需要保证有一定数量的客户有反馈或者签约。对于新产品的宣传活动，一般的经验是，大约2%～3%的现有客户可能做出满意的响应。因此，为达到500人响应的目标，可能需要向16 000～25 000名潜在客户发起营销宣传。

这里的困难在于如何选择目标，即如何在众多的现有客户中选择要发起营销宣传的目标客户。给每位客户打分，评价该客户对营销活动发生响应的概率是一个比较通用的做法。给客户打分的分值范围为1～100，1代表该客户非常有可能购买该产品，而100代表他没有可能购买该产品。然后，根据得分情况将候选人进行排序，营销人员可以顺着这个名单往下数，直至达到想要的响应者数量为止。正如在数据挖掘项目中非常常用的累积增益ROC图（见图7-14）所示，通过分类分析，可以找到最有可能响应的客户，以较低的目标客户数量获得期望的响应数量，降低了整体营销成本。

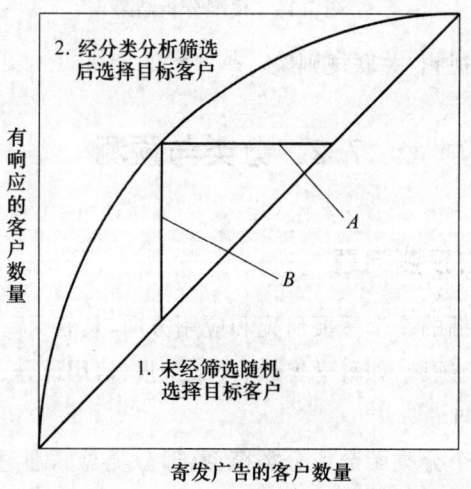

图7-14 营销项目的累积增益图

在图7-14中，第一条横跨图表的对角线代表在所有客户中随机选择目标客户寄发广告时出现反馈的客户数量和寄发广告的客户总数的关系。也就是随着邮寄数量的增加，反馈客户的数量呈线性增长。第二条向上弯曲的曲线，代表仅向通过分类方法事先筛选出的目标客户寄发广告而得到的关系。两条线的差异A代表达到相同的反馈客户数量时，经过分类筛选比不经筛选所节省的邮寄数量。而差异B则代表寄发同样数量的广告，两种方法所得到的反馈数量的差异。所以在图7-14中，如果第二条曲线越远离对角线，或这两条线间的面积越大，则代表该筛选越有效。

2）挽留流失客户

对产品具有忠诚度的老顾客对价格不像新客户那么敏感,他们在重复购买时常常比新客户更舍得花钱,这使得他们成为企业稳定的收入来源。争取一位新客户所花的成本往往是留住一位老客户的几倍,而失去一位老顾客的损失需要争取好几位新顾客才能弥补回来。所以,老客户流失对任何公司来说都是一个重要问题,对于已经进入平缓发展期的成熟行业尤为严重。因此,挽留将要流失的客户是商业应用中数据挖掘的另一个重要方面,也就是向可能离去的高价值客户提供优惠、促销、额外服务等使得他们能留下来。

在挽留流失客户或者保持客户的过程中,如何识别即将发生流失的客户是整个营销项目的关键。当一个客户放弃他经常去的咖啡馆,而转向同街区的另一家店时,熟悉这个客户情况的服务员可能会注意到这个事实,但是这个客户已经流失这件事并没有明确被记录到数据库中。若在数据库中按照客户来查询,也很难把他们和只是有一段时间没有来的客户区别出来。一个习惯于每5年买一辆新F150皮卡的忠实Ford汽车客户,6年后没有发生新的购车行为时,商家很难断定他已经选择其他汽车品牌还是目前没有换车需求。在这个问题上,类似信用卡、移动通信客户这类有较为固定(每月有一次结账关系)的客户的流失会比较容易被发现。但是总体上,客户流失多半是悄无声息的,如一位客户停止使用信用卡但实际没有销户的情况。

在电信服务、移动通信服务、保险服务、有线电视服务、金融服务、因特网服务、报纸杂志等预付费式的商务中最容易分辨客户的流失与否。也正因为这种原因,客户流失分析在这些商务中最为常用。

一般来说客户的流失可以分为自发流失、强制流失和预期流失。客户出于自愿,决定把自己的业务挪到其他服务商,这一类是自发流失。强制流失则是由于服务商的原因而终止服务,比如,客户发生长期欠费。而当客户不再符合产品的定位时,发生的则是预期流失,比如,婴儿长牙了就不再需要婴儿食品。在这三类流失中最需要挽留的是自发流失。如果因为各种原因将强制流失作为自发流失,则会给企业造成一定的损失。因为企业可能会试图花费一定的成本挽留这个随后会流失的客户。而预期流失则可以看成是客户生命周期的正常结束。如果企业可以提供下一阶段的产品和服务,还可以通过评估该客户的剩余生存期进一步延伸该客户的生命周期。

建立客户流失模型有两种方法:一种是二元客户流失模型;一种是评估客户剩余生存期模型。所谓二元模型是指在一定时间范围内,判定客户流失,则为真;否则,为假。也可以由模型给出一个客户流失可能性的评分,超过一定阈值的客户可以被划分到客户保持计划中,由后续的营销项目负责定向维护。第二种方法虽然具有一些吸引人的特征,却并不常用。这种方法的目标是计算出客户可能会保持多长时间,这比简单地说该客户是否将在90天内离开要好一些。对客户剩余生存期的估计是建立客户生存周期价值模型的必要条件。同时,这个估计值可能也是客户忠实度评分的基础,该分值把忠实客户定义为在未来将长期保持的人,而不是到现在为止已经保持了很长时间的人。相较于二元流失模型,第二种模型对数据和模型设计的要求更高,但精度一般较低。

2. 有教师的学习过程

正如前面所介绍的几个例子,分类算法的基本过程是根据已知数据,建立模型来判定未知对象的所属类别,故此分类也是典型的有教师(或有监督、有指导)的学习过程。在这里,所谓的教师是指已知类别信息的示例数据。分类模型通过这些教师数据学习应如何设置,才能使得模型能应对分类问题。在学习过程中,一般将已知分类的教师数据分为训练数据集和测试数据集两部分。训练数据集一般负责训练分类模型,使其能够完成分类操作。测试数据集则负责检查训练好的分类模型是否能达到所需的分类精度。一般来说有教师的学习算法的学习过程通常包括以下三个步骤:

首先,根据训练数据集,建立和训练分类模型;

其次,利用测试数据集,检查分类模型的精度;

最后,在实际数据中应用分类模型,并根据实际结果调整模型。

需要再次强调的是,训练数据集和测试数据集都是已知分类的数据,是用来建立模型的。一般来说这两个数据集各占总已知分类数据的 50% 左右。部分分类算法还有些特殊要求,如在二元分类中,训练数据集必须既包括正例又包括反例,且占比不能差异太大。

下面分别介绍在分类中比较常见的几种模型。

7.2.2 决策树

决策树(decision tree)是数据挖掘分类算法的一个重要方法。在各种分类算法中,决策树是最直观的一种。决策树具有树状结构特征,依靠节点表示分析对象的特征,而每个分叉路径则代表了可能的特征值,每个叶节点则对应一类具有相似特征的一类对象。基于决策树的学习算法在学习过程中不需要用户了解很多相关背景知识,只要训练样本能够用属性——值的方式表达,就可以使用该算法来学习。

决策树中最上面的节点称为根节点,是整个决策树的开始。决策树的每个节点的子节点个数与决策树使用的算法有关。例如,CART 的决策树每个节点有两个分支,这种树称为二叉树,允许节点含有多于两个子节点的树称为多叉树。在沿着决策树从上到下进行搜索的过程中,在每个节点都会遇到一个决策问题,对每个节点上问题的不同回答导致不同的分支,最后到达一个叶节点。这个过程就是利用决策树进行分类的过程。也就是说,决策树利用对象的属性可以判断其所属的类别,其中节点的每个分支对应属性的一个取值,每个叶节点对应一个类别。如图 7-15 所示,如果给定了天气(晴天、多云、下雨),湿度(高、正常),风(有风、无风)三个基本属性的值后即可判断出某地气候类别是属于 N 类还是 P 类。

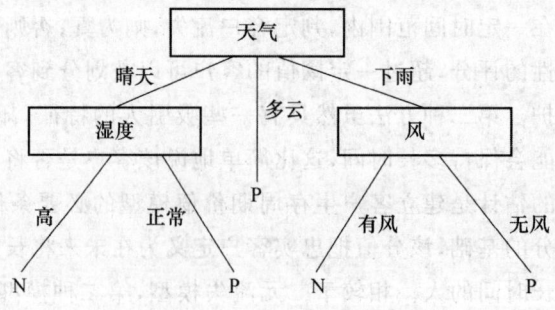

图 7-15 决策树

决策树学习的基本算法是贪心算法,采用自顶向下的递归方式构造决策树。开始时,所有待划分类别的对象都在根节点,然后用所选属性递归地对对象集合进行划分。当每个节点上的对象都属于同一个类别或没有属性可以再用于划分时停止操作。一般根据分成的组之间的"差异"最大化原则选择用于划分的属性,各种决策树算法之间的主要区别就体现在这个"差异"的衡量方式上。Hunt 等人于 1966 年提出的概念学习系统 CLS 是最早的决策树算法,以后的许多决策树算法都是对 CLS 算法的改进或是由 CLS 衍生而来的。Quinlan 于 1979 年提出了著名的 ID3 方法,后期又在 ID3 的基础上改进得到了 ID4、ID5 算法,及 C4.5、C5.0 等算法。

1. ID3 算法

下面以 ID3 算法为例,介绍决策树学习的基本过程。

ID3 算法以信息论原理为基础,利用信息增益寻找数据库中具有最大信息量的属性建立决策树。这里信息增益是指期望信息或者信息熵的有效减少量。使用信息增益作为选择判断属性的度量,描述当确定该属性后对待分类对象不确定性的信息变化程度。选择具有最高信息增益的属性作为当前节点的划分属性,能使得判定一个未知对象类别时所需的属性最少,并找到一棵简单的(不一定是最简单的)树。

设 S 是训练样本的集合,其中每个样本的类标号都是已知的。假定有 m 个类,集合 S 中类别 C_i 的记录个数是 N_i 个,其中 $i=1,\cdots,m$。

设属性 A 具有值 $\{a_1,\cdots,a_v\}$,属性 A 可以用来对 S 进行分组,将 S 分为子集 $S_1,\cdots,S_v$,其中 S_j 包含 S 中值为 a_j 的那些样本。设 S_j 包含类 C_i 的 S_{ij} 个样本,则将 S 划分为 m 个类的信息熵或期望信息为

$$E(S) = I(N_1, N_2, \cdots, N_m) = -\sum_{i=1}^{m} \frac{N_i}{S} \log_2 \frac{N_i}{S}$$

或者写成

$$-\sum_{i=1}^{m} p_i \log_2(p_i)$$

其中,p_i 为 S 中的样本属于第 i 类 C_i 的概率。当样本属于每个类的概率相等时,上述熵取最大值。而当所有样本属于同一个类时,S 的熵为 0,也就是没有不确定性。其他情况的熵介于两者之间。

一个给定的样本分类所需的期望信息是

$$E(S,A) = \sum_{j=1}^{v} \frac{S_{lj} + \cdots + S_{mj}}{S} I(S_{lj}, \cdots, S_{mj})$$

属性 A 的信息增益为

$$\text{Gain}(S,A) = E(S) - E(S,A)$$

熵值反映了对样本集合 S 分类的不确定性,也是对样本分类的期望信息。熵值越小,划分的纯度越高,对样本分类的不确定性越低。一个属性的信息增益,就是用这个属性对样本分类而导致的熵的期望值下降。

$\text{Gain}(S,A)$ 是指因知道属性 A 的值后导致的熵的期望压缩。$\text{Gain}(S,A)$ 越大,说明选择测试属性 A 对分类提供的信息越多。ID3 算法就是在每个节点选择信息增益 $\text{Gain}(S,A)$ 最大的属性作为测试属性。ID3 算法的主要学习过程如图 7-16 所示。

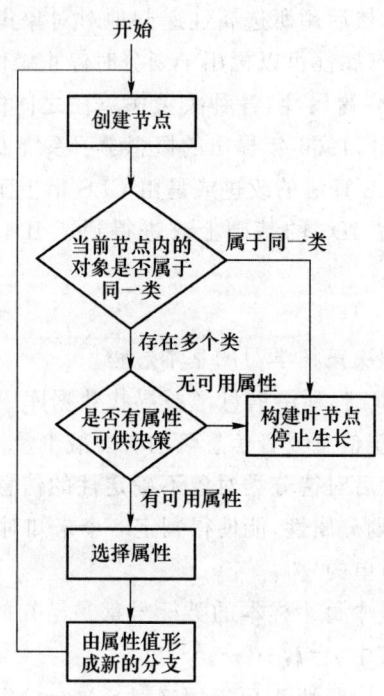

图 7-16 决策树的生成过程

例 7.1 表 7-3 给出了某零售企业的客户数据记录。该数据集包括用户年龄、年收入、是否是学生、信用级别和是否购买了计算机几个字段。使用 ID3 决策树算法建立分类模型,识别出可能购买计算机的客户。

表 7-3 AllElectronics 顾客数据库数据集

RID	age	income	student	credit_rating	buys computer
1	≤30	high	no	fair	no
2	≤30	high	no	excellent	no
3	31~40	high	no	fair	yes
4	>40	medium	no	fair	yes
5	>40	low	yes	fair	yes
6	>40	low	yes	excellent	no
7	31~40	low	yes	excellent	yes
8	≤30	medium	no	fair	no
9	≤30	low	yes	fair	yes
10	>40	medium	yes	fair	yes
11	≤30	medium	yes	excellent	yes
12	31~40	medium	no	excellent	yes
13	31~40	high	yes	fair	yes
14	>40	medium	no	excellent	no

这个例子中,客户类别为是否购买计算机,该属性有 2 个可能取值{yes,no},因此类别数 $m=2$。设类 C_1 对应于购买计算机的客户类,类 C_2 对应于不买计算机的客户类。C_1 类有 9 个

样本客户，C_2 类有 5 个样本客户。对给定样本分类所需的期望信息为

$$E(S) = -\frac{9}{14}\log_2\frac{9}{14} - \frac{5}{14}\log_2\frac{5}{14} = 0.409\ 8 + 0.530\ 5 = 0.94$$

下面需要计算用户年龄、年收入、是否是学生、信用级别四个属性分别的信息增益，取信息增益最大的属性生成新节点。

用户年龄属性可取 $\leqslant 30, 31\sim 40, >40$ 三个可能的值。对每个分布分别计算期望信息。根据表 7-3 可得到年龄的分布情况，如表 7-4 所示。

表 7-4　年龄属性分布情况

age	count	yes(buy)	no(buy)
≤30	5	2	3
31~40	4	4	0
>40	5	3	2

因此，

$$I(s_{11}, s_{21}) = -\frac{2}{5}\log_2\frac{2}{5} - \frac{3}{5}\log_2\frac{3}{5} = 0.529 + 0.442 = 0.971$$

$$I(s_{12}, s_{22}) = 0$$

$$I(s_{13}, s_{23}) = 0.971$$

如果按年龄划分，一个给定的样本分类所需的期望信息为

$$E(\text{age}) = \frac{5}{14}I(S_{11}, S_{21}) + \frac{4}{14}I(S_{12}, S_{22}) + \frac{5}{14}I(S_{13}, S_{23}) = 0.694$$

因此，这个划分的信息增益是

$$\text{Gain}(\text{age}) = I(S_1, S_2) - E(\text{age}) = 0.94 - 0.694 = 0.246$$

类似方法，可通过计算得到 $\text{Gain}(\text{income}) = 0.029$，$\text{Gain}(\text{student}) = 0.151$，$\text{Gain}(\text{credit\_rating}) = 0.048$。由于年龄属性具有最高的信息增益，因此把它作为测试属性，建立一个节点，对每个属性值分别引出一个分支，并据此划分样本。得到如图 7-17 所示的部分决策树。

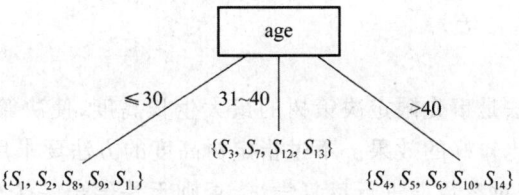

图 7-17　根据年龄属性划分的部分决策树

由于 31~40 之间的用户样本均购买了计算机，都属于 C_1 类，故该分支生成一个叶节点，不再划分。最终得到的完整决策树如图 7-18 所示。

得到决策树后，可根据节点关系生成对应的分类规则。在生成规则时，每个叶节点对应一条规则，从根节点至叶节点路径上的所有节点形成"与（合取）"关系，叶节点对象类别为规则的后件，即 THEN 后的内容。使用分类规则可以更简单地表示分类，更容易理解。如图 7-18 所示的决策树可以用以下几个规则表示出来。

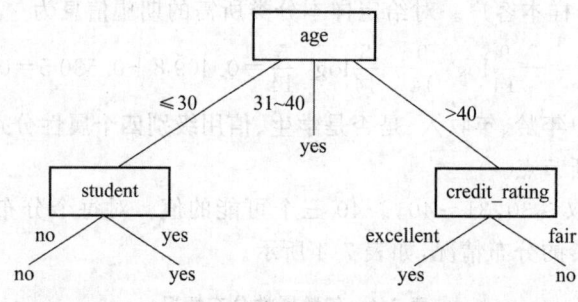

图7-18 决策树

IF age<＝30^ is not (student) THEN no (buy)
IF age<＝30^ is (student) THEN yes (buy)
IF age<＝40 ^ age ＞ 31 THEN yes (buy)
IF age＞40 ^ is (credit_rating, excellent) THEN yes (buy)
IF age＞40 ^ is (credit_rating, fiair) THEN yes (buy)

2. 决策树的剪枝

在创建决策树时,由于训练样本数量太少、数据中存在噪声和孤立点或叶节点分类过细,会使得建立的决策树模型过度拟合训练数据集。过拟合也称过学习,是指学习得到的模型过于依赖训练数据集的样本。具体表现为,采用训练数据集时精度很高,但是换用测试数据集或其他新的数据时精度严重下降。过度拟合将导致模型泛化能力差,无法实际应用。

为了解决过拟合现象,最常用的办法是剪枝。也就是在不严重影响整个模型精度的情况下,尽量使模型简单,使得模型能更好地适应未知情况,更具有普遍意义。对于决策树来说,决策树越复杂,节点越多,每个节点包含的训练样本个数越少,则支持每个节点的假设的样本个数就越少,可能导致决策树在测试集上的分类错误率较大。但决策树过小也会导致错误率较大,因此,需要在树的大小与正确率之间寻找均衡点。

常用的剪枝策略有预剪枝(pre-pruning)和后剪枝(post-pruning)两种。预剪枝限制决策树的过度生长(如 CHAID 和 ID3 家族的 ID3、C4.5 算法等),后剪枝技术则是待决策树生成后再进行剪枝(如 CART 算法等)。

1) 预剪枝

最直接的预剪枝方法是事先限定决策树的最大生长高度,使决策树不能过度生长。这种停止标准一般能够取得比较好的效果。不过指定树高度的方法要求用户对数据的取值分布有较为清晰的把握,而且需对参数值进行反复尝试,否则无法给出一个较为合理的树高度阈值。更普遍的做法是采用统计意义下的卡方检验、信息增益等度量,评估每次生成节点对系统性能的增益。如果新增节点的增益值小于预先给定的阈值,则不对该节点进行扩展。如果在最好情况下的扩展增益都小于阈值,即使有些节点的样本不属于同一类,算法也可以终止。在预剪枝策略中,选取阈值是比较困难的,阈值较高可能导致得到的决策树过于简单,总体精度不够,而阈值较低可能对决策树的化简不够充分,仍存在过拟合现象。

预剪枝存在视野效果的问题。在相同的标准下,当前的扩展不满足标准,但进一步的扩展有可能满足标准。采用预剪枝的算法有可能过早地停止决策树的构造,但由于不必生成完整的决策树,相较于后剪枝策略,预剪枝算法效率高,适合应用于大规模问题。

2) 后剪枝

后剪枝策略允许决策树过度生长,然后根据一定的规则,剪去决策树中那些不具有一般代表性的叶节点或分支。后剪枝算法有自上而下和自下而上两种剪枝策略。自下而上的算法首先从最底层的内节点开始剪枝,剪去满足一定条件的内节点,在生成的新决策树上递归调用这个算法,直到没有可以剪枝的节点为止。自上而下的算法是从根节点开始向下逐个考虑节点的剪枝问题,只要节点满足剪枝的条件就进行剪枝。后剪枝策略计算量比预剪枝策略要大,但是通常会产生更为可靠的决策树。

3. ID3 算法的改进

ID3 算法简单有效,但是仍存在一些问题。其中比较严重的问题是 ID3 总是倾向于选择取值较多的属性来生成新的节点。从例 7.1 来看,ID3 算法会优先选择年龄和收入两个属性来建立节点,而不是选择职业(是否为学生)和信用级别两个属性。这是由于这个算法会根据信息增益最大原则去选择属性值最多的属性,但是属性值较多的属性却不总是最优的属性。对于这个问题,在 C4.5 算法中采用信息增益率来加以改进,降低了选择那些值较多且均匀分布的属性的可能性。但是 C4.5 算法偏向于选择取值较集中的属性,并不一定是对分类最重要的属性。

除了上面介绍的以信息论原理为基础,使用信息增益来选择用于生成节点的属性的 ID3 算法和在其基础上改进得到的 C4.5、C5.0 等算法外,还有其他方法可以选择出合适的属性,而这些方法则产生了另外一些不同的决策树方法,如采用卡方检验来选择属性,则得到的是 CHAID 决策树。不同的决策树之间存在一定的差异,需要根据具体问题是否是离散的、得到的目标类别数量、是否是二叉树等特征去选择合适的方法。

总体来说决策树方法优点比较突出,伸缩性好、分类速度快、准确性比较高,而且能够转化为分类规则,更容易应用。但是在使用决策树方法时,还需要注意一些问题。

(1) 所有的划分都是按顺序完成的。一个节点完成划分之后不可能再有机会回过头来考察此次划分的合理性。每次分割都依赖于它前面的分割方法,也就是说决策树中所有的节点都受到根节点的第一次划分的影响,只要第一次划分稍有不同,由此得到的整个决策树就会完全不同。

(2) 通常的决策树算法只使用一个变量来决定一个节点的划分,这会使有些原本很明确的情况在生成的决策树中变得复杂而且意义不清。为此,目前新提出的一些算法使用多个变量来决定一个节点的划分。

(3) 由于递归地划分,一些数据子集可能变得太小,使得进一步划分它们就失去了统计意义。可以引入一个阈值来规定这种"无意义"的数据子集的最大尺寸。

(4) 决策树每个节点对应的划分含义必须非常明确,不能含糊,但在实际生活中这种明确可能是不合理的。例如,认为月收入大于 3 000 元的人具有较小的信用风险,而月收入等于 3 000 元的人就具有较高的信用风险,这种划分比较生硬。

4. 随机森林

决策树的本质是一颗由多个判断节点组成的树。决策树算法的核心是通过对数据的学习,选定判断节点,构造一颗合适的决策树。然而,尽管有剪枝等方法,决策树算法仍然需要面对局部最优和过度拟合的问题,此外一棵树的分类结果还是不如多棵树准确,于是就有了随机森林。

随机森林是由 Leo Breiman 于 2001 年提出的一种分类算法,它通过自助法(bootstrap)重采样技术,从原始训练样本集 N 中有放回地重复随机抽取 n 个样本生成新的训练决策树,然

后按以上步骤生成 m 棵决策树组成随机森林,新数据的分类结果按分类树投票多少形成的分数而定。其实质是对决策树算法的一种改进,将多个决策树合并在一起,每棵树的建立依赖于独立抽取的样本。单棵树的分类能力可能很小,但在随机产生大量的决策树后,一个测试样本可以通过每一棵树的分类结果经统计后选择最可能的分类。

想象一下,假如你想去旅游,但是不知道该去哪里,你会向了解你的朋友们咨询建议。起初,你找到一位朋友,这位朋友会问你曾经去过哪些地方,你喜欢还是不喜欢这些地方。朋友通过你的回答,为你制定出一些规则来指导其推荐地方。随后,你开始寻求越来越多的朋友们的建议,他们会问与他不同的问题,并从中给出一些建议。最后,你选择了朋友们推荐得最多的地方,这便是典型的随机森林算法。简单而言,随机森林建立了多个决策树,并将它们合并在一起以获得更准确和稳定的预测。随机森林的一大优势在于,它既可用于分类,也可用于回归问题,这两类问题恰好是当前大多数机器学习系统所需要面对的。

随机森林在处理分类问题时,首先使用 Bagging 算法构造出不同的训练样本集;然后在构建过程中,随机地选择固定个数的特征对内部节点进行分裂;最后使森林中的所有树参与最终的决策,采用简单多数投票法,森林中被最多决策树认同的类别作为最终的分类结果。其中所产生的训练样本集的差异性和随机选择特征的特性,都将加大不同分类器之间差异,进一步增强组合分类器的泛化性能,提高其分类精度。随机森林算法的执行过程如下。

(1) 从样本集中有放回地随机采样选出 n 个样本:即 Bagging 法,采用独立随机的方式抽样,得到的每一个样本都是初始数据集通过有放回抽样得到的,此外运用 Bagging 法抽取出来的训练集都是没有权重的,各训练集的待遇是相同的。

(2) 从所有特征中随机选择 k 个特征,对选出的样本利用这些特征建立决策树(一般是 CART 树,采用基尼系数的方法进行特征划分,也可是别的树或几种树的混合)。与样本的随机选取类似,随机森林中子树的每一个分裂过程并未用到所有的待选特征,而是从所有的待选特征中随机选取一定的特征,之后再在随机选取的特征中选取最优的特征。这样能够使得随机森林中的决策树彼此不同,提升系统的多样性,从而提升分类性能。此外,一棵树的分裂过程会一直持续到不能再分裂为止,即整个决策树形成过程中没有剪枝。

(3) 重复以上两步 m 次,即生成 m 棵决策树,形成随机森林。

(4) 对于新数据,经过每棵树决策,最后投票确认分到哪一类。

从上边的步骤可以看出,随机森林每棵树的训练样本是随机的,树中每个节点的分类属性也是随机选择的,这两个随机的选择过程,保证了随机森林不会产生过拟合现象并具有良好的稳定性。

值得注意的是,随机森林在抽样生成不同样本时,采用 Bagging 法,该方法是一种有放回的随机抽样,这种抽样方式产生的新样本不是原始数据集的简单复制,而是通过自身样本的重复而达到样本空间的重构,由于各个新的样本间也存在着差异,从而使产生的森林也存在着一定的差异,这种差异最后体现在森林中决策树生长过程的随机性上。而这种随机性又是有条件的,可以看作是一种有条件的概率抽样,从而使得到的随机森林不至于过于发散,也不至于趋向局部的最优解。

此外,随机森林可以较好地处理高维度的数据,并且不用提前进行特征选择。整体来说,随机森林具有很多优点,是一个具有多树决策、较为精准的分类器,并对异常值、噪声值、空缺值等具有很好的容忍度,可以广泛应用于分类和预测问题,在电信、金融、零售、电子商务、公共事业等领域都取得了显著业绩。

7.2.3 人工神经网络

1. 人工神经网络

人工神经网络(artificial neural network,ANN)是由大量的简单的处理单元组成的非线性、自适应、自组织系统。它是在现代神经科学研究成果的基础上,通过模拟人类的神经系统对信息进行加工、记忆和处理,设计出的一种具有人脑风格的信息处理系统。20世纪80年代初,世界上掀起了一股研究神经网络理论和神经计算机的热潮,并将神经网络原理应用于图像处理、模式识别、语音综合及机器人控制等领域。

ANN是在人们对人脑的研究的基础上发展起来的。人脑是自生命诞生以来,生物经过数十亿年漫长岁月进化的结果,是具有高度智能的复杂系统,它不必采用繁复的数字计算和逻辑运算,却能灵活处理各种复杂的、不精确的和模糊的信息,善于理解语言、图像并具有直觉、感知、识别、学习、联想、记忆、推理等智能。人脑的信息处理机制极其复杂,从结构上看它是包含100多亿个神经细胞的大规模网络。单个神经细胞的工作速度并不高(毫秒级),但它通过超并行处理使得整个系统实现处理的高速性和信息表现的多样性。因此,从信息处理的角度对人脑进行研究,并由此研制出一种像人脑一样能够"思维"的智能计算机和智能信息处理方法,一直是人工智能追求的目标。

神经网络通过对人脑的基本单元——神经元的建模和联结,来探索模拟人脑神经系统功能的模型。神经网络的基本组成单元是神经元,数学上的神经元模型是和生物学上的神经细胞对应的。或者说,人工神经网络理论是用神经元这种抽象的数学模型来描述客观世界的生物细胞的,只有了解神经元才能认识到神经网络的本质。

在人体内,神经元的结构形式并非是完全相同的。但是,无论结构形式如何,神经元都是由细胞体、树突和轴突三部分组成的。其中树突是接收从其他神经元传入的信息的入口,轴突是把神经元兴奋的信息传出到其他神经元的出口,突触可以看作是神经元之间的连接。目前,人工神经网络的研究仅仅是对神经元能处于抑制或兴奋状态的行为和突触能进行信息综合的行为进行模拟。

在工程上把神经元抽象为一个简单的多输入单输出的非线性信息处理数学模型。其结构如图7-19所示。

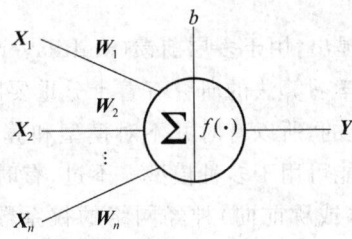

图7-19 神经元数学模型

$X_1, X_2, \cdots, X_n$是神经元的输入,即来自前级n个神经元的轴突的信息;b是i神经元的阈值(或者叫阀值或偏置);$W_1, W_2, \cdots, W_n$分别是神经元对$X_1, X_2, \cdots, X_n$的权系数;Y是神经元的输出;$f(\cdot)$是活化函数,它决定神经元受到输入$X_1, X_2, \cdots, X_n$的共同刺激达到阈值时以何种方式输出。其中神经元输入矢量和权值用矩阵可以表示为

$$X = [x_1, x_2 \cdots, x_n]^T, W = [w_1, w_2 \cdots, w_n]$$

神经元的数学模型表达式：

$$Y = f(\sum_{i=1}^{n} w_i x_i + b) = f(W * X + b)$$

活化函数有多种形式，其中最常见的有阶跃型、线性型和 S 型（Sigmod）三种形式。阶跃型激发函数（如图 7-20 所示）的输出是电位脉冲，故而这种激发函数的神经元为离散输出模型。对于线性激发函数（如图 7-21 所示），它的输出是与输入的激发总量成正比的，故这种神经元为线性连续型模型。对于 S 型激发函数（如图 7-22 所示），它的输出是非线性的，故这种神经元为非线性连续型模型。

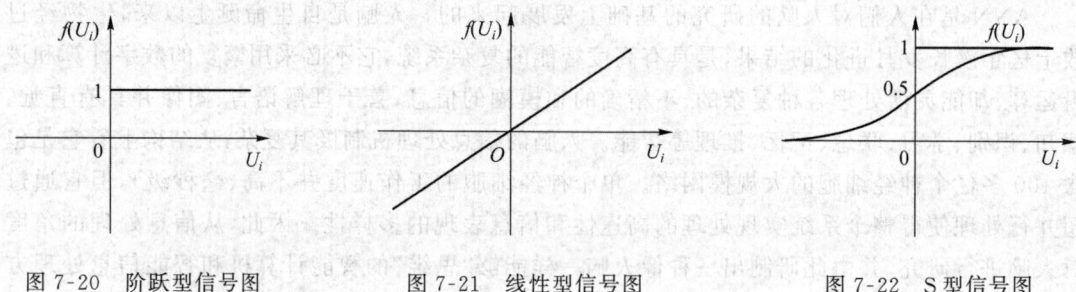

图 7-20　阶跃型信号图　　　　图 7-21　线性型信号图　　　　图 7-22　S 型信号图

上面所介绍的是最为广泛应用且最为人们所熟悉的神经元数学模型。近若干年来，随着神经网络理论的发展，出现了不少新颖的神经元数学模型，这些模型包括逻辑神经元模型、模糊神经元模型等，并且渐渐也受到人们的关注和重视。

2．BP 算法

在神经网络中，对外部环境提供的模式样本进行学习训练，并能存储这种模式的模型，称为感知器；对外部环境有适应能力，能自动提取外部环境变化特征的，称为认知器。在主要神经网络模型中 BP 网络和 Hopfield 网络是有教师学习；而 ART 网络和 Kohonen 网络则无须教师信号就可以学习。

自从 20 世纪 40 年代 Hebb 提出学习规则以来，人们相继提出了各种各样的学习算法。其中属 1986 年 Rumelhart 等提出的误差反向传播法，即 BP(error back propagation)法的影响最为广泛。直到今天，BP 算法仍然是分类、自动控制、系统辨识等应用上最重要、应用得最多的有效算法。

BP 模型于 20 世纪 80 年代提出，用于多层前馈（multilayer feed-forward）神经网络进行学习。在神经网络的发展进程中，学习算法的研究有着十分重要的地位。目前，人们所提出的神经网络模型都是和学习算法相应的，所以有时并不对模型和算法进行严格的区分。有的模型可以有多种算法，而有的算法可能可用于多种模型。不过，有时人们也称算法为模型。

BP 算法是为解决多层前馈（或称前向）神经网络的权系数优化问题而提出来的。所以，BP 算法也常暗示着神经网络的拓扑结构是一种无反馈的多层前向网络。故而，有时也称为无反馈多层前向网络为 BP 模型。这种神经网络的结构如图 7-23 所示。

BP 网络模型含有输入层、输出层以及处于输入输出层之间的中间层。中间层有单层或多层，由于它们和外界没有直接的联系，故也称为隐藏层（隐层）。在隐层中的神经元也称隐单元（隐层节点）。隐层虽然和外界不连接。但是，它们的状态会影响输入与输出之间的关系。这也是说，改变隐层的权系数，可以改变整个多层神经网络的性能。输入对应于每个训练样本度量的属性称作输入层的单元层，输出层发布给定样本的网络预测。隐层和输出层的单元，有时称作 neurode 或者输出单元,把具有一个隐层的网络称为内层神经网络,其他的网络可以以此类推。所有的权都不回送到输入单元或前一层输出单元的网络是前馈型的;如果每个单元都向下一层的每个单元提供输入,则称这个网络是全连接的网络。

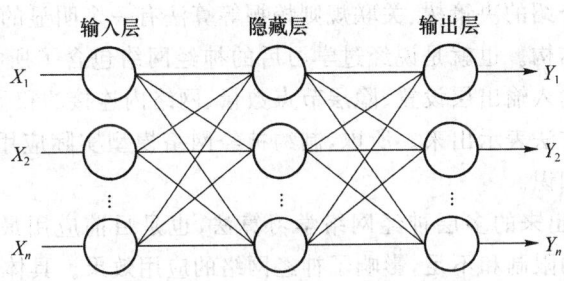

图 7-23 BP 网络模型

为了方便说明 BP 算法,现假设有一个 m 层的神经网络,并在输入层加入样本 X;设第 k 层的 i 神经元的输入总和为 U_i^k,输出为 X_i^k;从第 $k-1$ 层的第 j 个神经元到第 k 层的第 i 个神经元的权系数为 W_{ij},各个神经元的激发函数为 f,则各个变量的关系可用下列有关数学式表示:

$$X_i^k = f(U_i^k)$$

$$U_i^k = \sum_j W_{ij} X_j^{k-1}$$

反向传播算法分两步进行,即正向传播和反向传播。

1) 正向传播

输入的样本从输入层经过隐单元一层一层进行处理,通过所有的隐层之后,传向输出层;在逐层处理的过程中,每一层神经元的状态只对下一层神经元的状态产生影响。在输出层把现有的输出和期望输出进行比较,如果计算得到的输出不等于期望输出,则进入反向传播过程。

2) 反向传播

反向传播时,把误差信号按原来正向传播的通路反向传回,并对每个隐层的各个神经元的权系数进行修改,以期望误差信号趋向最小。

算法的执行步骤如下。

(1) 对权系数 W_{ij} 置初值。对各层的权系数 W_{ij} 置一个较小的非零随机数,但其中 $W_{i,n+1} = -\theta$。

(2) 输入一个样本 $X = (x_1, x_2, \cdots, x_n, 1)$,以及对应期望输出 $Y = (Y_1, Y_2, \cdots, Y_n)$。

(3) 计算各层的输出对于第 k 层第 i 个神经元的输出 X_{ik}。

(4) 求各层的学习误差 d_{ik}。

(5) 计算修正权系数 W_{ij} 和阀值 θ。

(6) 当求出了各层各个权系数之后,可按给定品质指标判别是否满足要求。如果满足要求,则算法结束;如果未满足要求,则返回(3)执行。

这个学习过程,对于任一给定的样本 $X_p = (X_{p1}, X_{p2}, \cdots, X_{pm}, 1)$ 和期望输出 $Y_p = (Y_{p1}, Y_{p2}, \cdots, Y_{pn})$ 都要执行,直到满足所有输入输出要求为止。

完成学习后得到一个神经网络,利用该网络对当前训练数据集进行分类,分类结果满足精度要求。经过测试数据集的测试分类过程,检查网络学习的精度。如果精度能够满足要求,则网络学习完毕。得到的网络模型就是挖掘的结果。如果测试精度不能满足要求,则将测试分类错误的记录放入训练数据集中重新训练,直至网络精度达到要求。

另外，与决策树类似，神经网络也存在过拟合问题，需要通过剪枝来解决。神经网络的剪枝与决策树的类似，本节不再详述。

3. 神经网络及 BP 算法的缺陷

神经网络与之前介绍的决策树、关联规则挖掘等算法有一个明显的区别，该模型得到的知识体现为神经网络的结构。也就是说经过学习后的神经网络包含了所挖掘到的知识，这些知识一般包括了网络的输入输出层设置、隐层节点数量、网络内连接的权值等。而这些知识目前来看无法用更直观的方法表示出来。所以，制约神经网络模型实际应用的一个重要问题是无法理解和解释所得的知识。

BP 算法是最早提出来的多层神经网络学习算法，也是目前应用最广泛的算法，但是 BP 算法本身存在着一定的限制和不足，影响了神经网络的应用效果。具体说明如下。

1) BP 训练的时间长，收敛慢

这一缺点由多方面原因造成。一个原因是 BP 采用的学习速率不易确定。学习速率取得大会引起算法的振荡，使其不能收敛；取得小则会大大降低收敛速度，延长学习时间。另一个原因，由于 BP 模型的活化函数使用的 Sigmoid 函数局部性能不好，存在饱和区且导数范围窄。结合 BP 使用的最快梯度下降法后，算法在解空间的某个平坦范围内的权值改变量极小，对权值的调整过程变慢甚至停滞不前，最终导致算法无法收敛。

2) 没有全局收敛能力

BP 算法已有理论保证可以使权值收敛到一个解，但是无法保证收敛到误差超平面的全局最小值，也就是只有局部搜索能力。造成这个缺陷的原因也是由于它采用了梯度下降法。因为对于复杂的系统来说，误差函数是多维的空间曲面，在这个曲面上存在大量的局部极值点。而 BP 算法总是沿着误差下降速度最快的方向——梯度方向来学习，这样算法很可能在训练过程中陷入某个局部极值点的"山谷"区域，又因为 BP 没有跳出"山谷"的能力——在此点向各个方向变化都使误差增加，最终使算法收敛到局部极值点。

鉴于以上缺陷，人们对 BP 算法的改进工作一直没有停止。一般针对 BP 的改进工作从两方面入手：针对训练算法改进、结合其他算法改进。目前针对训练算法的改进一般把提高网络训练速度作为主要目的，可以分为基于标准梯度下降法的改进、基于数值优化理论的改进。在结合其他算法方面，主要有结合进化计算的改进和结合模拟退火机的改进。这种改进的主要目的在于利用具有全局搜索能力的方法来结合神经网络学习算法使得结合算法最终可以收敛在全局最优值上。

7.2.4 其他分类方法

1. 贝叶斯分类

贝叶斯分类算法是基于贝叶斯定理构造出来的一种统计学分类方法，它在处理大规模数据库时表现出较高的分类准确性和运算性能，其分类性能与决策树和神经网络相比并不逊色。

朴素贝叶斯分类假定一个属性值对给定类的影响独立于其他属性的值。该假定称作条件独立。人们出于简化计算的考虑做此假定，并称之为"朴素的"。而在实际中，变量间的相互依赖情况较为常见。贝叶斯信念网络是图形模型。它通过对朴素贝叶斯分类算法进行改造，用概率测度的权重来描述数据间的相关性，可以处理不完整和带有噪声的数据集。

贝叶斯定理给出了用先验概率计算后验概率的办法。设 X 是未知类别属性的数据样本，H 为某种假设，如果数据样本 X 属于某个特定的类，则用 $P(H|X)$ 表示 X 条件下 H 发生的

概率，$P(X|H)$ 表示 H 条件下 X 发生的概率，$P(H)$ 表示 H 事件发生的概率，$P(X)$ 表示 X 属于某个特定的类事件发生的概率。其中，$P(H)$ 和 $P(X)$ 为先验概率，是根据现有资料得到的，$P(H|X)$ 和 $P(X|H)$ 为后验概率。由贝叶斯定理可知，

$$P(H|X) = \frac{P(X|H)P(H)}{P(X)}$$

朴素贝叶斯分类的分类过程如下：

(1) 给定一个具有 n 个属性的数据样本集。每个数据样本用一个 n 维向量 $\boldsymbol{X} = (\boldsymbol{x}_1, \boldsymbol{x}_2, \cdots, \boldsymbol{x}_n)$ 表示，向量的每个分量 $\boldsymbol{x}_i$ 分别是样本的对应属性的 a_i 值。

(2) 假定有 m 个类 $C_1, \cdots C_m$。对于数据样本 $\boldsymbol{X}$，分类法预测 $\boldsymbol{X}$ 属于类 C_i，当且仅当 $P(c_i|x) > P(c_j|x), 1 \leqslant j \leqslant m, j \neq i$。根据贝叶斯定理：

$$P(c_i|x) = \frac{P(\boldsymbol{X}|C_i)P(C_i)}{P(\boldsymbol{X})}$$

由于 $P(\boldsymbol{X})$ 对于所有的类都是常数，因此，只需要 $P(\boldsymbol{X}|C_i)P(C_i)$ 最大即可。如果类的先验概率未知，则通常假定样本属于这些类是等概率的，也就是说 $P(C_1) = P(C_2) = \cdots = P(C_m)$。因此需要对 $P(\boldsymbol{X}|C_i)$ 最大化，即可找到样本 $\boldsymbol{X}$ 所属的类别。

(3) 计算 $P(\boldsymbol{X}|C_i)$。朴素贝叶斯分类假设各类之间独立，则

$$P(\boldsymbol{X}|C_i) = \prod_{k=1}^{n} P(x_k|C_i)$$

如果 A_k 是分类属性，则 $P(x_k|C_i) = \frac{S_{ik}}{S_i}$，其中 S_{ik} 是类中在属性 A_k 上有值 X_k 的类 C_i 的训练样本数，而 S_i 是 C_i 中的训练样本数。

(4) 将样本 $\boldsymbol{X}$ 归类。对每个类 C_i，计算 $P(\boldsymbol{X}|C_i)P(C_i)$。样本 $\boldsymbol{X}$ 被划分到类 C_i 中，当且仅当 $P(\boldsymbol{X}|C_i)P(C_i) > P(\boldsymbol{X}|C_j)P(C_j), 1 \leqslant j \leqslant m, j \neq i$。也就是说样本 $\boldsymbol{X}$ 被划分到 $P(\boldsymbol{X}|C_i)P(C_i)$ 最大的类 C_i 中。

朴素贝叶斯算法假定类条件独立，当假定成立时，该算法很精确。然而，在实践中变量之间有时存在依赖。贝叶斯信念网络(也可称为信念网络、贝叶斯网络)说明了联合条件分布，它允许在变量的子集之间定义类条件的独立性，提供了一种因果关系图形，可以在其上学习并根据学习结果进行分类。它克服了朴素贝叶斯分类方法无法定义变量之间的依赖关系的弱点。

2. k-最邻近方法

k-最近邻分类是基于类比学习的分类方法。训练样本是由 n 个数值属性所描述的。每个样本代表 n 维空间中的一个点，这样所有的样本就被存放在 n 维空间中。当给定一个未知(类别)数据对象，一个 k-最近邻分类器就搜索 n 维空间，并从中找出 k 个与未知数据对象最为接近的训练样本，这 k 个训练样本就是未知数据对象的"k 个最近邻"。所谓最近就是指 n 维空间中两点之间的欧氏距离，而 n 维空间中两点 $X = \{x_1, x_2, \cdots x_n\}$ 和 $Y = \{y_1, y_2, \cdots, y_n\}$ 之间的欧几里得距离为

$$d(X, Y) = \sqrt{\sum_{i=1}^{n}(x_i - y_i)^2}$$

这样未知类别的数据对象就被归属于这"k 个最近邻"中出现次数最多的类别。而当 $k = 1$ 时，未知类别的数据对象就被归属于最接近它的一个训练样本所具有的类别。

最近邻分类器是基于实例学习或懒惰学习方法的，因为它实际并没有(根据所给训练样本)构造一个分类器，而是将所有训练样本首先存储起来，当要进行分类时，就临时进行计算处

理。与积极学习方法,如决策树归纳方法和神经网络方法相比,后者在进行分类前就已构造好一个分类模型;但懒惰学习方法在当训练样本数目迅速增加时,会导致最近邻的计算量迅速增加。因此,懒惰学习方法需要有效的索引方法的支持。就学习而言,懒惰学习方法比积极学习方法要快,但懒惰学习方法在进行分类时,需要进行大量的计算,因此它要比积极学习方法慢许多。此外,与决策树归纳方法和神经网络方法不同的是,最近邻分类器认为每个属性的作用都是相同的(赋予相同权值),这样在属性集包含有许多不相关属性时,就会误导分类学习过程。

最近邻分类器也可以用于预测,也就是可以返回一个实数值作为一个未知数据对象的预测值。这时就可以取这"k 个最近邻"的输出实数值(作为类别值)的均值作为结果输出。

7.2.5 预测

在日常生活中经常会遇到这一类问题:在商业领域,会根据销售的历史记录预测未来的销售情况;金融系统会根据客户以往信用卡的使用情况,预测他未来的刷卡消费量。与前面介绍的分类方法的区别在于预测方法用于解决连续型数据的分析,其目的是从历史数据中自动推导出对给定数据的推广描述,从而能对未来数据进行预测。连续值的预测一般用回归统计技术建模。回归方法包括线性回归(linear regression)、多元回归(multiple regression)、非线性回归(polynomial regression)、泊松回归(Poisson regression)、对数回归(log-linear regression,有的称为逻辑线性回归)等。线性问题最简单,许多问题可以用线性回归来解决,复杂的问题可以通过对变量进行变换,将非线性问题转换成线性问题来处理。

下面介绍几种在预测中常用的回归分析方法。

1. 线性回归模型

一元线性回归模型可描述为

$$y = b_0 + b_1 x + u$$

其中:b_0 和 b_1 是未知参数;u 是剩余残差项或称随机扰动项,它反映了所有其他因素对因变量 y 的影响。

对于每一观察点 $(x_i, y_i)(i=1, 2, \cdots, n)$,满足

$$y_i = b_0 + b_1 x_i + u_i$$

运用最小二乘法等方法估计参数 b_0 和 b_1 的值,建立一元线性回归预测方程(式 7-1):

$$\hat{y} = \hat{b}_0 + \hat{b}_1 x \tag{7-1}$$

其中:$\hat{b}_0$ 和 $\hat{b}_1$ 分别是 b_0 和 b_1 的估计值,有

$$\hat{b}_1 = \frac{\sum(x_i - \bar{x})(y_i - \bar{y})}{\sum(x_i - \bar{x})^2}$$

$$\hat{b} = \bar{y} - b_1 \bar{x}$$

回归模型与实际数据的拟合程度、线性关系是否显著等因素直接影响未来的预测。为此,在实际预测之前需要对模型进行评价和检验。常用的检验方法有标准差、判定系数 R^2、相关系数、T 统计量显著性检验、F 检验等。通过这些检验可以判断拟合程度、相关程度和模型的显著性程度等。

当模型通过检验后,可以用来进行预测。预测可以分为点预测和区间预测两类。在一元线性回归中,所谓点预测就是当给定 $x=x_0$ 时,利用样本回归方程求出相应的样本拟合值 $\hat{y}_0=\hat{b}_0+\hat{b}_1 x_0$,以此作为因变量个别值 y_0 和其均值 $E(y_0)$ 的估计。

包含两个或两个以上自变量的回归称为多元回归。它是一元线性回归的扩展,涉及多个预测变量。当影响因变量 y 的自变量不止一个时,比如,有 m 个自变量 $x_1,\cdots,x_m$,这时 y 和 x 之间的线性回归模型为

$$y=\alpha+\beta_1 x_1+\cdots+\beta_m x_m+\varepsilon$$

此时响应变量 y 可以看作是一个多维特征向量的线性函数。可以用最小二乘法求解 α, $\beta_1,\cdots,\beta_m$。

2. 非线性回归模型

现实生活中更多的是非线性问题。对不呈现线性依赖的复杂情况,可以通过对变量进行变换,将非线性模型转换成线性模型,然后用最小二乘法求解。例如,若存在的对应关系为三次多项式关系:

$$y=\alpha+\beta_1 x+\beta_2 x^2+\beta_3 x^3$$

为将该方程转换成线性的,定义新变量

$$x_1=x, x_2=x^2, x_3=x^3$$

使用上面的定义,上面的三次多项式可以转换成线性形式,结果为

$$y=\alpha+\beta_1 x_1+\beta_2 x_2+\beta_3 x_3$$

然后使用最小二乘法求解。

7.2.6 分类与预测的实际应用

1. 决策树分类

有一位正在汇总研究数据的医学研究员,已收集了一组患有同一疾病的患者的数据。在治疗过程中,每位患者均对五种药物中的一种有明显反应。现有一项任务,需要通过数据挖掘找出适合治疗此疾病的药物。

运用 Spss Modeler 18 中的 DRUG1n 文件进行分析,该文件包含了 200 条记录,每条记录代表一个患者情况。字段说明见表 7-5。

表 7-5 字段说明

字段名	英文字段名	说明
年龄	Age	患者年龄
性别	Sex	患者性别男性(M)或女性(F)
BP	BP	患者血压,可取高、正常或低
胆固醇	Cholesterol	患者血液中的胆固醇含量,可取正常或高
Na	Na	血液中钠的浓度,浮点数值
K	K	血液中钾的浓度,浮点数值
药品	Drug	对患者有效的处方药

下面构建一个决策树模型,通过学习训练数据,实现对患者的药物推荐。

(1) 新建流。

(2) 选择数据源。由于该数据源为逗号分隔的纯文本文件,故使用变量文件节点,如图 7-24 所示。

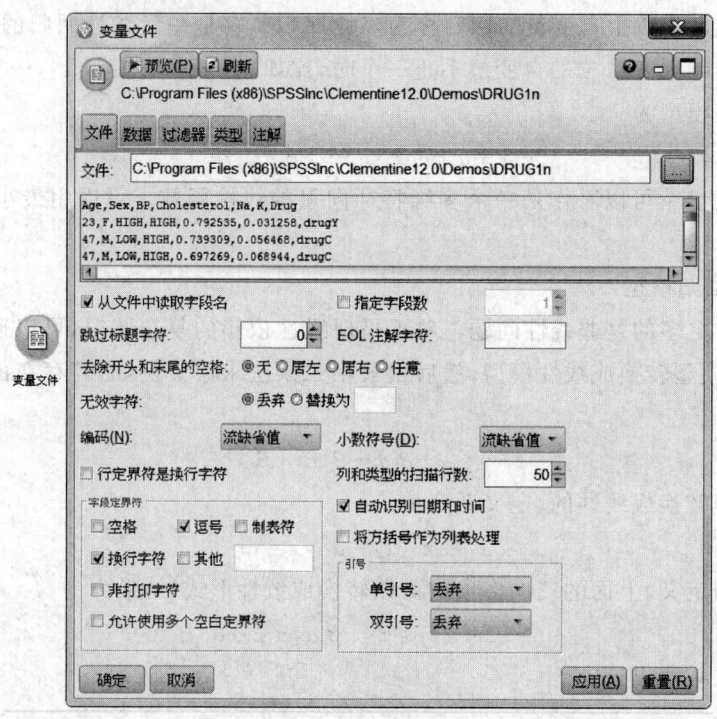

图 7-24　设置数据源

(3) 使用类型节点设置字段类型,将目标字段 Drug 设置为"目标",如图 7-25 所示。

图 7-25　设置字段类型

(4) 连接输出面板中的表格节点,运行当前流,显示全部数据,如图 7-26 所示。

	Age	Sex	BP	Cholesterol	Na	K	Drug
1	23	F	HIGH	HIGH	0.793	0.031	drugY
2	47	M	LOW	HIGH	0.739	0.056	drugC
3	47	M	LOW	HIGH	0.697	0.069	drugC
4	28	F	NORMAL	HIGH	0.564	0.072	drugX
5	61	F	LOW	HIGH	0.559	0.031	drugY
6	22	F	NORMAL	HIGH	0.677	0.079	drugX
7	49	F	NORMAL	HIGH	0.790	0.049	drugY
8	41	M	LOW	HIGH	0.767	0.069	drugC
9	60	M	NORMAL	HIGH	0.777	0.051	drugY
10	43	M	LOW	NORMAL	0.526	0.027	drugY
11	47	F	LOW	HIGH	0.896	0.076	drugC
12	34	F	HIGH	NORMAL	0.668	0.035	drugY
13	43	M	LOW	HIGH	0.627	0.041	drugY
14	74	F	LOW	HIGH	0.793	0.038	drugY
15	50	F	NORMAL	HIGH	0.828	0.065	drugX
16	16	F	HIGH	NORMAL	0.834	0.054	drugY
17	69	M	LOW	NORMAL	0.849	0.074	drugX
18	43	M	HIGH	HIGH	0.656	0.047	drugA
19	23	M	LOW	HIGH	0.559	0.077	drugC
20	32	F	HIGH	NORMAL	0.643	0.025	drugY
21	57	M	LOW	NORMAL	0.537	0.028	drugY
22	63	M	NORMAL	HIGH	0.616	0.024	drugY
23	47	M	LOW	NORMAL	0.809	0.026	drugY
24	48	F	LOW	HIGH	0.874	0.058	drugY
25	33	F	LOW	HIGH	0.858	0.026	drugY
26	28	F	HIGH	NORMAL	0.557	0.030	drugY
27	31	M	HIGH	HIGH	0.741	0.024	drugY

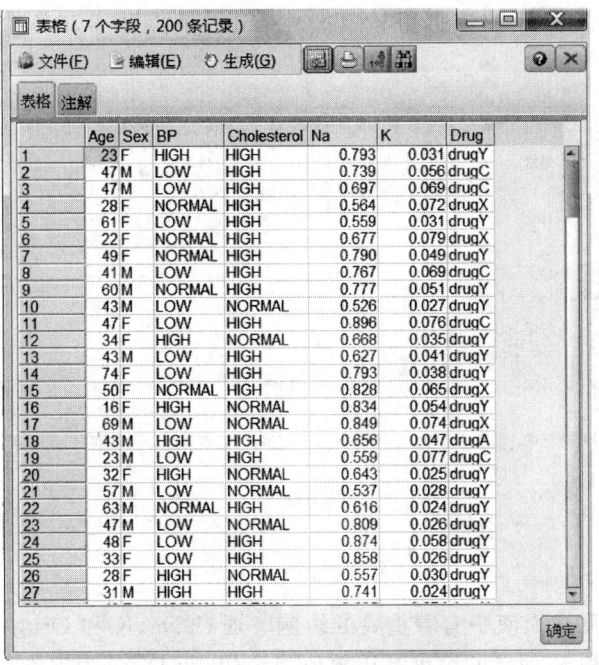

图 7-26　查看数据集

（5）可以绘制分布图，查看数据源的分布情况。将分布节点添加到流，并将其与源节点相连接，然后双击该节点以编辑要显示的选项。选择 Drug 作为要显示其分布的目标字段，如图 7-27 所示，然后，在对话框中单击执行。使用不同药物的分布情况如图 7-28 所示。

图 7-27　设置分布绘图节点

值	比例	%	计数
drugA		11.5	23
drugB		8.0	16
drugC		8.0	16
drugX		27.0	54
drugY		45.5	91

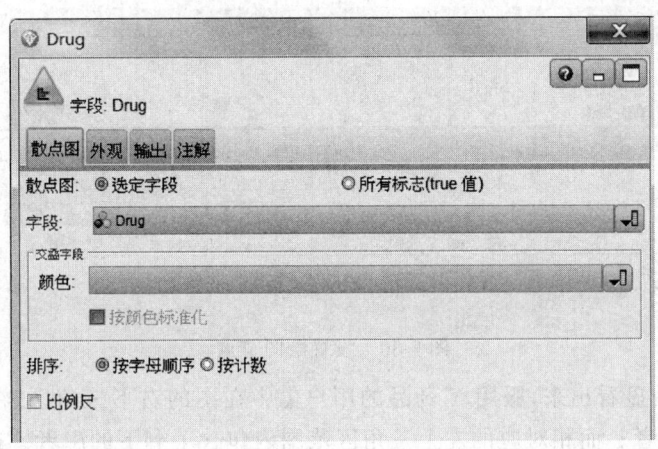

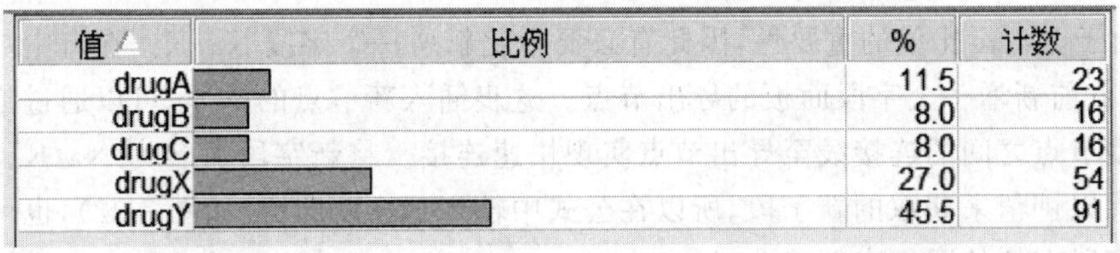

图 7-28　使用不同药物的分布情况

也可以使用输出工具箱的数据审核(Data Audit)节点获得对各个字段的分布描述,如图 7-29 所示。

字段	图形	测量	最小值	最大值	平均值	标准差	偏度	唯一	有效
Age		连续	15	74	44.315	16.544	0.030	--	200
Sex		标记	--	--	--	--	--	2	200
BP		名义	--	--	--	--	--	3	200
Choleste...		标记	--	--	--	--	--	--	200
Na		连续	0.500	0.896	0.697	0.119	-0.074	--	200
K		连续	0.020	0.080	0.050	0.018	-0.039	--	200
Drug		名义	--	--	--	--	--	5	200

图 7-29 查看各节点的分布

(6) 钠和钾的浓度在血液中有着重要的影响。通过 Na、K 和 Drug 的分布可以做简单的定性分析。由于 Na 和 K 两者的浓度是用数值表示的,而 Drug 为定类尺度,所以用颜色区分 Drug。通过创建一个关于 Na 和 K 的散点图,可以分析哪些因素会对药品(目标变量)产生影响。

选择 Na 作为 X 字段,选择 K 作为 Y 字段,并选择 Drug 作为交叠字段,如图 7-30 所示。然后单击执行,得到如图 7-31 所示的散点图。

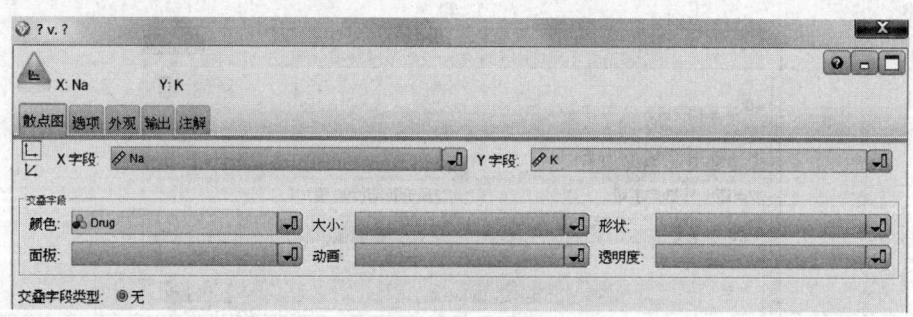

图 7-30 设置绘图节点

从图 7-31 可明显看出来,服用 Y 药品的用户集中在图的右下三角区,在这个区域内没有服用其他药品的患者。而相对应的左上三角区范围内包含了剩下的患者。这两个区域的分界线呈现线性的直线关系。该关系表示了 Na 与 K 的比值。由此可见 Na、K 的比值对于药物的选择非常重要。

(7) 由于 Na、K 比值的重要性,因此有必要为此新增一个字段 Na/K。在流中数据源节点后、类型节点前新增一个字段面板的导出节点。这步插入新节点的操作,可以通过拖拽数据源节点从类型节点之间的连接线至导出节点实现快速连接。将新字段命名为 Na/K。由于是通过将钠值除以钾值来获取的新字段,所以在公式中输入 Na/K 即可(如图 7-32),也可以通过单击紧挨该字段右侧的图标来创建公式。

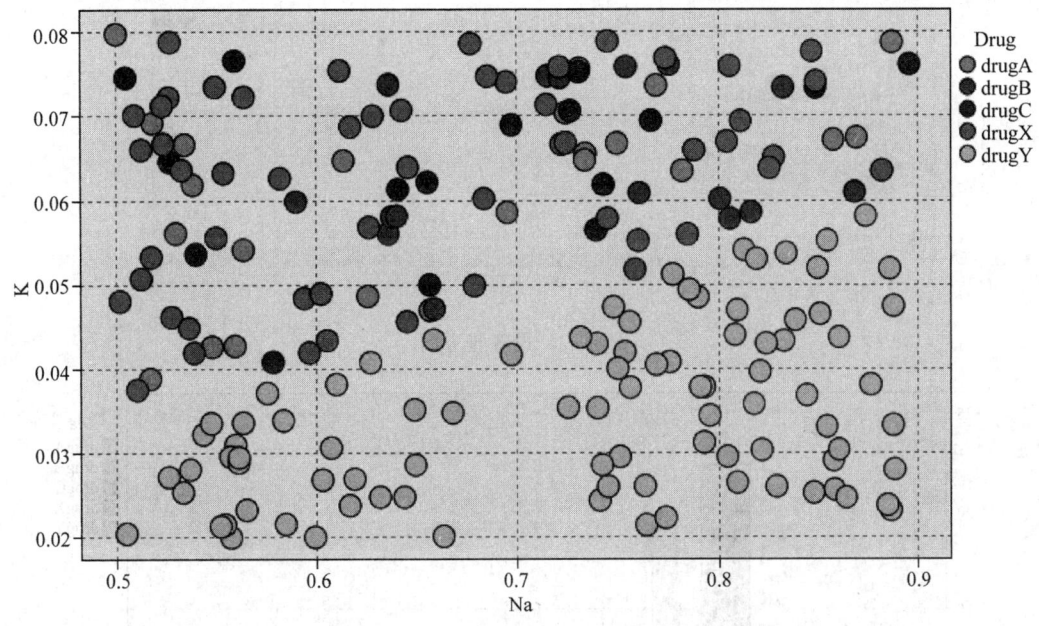

图 7-31 Na、K 与药品的关系图

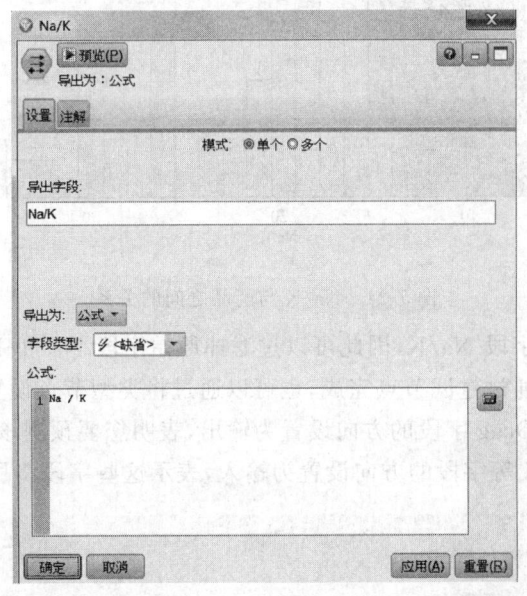

图 7-32 导出新字段

在插入导出节点后,重新打开类型节点,读取值。可以看到最后新加入的 Na/K 字段的类型已经设定好了范围。

(8) 可以通过将直方图节点添加到导出节点来检查新字段的分布情况。在直方图节点对话框中,将 Na/K 指定为要绘制的字段,并将 Drug 指定为交叠字段,如图 7-33 所示。

从图 7-34 可知,当 Na/K 字段的值等于或大于 15 时,应选择药品 Y。

(9) 通过研究和操作数据,可以得出假设结论:血液中钠与钾的比例以及血压似乎都会影响药品的选择,但还不能完全解释清楚所有关系。此时可以尝试使用决策树构建模型来拟合数据。

图 7-33　设置直方图

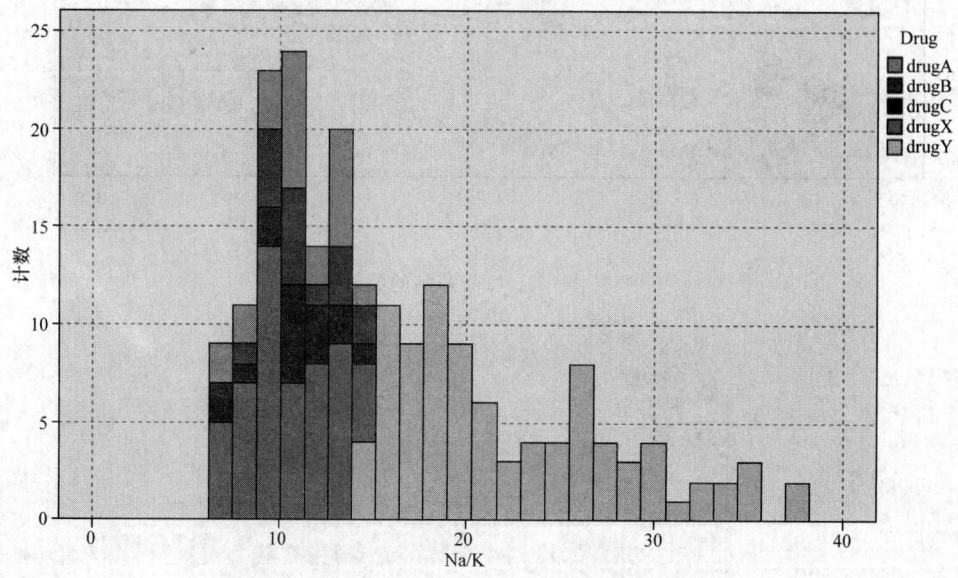

图 7-34　Na/K 与药品之间的关系

由于使用的是导出字段 Na/K，因此可以过滤掉原始字段 Na 和 K，以避免在建模算法中重复操作。上述操作可通过过滤节点完成，也可以通过将类型节点设置为"无"来完成。

如图 7-35 所示，将 Drug 字段的方向设置为输出，表明您要预测该药品字段；将 Age、Sex、BP、Cholesterol 和 Na/K 等字段的方向设置为输入，表示这些字段将用作预测变量。

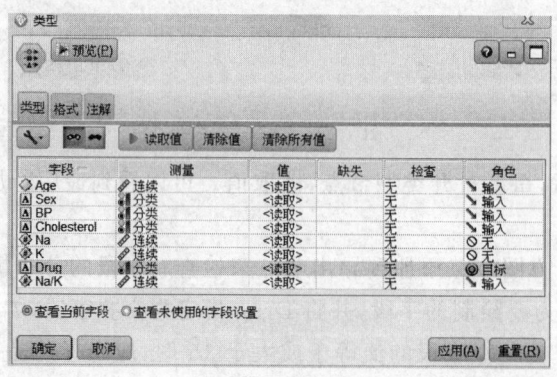

图 7-35　设置字段的方向

(10) 将 C5.0 决策树节点从模型工具箱中拖出来,连接在类型节点后,执行当前流。执行 C5.0 节点时,生成的模型节点(带有金块图标)将被添加到窗口右上角的"模型"选项卡中。要浏览模型,请右键单击此图标,然后从上下文菜单中选择"浏览",也可以将模型节点拖动到工作区中,双击打开。

图 7-36 为浏览模型。在默认的模型标签窗口中,左侧为规则浏览器,可逐次展开,查看所生成的所有规则。右侧为相关属性重要性窗口。从得到的规则中可以发现:对于 Na 与 K 的比小于 14.642 的高血压患者,年龄将决定应如何为他们选择药品;对于低血压患者,胆固醇含量似乎是最有力的预测变量。

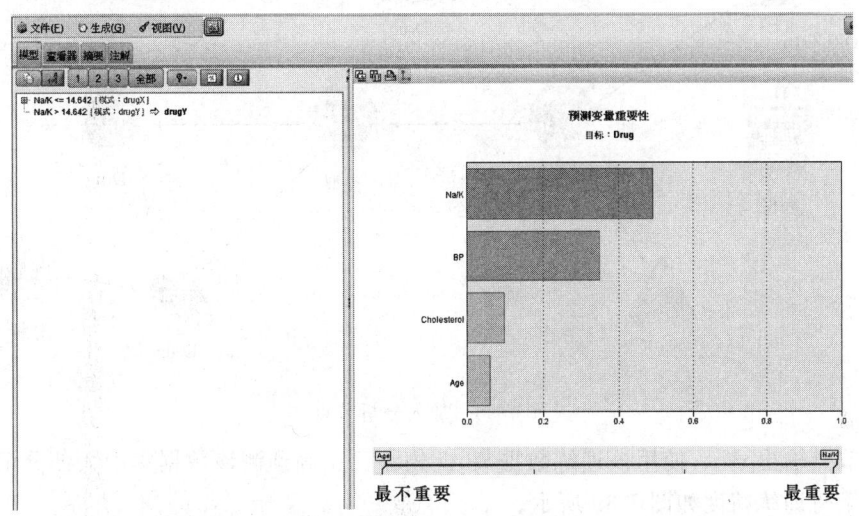

图 7-36 浏览模型

(11) 单击查看器标签,还能以更复杂的图表形式查看同一决策树。通过图 7-37 的形式,可以更轻松地查看各个血压类别的观测值数量以及各个观测值的百分比。

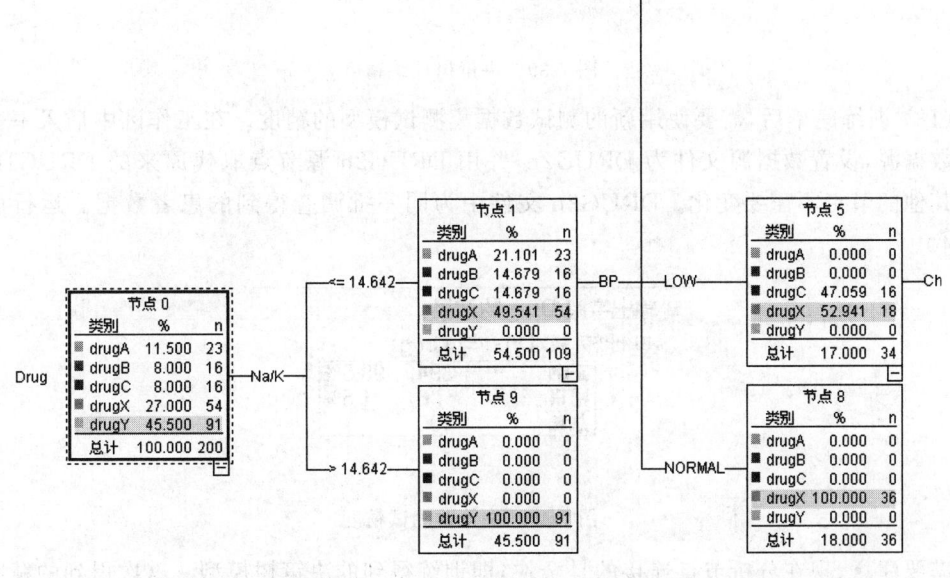

图 7-37 查看器

(12)可以使用分析节点评估模型的精确度。首先,将刚才拖到工作区的模型(金块)添加到流(放在类型节点后),在其后添加分析节点(从输出面板中添加)并执行该节点,如图7-38所示。

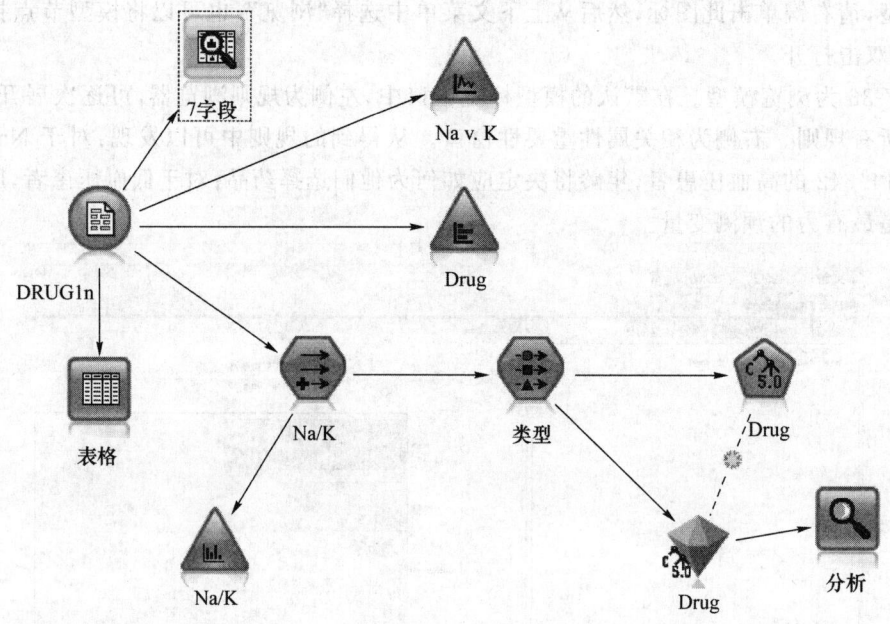

图7-38 加入分析节点

分析节点输出显示,使用该训练数据集,此模型已正确预测该数据集中大部分记录的药品选择。决策树训练精度如图7-39所示。

输出字段 Drug 的结果
比较 $C-Drug 与 Drug

正确	200	100%
错误	0	0%
总计	200	

图7-39 决策树训练精度

(13)训练完毕后,需要使用新的测试数据集测试模型的精度。在工作区中插入一个新的可变数据源,设置数据源文件为DRUG2n,并用DRUG2n源节点取代原来的DRUG1n源节点。其他的节点不需要变化。DRUG2n文件中为同一批调查得到的患者数据。运行后可得图7-40。

输出字段 Drug 的结果
比较 $C-Drug 与 Drug

正确	394	98.5%
错误	6	1.5%
总计	400	

图7-40 决策树测试精度

需要注意,现在分析节点连接的是金块,即训练得到的决策树模型。这次得到的精度略低于训练精度。测试精度可接受,未出现过拟合现象,该模型可以使用。

(14)与决策树类似,神经网络也能够处理这个问题。可以选择神经网络(neural net)模型测试该数据。比较一下两个模型得到的结果的差异。

在实际工作中,经常会出现训练数据集中的数据集中在某一个或几个类中,其余的类别中样本很少。这种情况一般需要做平衡(balance)处理后,才可训练模型。

操作过程可观看演示视频"决策树操作"。

此外,在数据处理时可以将连续的数据值处理为离散值,具体操作过程可观看演示视频"决策树离散化数据处理"。

决策树操作

决策树离散化数据处理

2. 神经网络预测

(1)下面使用神经网络来完成零售产品线和促销对销售的影响分析。这个例子使用 GOODS1n(图 7-41)和 GOODS2n 的数据文件,字段说明见表 7-6,数据挖掘过程包括探索、数据准备、训练和检验阶段。

	Class	Cost	Promotion	Before	After
1	Confection	23.990	1467	114957	122762
2	Drink	79.290	1745	123378	137097
3	Luxury	81.990	1426	135246	141172
4	Confection	74.180	1098	231389	244456
5	Confection	90.090	1968	235648	261940
6	Meat	69.850	1486	148885	156232
7	Meat	100.1...	1248	123760	128441
8	Luxury	21.010	1364	251072	268134
9	Luxury	87.320	1585	287043	310857
10	Drink	26.580	1835	240805	272863
11	Drink	65.230	1194	212406	227836
12	Meat	79.820	1596	174022	181489
13	Confection	41.390	1161	270631	283189
14	Meat	36.820	1151	231281	235722
15	Meat	44.050	1482	178138	185934
16	Drink	84.620	1623	247885	278031
17	Confection	51.820	1969	148597	165598
18	Confection	90.080	1462	215102	228696
19	Luxury	57.300	1842	246885	270082
20	Drink	11.020	1370	164984	176802

图 7-41 GOODS1n 数据源

表 7-6 字段说明

字段名	英文字段名	说明
类型	Class	商品类型
成本	Cost	成本
促销指数	Promotion	特定促销上所花费金额的指数
前收入	Before	促销之前的收入
后收入	After	促销之后的收入

(2)由于两个收入字段(即 Before 和 After)用绝对值来表示;但是,促销后收入的增长量(并假定收入增长源于促销)是更有用的数据。故此,通过字段面板的导出节点增加一个新字段。将新字段命名为增长率,公式为(After-Before) / Before * 100.0。

(3)绘制散点图,描述促销与销量增长率之间的关系。使用不同颜色以区别不同类型的商品,如图 7-42 所示。

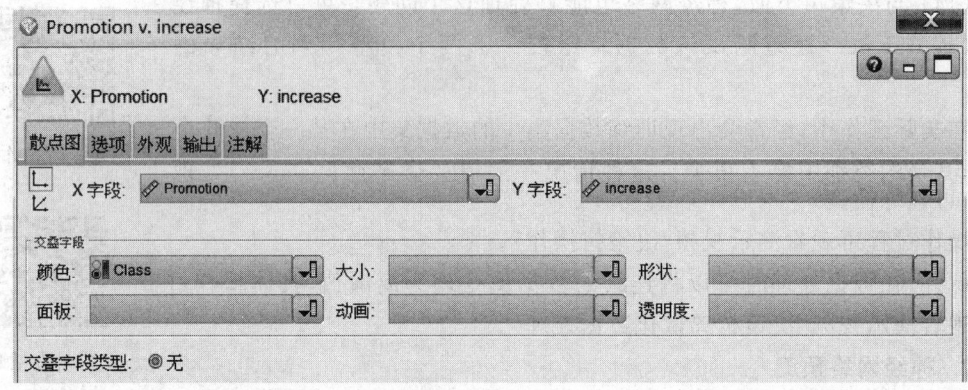

图 7-42　设置散点图

从图 7-43 中可以看出来,不同类型的商品对促销都产生了一定的响应。饮料类(Drink)更为明显。

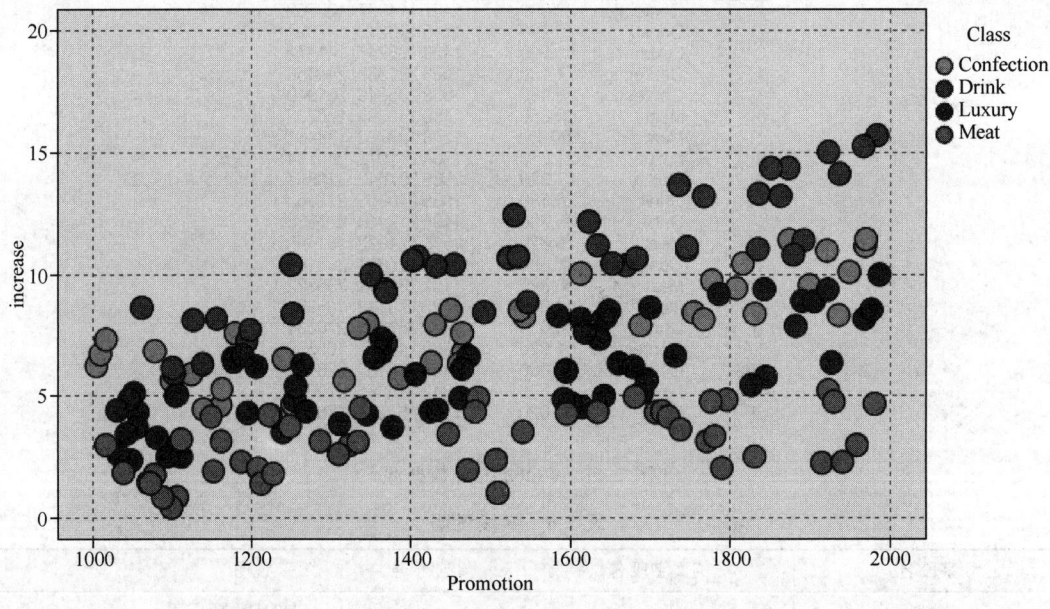

图 7-43　促销与销量增长率的关系

(4) 插入字段类型节点(见图 7-44),描述各个字段在分析模型中的作用。由于要分析促销行动对销量的影响,故此增长率是模型分析的目标,After 字段不参与模型。

(5) 插入神经网络模型节点,学习模型。

(6) 生成模型后,将生成的模型引入流,并更换数据源为 GOODS2n 测试模型。通过分析节点查看神经网络的预测精度。按照预测的增长量与正确答案之间的线性相关进行判断,可以发现已训练系统对收入增长率的预测成功率颇高。图 7-45 为神经网络预测的图示。

操作过程可观看演示视频"神经网络"。

神经网络

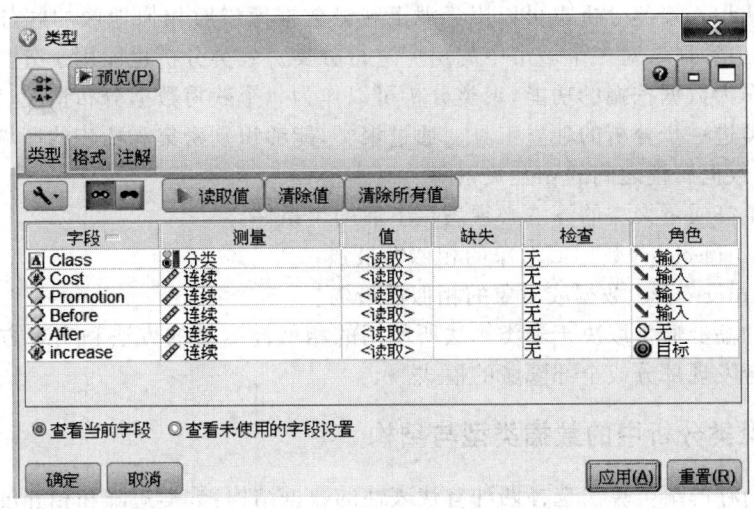

图 7-44　字段类型节点

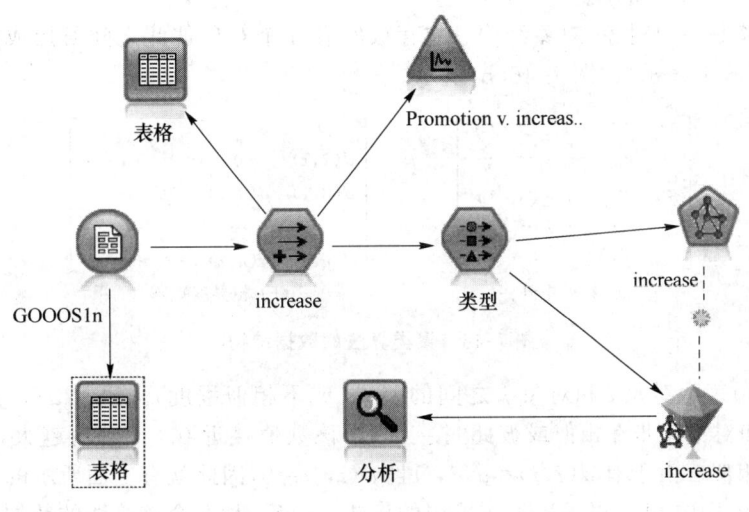

图 7-45　神经网络预测

7.3　聚类分析

7.3.1　聚类的定义

聚类是人类一项最基本的认识活动。通过适当聚类,事物才便于研究,事物的内部规律才可能为人类所掌握。所谓聚类就是按照事物的某些属性,把事物聚集成类,使类间的相似性尽可能小,类内相似性尽可能大。聚类是一个无监督的学习过程,它同分类的根本区别在于:分类需要事先知道所依据的数据特征,而聚类是要找到这个数据特征,因此,在很多应用中,聚类分析作为一种数据预处理过程,是进一步分析和处理数据的基础。例如:在商务中,聚类分析能够帮助市场分析人员从客户基本库中发现不同的客户群,并且用购买模式来刻画不同客户群的特征;在生物学中,聚类分析能用于推导植物和动物的分类,对基因进行分析,获得对种群中固有结构的认识。聚类分析也可以用于泥土观测数据库中对相似地区的区分,也可以根据房子的类型、价值和地域对一个城市中的房屋进行分类。聚类分析也能用于分类 Web 文档从而获得信息。作为数据挖掘的功能,聚类分析可以作为一个获得数据分布情况、观察每个类的特征和对特定类进一步分析的独立工具。通过聚类,能够识别密集和稀疏的区域,发现全局的分布模式,以及数据属性之间的相互关系等。

一个能产生高质量聚类的算法必须满足下面两个条件:
(1) 类内(intra-class)数据或对象的相似性最强;
(2) 类间(inter-class)数据或对象的相似性最弱。

聚类质量的高低通常取决于聚类算法所使用的相似性测量的方法和实现方式,同时也取决于该算法能否发现部分或全部隐藏的模式。

7.3.2 聚类分析中的数据类型与结构

许多基于内存的聚类算法选择两种有代表性的数据结构:数据矩阵和相异度矩阵。

数据矩阵是一个对象-属性结构。它是由 n 个对象组成的,如人,这些对象是利用 p 个属性来刻画,如图 7-46(a)所示。

相异度矩阵是一个对象-对象结构。它存放所有 n 个对象彼此之间所形成的差异。它一般采用 $n \times n$ 矩阵来表示,如图 7-46(b)所示。

$$\begin{bmatrix} x_{11} & \cdots & x_{1f} & \cdots & x_{1p} \\ \cdots & \cdots & \cdots & \cdots & \cdots \\ x_{i1} & \cdots & x_{if} & \cdots & x_{ip} \\ \cdots & \cdots & \cdots & \cdots & \cdots \\ x_{n1} & \cdots & x_{nf} & \cdots & x_{np} \end{bmatrix} \quad \begin{bmatrix} 0 & & & & \\ d(2,1) & 0 & & & \\ d(3,1) & d(3,2) & 0 & & \\ \vdots & \cdots & \cdots & \cdots & \\ d(n,1) & d(n,2) & \cdots & & 0 \end{bmatrix}$$

(a) 数据矩阵   (b) 相异度矩阵

图 7-46 聚类算法的数据结构

其中 $d(i,j)$ 表示对象 i 和对象 j 之间的差异(或不相似程度)。通常 $d(i,j)$ 为一个非负数。当对象 i 和对象 j 非常相似或彼此"接近"时,该数值接近 0。该数值越大,就表示对象 i 和对象 j 越不相似。由于有 $d(i,j)=d(j,i)$ 且 $d(i,i)=0$,因此就有上面所示的三角矩阵。

在具体的应用中,可以根据聚类所采用的算法,选择一种适合该算法的数据矩阵形式。

聚类分析起源于统计学,传统的分析方法大多是在数值类型数据的基础上研究的。然而数据挖掘的对象复杂多样,要求聚类分析的方法不仅能够用于属性为数值类型的数据,还要适应数据类型的变化。一般而言,在数据挖掘中,经常出现的对象属性的数据类型有区间标度变量、二元变量等。

1. 区间标度变量

区间标度变量是一个粗略线性标度的连续度量。典型的例子则包括重量和高度,经度和纬度坐标,以及大气温度等。为了将数据或对象集合划分成不同类别,必须定义差异性或相似性的测度来度量同一类别之间数据的相似性和不属于同一类别数据的差异性。同时要考虑到数据的多个属性使用的是不同的度量单位,这些将直接影响聚类分析的结果,所以在计算数据的相似性之前先要进行数据的标准化。

对于一个给定的有 n 个对象的 m 维(属性)数据集,主要有以下两种标准化方法。

(1) 平均绝对误差 S_p

$$S_p = \frac{1}{n} \sum_{i=1}^{n} |x_{ip} - m_p|$$

这里 x_{ip} 表示的是第 i 个数据对象在属性 p 上的取值，m_p 是属性 p 上的平均值，即

$$m_p = \frac{1}{n}\sum_{i=1}^{n} x_{ip}$$

(2) 标准化度量 Z_p

$$Z_p = \frac{x_{ip} - m_p}{S_p}$$

这个平均的绝对误差 S_p 比标准差 σ_p 对于孤立点具有更好的鲁棒性。在计算平均绝对偏差时，属性值与平均值的偏差 $|x_{ip} - m_p|$ 没有平方，因此孤立点的影响在一定程度上被减小了。

数据标准化处理以后就可以进行属性值的相似性测量，通常是计算对象间的距离。对于 n 维向量 $\boldsymbol{x}_i$ 和 $\boldsymbol{x}_j$，有以下几种距离函数。

① 欧氏距离

$$D(\boldsymbol{x}_i, \boldsymbol{x}_j) = \|\boldsymbol{x}_i - \boldsymbol{x}_j\| = \sqrt{\sum_{k=1}^{n}(\boldsymbol{x}_{ik} - \boldsymbol{x}_{jk})^2}$$

② 曼哈顿距离

$$D(\boldsymbol{x}_i, \boldsymbol{x}_j) = \sum_{k=1}^{n}|\boldsymbol{x}_{ik} - \boldsymbol{x}_{jk}|$$

一般化的明氏（Minkowaki）距离

$$D_m(\boldsymbol{x}_i, \boldsymbol{x}_j) = \left[\sum_{k=1}^{n}(\boldsymbol{x}_{ik} - \boldsymbol{x}_{jk})^m\right]^{1/m}$$

当 $m=2$ 时，明氏距离 D_m 即为欧氏距离；当 $m=1$ 时，明氏距离即为曼哈顿距离。
对于欧氏距离和曼哈顿距离满足以下条件。

(a) $D(\boldsymbol{x}_i, \boldsymbol{x}_j) \geqslant 0$：距离是一个非负数值。
(b) $D(\boldsymbol{x}_i, \boldsymbol{x}_j) = 0$：对象与自身的距离是零。
(c) $D(\boldsymbol{x}_i, \boldsymbol{x}_j) = D(\boldsymbol{x}_j, \boldsymbol{x}_i)$：距离函数具有对称性。
(d) $D(\boldsymbol{x}_i, \boldsymbol{x}_j) \leqslant D(\boldsymbol{x}_i, \boldsymbol{x}_k) + D(\boldsymbol{x}_k, \boldsymbol{x}_j)$：$\boldsymbol{x}_i$ 到 $\boldsymbol{x}_j$ 的距离不会大于 $\boldsymbol{x}_i$ 到 $\boldsymbol{x}_k$ 和 $\boldsymbol{x}_k$ 到 $\boldsymbol{x}_j$ 的距离之和（三角不等式）。

2. 二元变量

二元变量只有两个状态：0 和 1。其中二元变量又分为对称的二元变量和不对称的二元变量。前者是指变量的两个状态不具有优先权，后者对于不同的状态其重要性是不同的。

对于二元变量，度量两个变量的差异度由简单匹配系数（对称的情况）和 Jaccard 系数（非对称的情况）决定。设两个对象 x_i 和 x_j，q 是属性值在两个对象中都为 1 的属性个数，r 是属性值在 x_i 中为 1 而在 x_j 中为 0 的属性个数，s 是属性值在 x_i 中为 0 而在 x_j 中为 1 的属性个数，t 是属性值在两个对象中都为 0 的属性个数。

(1) 简单匹配系数

$$d(x_i, x_j) = \frac{r+s}{q+r+s+t}$$

(2) Jaccard 系数

$$d(x_i, x_j) = \frac{r+s}{q+r+s}$$

7.3.3 层次方法

一个层次的聚类方法将数据对象组成一棵聚类的树。根据树的形成过程，即层次分解的

方向是自底向上还是自顶向下，层次的聚类方法可以进一步分为凝聚的(agglomerative)和分裂的(divisive)层次聚类。一旦一个合并或分裂被执行，就不能修正，因此一个纯粹的层次聚类方法的聚类质量受到了一定的限制。

(1) 凝聚的层次聚类：这种自底向上的策略首先将每个对象作为一簇，然后合并这些原子簇为越来越大的簇，直到所有的对象都在一个簇中，或者某个终结条件被满足。绝大多数层次聚类方法属于这一类，它们只是在簇间相似度的定义上会有所不同。

(2) 分裂的层次聚类：这种自顶向下的策略与凝聚的层次聚类相反，它首先将所有对象置于一个簇中，然后逐渐细分为越来越小的簇，直到每个对象自成一簇，或者达到某个终结条件，例如，达到了某个希望出现的簇数目，或者两个最近的簇之间的距离超过了某个阈值。

图 7-47 展示了如何在数据对象集合$\{a,b,c,d,e\}$上开展凝聚和分裂层次聚类。

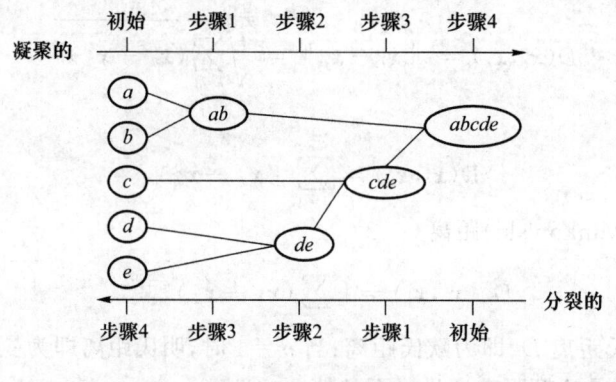

图 7-47　层次聚类

图 7-47 描述了一个凝聚的层次聚类方法 AGNES(Agglomerative Nesting) 和一个分裂的层次聚类方法 DIANA(Divisive Analysis)在一个包含五个对象的数据集合$\{a,b,c,d,e\}$上的处理过程。最初，AGNES 将每个对象作为一个簇，然后这些簇根据某些准则被一步步地合并。在 DIANA 方法的处理过程中，所有的对象初始都放在一个簇中。根据一些原则(如簇中最临近对象的最大欧式距离)将该簇分裂。簇的分裂过程反复进行，直到最终每个新的簇只包含一个对象。

层次聚类方法尽管原理简单，但实践过程中经常会遇到合并或分裂点选择的困难。此时对选择的决定是非常关键的，因为一旦一组对象被合并或者分裂，下一步的处理将在新生成的簇上进行，即已做的处理不能被撤销，聚类之间也不能交换对象。如果在某一步没有很好地做出关于合并还是分裂的选择，就可能会导致低质量的聚类结果。而且，这种聚类方法没有很好的可伸缩性，不能满足合并或分裂的决定，需要检查或估算大量的对象或簇的要求。

7.3.4　划分方法

给定一个有 n 个对象或元组的数据库，一个划分方法构建数据的 k 个划分，每个划分表示一个聚簇，并且 $k \leq n$，也就是说，将数据划分为 k 个组，同时满足如下的要求：(a)每个组至少包含一个对象；(b)每个对象必须属于且只属于一个组。

划分方法首先根据给定要构建划分的数目 k 创建一个初始划分，然后采用一种迭代的重定位技术，尝试通过对象在划分间的移动来改进划分。一个好的划分的一般准则是：在同一类中的对象之间尽可能接近或相关，而不同类中的对象之间尽可能远离或不同。为了达到全局最优，基于划分的聚类会要求穷举所有可能的划分。实际上，绝大多数应用采用了以下两个比较流行的启发式方法:(a)k-平均(k-means)算法,在该算法中,每个簇用该簇中对象的平均值来表示;(b)k-中心点(k-medoids)算法,在该算法中,每个簇用接近聚类中心的一个对象来表示。下面详细介绍这两种算法。

1. k-means 算法

k-means 算法首先随机选择 k 个对象,每个对象代表一个聚类的质心。对于其余的每一个对象,根据该对象与各聚类质心之间的距离,把它分配到与之最相似的聚类中。然后,计算每个聚类的新质心。重复上述过程,直到准则函数会聚。通常采用的准则函数是平方误差准则函数。

k-means 聚类算法的具体步骤如下。

(1) 从数据集中选择 k 个质心 $C_1, C_2, \cdots, C_k$ 作为初始的聚类中心。

(2) 把每个对象分配到与之最相似的聚合中。每个聚合用其中所有对象的均值来代表,"最相似"就是指距离最小。对于每个点 V_i,找出一个质心 C_j,使它们之间的距离 $d(V_j, C_j)$ 最小,并把 V_i 分配到第 j 组。

(3) 把所有的点都分配到相应的组之后,重新计算每个组的质心 C_j。

(4) 循环执行第(2)步和第(3)步,直到数据的划分不再发生变化。

该算法具有很好的可伸缩性,其计算复杂度为 $O(nkt)$,其中,t 是循环的次数。k-means 聚类算法的不足之处在于它要多次扫描数据库,此外,它只能找出球形的类,而不能发现任意形状的类。还有,初始质心的选择对聚类结果有较大的影响,该算法对噪声很敏感。

2. k-medoids 算法

k-medoids 算法的过程和上述 k-means 的算法过程相似,唯一不同之处是,k-medoids 算法用类中最靠近中心的一个对象来代表该聚类,而 k-means 算法用质心来代表聚类。k-means 算法对噪声非常敏感,因为一个极大的值会对质心的计算带来很大的影响。而在 k-medoid 算法中,通过用中心来代替质心,可以有效地消除该影响。

k-medoids 算法首先随机选择 k 个对象,每个对象代表一个聚类,把其余的对象分别分配给最相似的聚类。然后,尝试把每个中心分别用其他非中心来代替,检查聚类的质量是否有所提高。若是,则保留该替换。重复上述过程,直到不再发生变化。

常见的 k-medoids 算法有 PAM(partitioning around medoids)算法、CLARA(clustering large application)算法、CLARANS(clustering large application based upon randomized search)算法。当存在噪声和孤立点数据时,k-medoids 算法比可 k-means 更健壮,这是因为中心点不像平均值那么容易被极端数据影响。但是,k-medoids 算法的执行代价比 k-means 高。

总之,划分方法具有线性复杂度,聚类的效率高的优点。然而,由于它要求输入数字 k 确定结果簇的个数,并且不适合于发现非凸面形状的簇,或者大小差别很大的簇,所以这些启发式聚类方法适用于在中小规模的数据库中发现球状簇。为了对大规模的数据集进行聚类,以及处理复杂形状的聚类,基于划分的方法需要进一步的扩展。

7.3.5 聚类的实际应用

下面用 Spss Modeler 18 的实例来说明聚类中 k-means 算法的建模过程。

该模型范例主要是根据收集的个人的一系列属性把人群进行聚类分析并分为 k(这里取 5)类的过程。

数据集是 snapshottrainN.db(见图 7-48),以下是该数据集的总览及一系列属性的含义的说明。

	id	age	sex	region	income	married	children	car	save_act	current_act	mortgage	pep
1	ID12401	19	FEMALE	INNER CITY	8162.4...	YES	1	Y...	YES	YES	YES	NO
2	ID12402	37	FEMALE	TOWN	15349...	YES	0	NO	YES	NO	NO	NO
3	ID12403	45	FEMALE	TOWN	29231...	YES	0	NO	YES	NO	NO	NO
4	ID12404	49	MALE	RURAL	41462...	YES	3	NO	YES	YES	NO	NO
5	ID12405	67	FEMALE	RURAL	57398...	NO	3	NO	YES	YES	NO	YES
6	ID12406	35	FEMALE	RURAL	11520...	YES	0	NO	NO	YES	NO	NO
7	ID12407	63	MALE	INNER CITY	52117...	NO	2	Y...	YES	NO	NO	YES
8	ID12408	38	MALE	RURAL	26281...	NO	0	Y...	YES	NO	NO	YES
9	ID12409	48	MALE	TOWN	25683...	NO	2	Y...	YES	NO	NO	NO
10	ID12410	28	FEMALE	INNER CITY	11920...	NO	1	NO	YES	YES	NO	NO
11	ID12411	46	MALE	TOWN	30658...	YES	0	NO	YES	YES	NO	NO
12	ID12412	66	FEMALE	INNER CITY	36646...	NO	1	NO	YES	YES	NO	YES
13	ID12413	61	FEMALE	TOWN	30760...	YES	2	Y...	NO	YES	NO	YES
14	ID12414	18	FEMALE	TOWN	16109...	NO	2	Y...	YES	NO	NO	NO
15	ID12415	54	FEMALE	TOWN	18036...	YES	0	Y...	YES	NO	NO	NO
16	ID12416	45	FEMALE	RURAL	42628...	NO	0	Y...	YES	YES	NO	NO
17	ID12417	60	MALE	INNER CITY	22110...	NO	2	Y...	YES	NO	NO	NO
18	ID12418	45	FEMALE	TOWN	37689...	NO	1	NO	YES	YES	YES	NO
19	ID12419	31	MALE	INNER CITY	23171...	NO	2	NO	YES	NO	NO	NO
20	ID12420	39	MALE	SUBURBAN	21951...	NO	0	Y...	YES	NO	NO	NO
21	ID12421	53	MALE	INNER CITY	38103...	NO	2	Y...	YES	NO	NO	YES
22	ID12422	35	MALE	RURAL	22882...	YES	0	Y...	NO	NO	YES	YES
23	ID12423	25	FEMALE	TOWN	11043...	YES	1	Y...	NO	YES	NO	YES
24	ID12424	32	MALE	TOWN	24027...	NO	0	NO	YES	NO	NO	YES
25	ID12425	36	MALE	SUBURBAN	28495...	YES	0	NO	YES	NO	YES	YES
26	ID12426	24	FEMALE	TOWN	9465.2...	NO	0	NO	NO	NO	NO	NO
27	ID12427	39	MALE	INNER CITY	34852...	YES	1	NO	YES	NO	YES	YES
28	ID12428	27	MALE	INNER CITY	21268...	YES	0	NO	YES	YES	YES	YES
29	ID12429	57	FEMALE	RURAL	50849...	NO	1	NO	YES	NO	YES	YES
30	ID12430	27	FEMALE	TOWN	18555...	YES	3	NO	NO	YES	NO	NO

图 7-48　数据集 snapshottrainN. db

其中字段说明如下：

- id. 个人唯一的标识符
- age. 个人年龄
- sex. 个人性别
- region. 个人居住地区（INNER_CITY 城市/TOWN 城镇/RURAL 农村）
- income. 个人收入
- married. 个人婚姻状况
- children. 个人子女状况
- car. 个人有车否
- sav_act. 个人是否存在存款历史
- current_act. 个人是否被调查时仍有存款
- mortage. 个人是否有抵押贷款
- pep. 个人购买保险状况

可以使用 Spss Modeler 18 建立一个 k-means 聚类模型，以上述一系列属性值进行 k-means 聚类，按预先设定把人群的分为五类。

首先插入一个变量文件节点，双击该节点，在文件框输入 snapshottrainN. db 的物理路径，如图 7-49 所示。

其次，在建模之前，需要将一个过滤节点加到目前的流程中。把不需要的维度过滤掉，如客户 id，如图 7-50 所示。

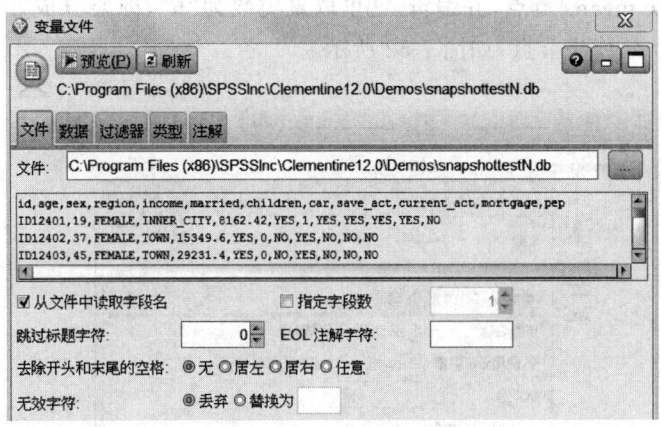

图 7-49 变量文件节点

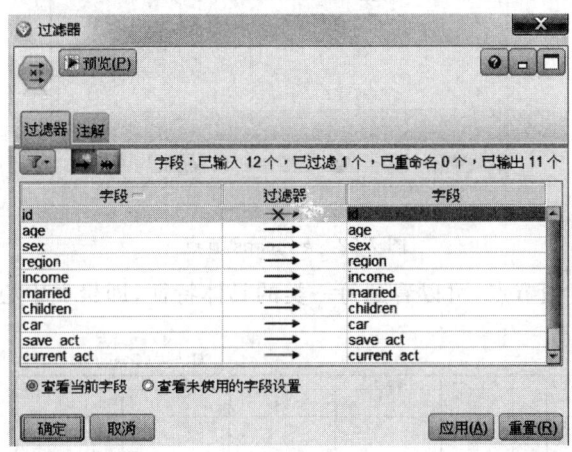

图 7-50 过滤节点

之后，将一个类型节点加到目前的流程中。因为聚类分析是根据所有字段来进行聚类分析，且不是一个可监督的学习过程，所以所有维度均可认为是输入，不做输出。因此，这里把所有字段均设为输入，并单击"应用"，如图 7-51 所示。

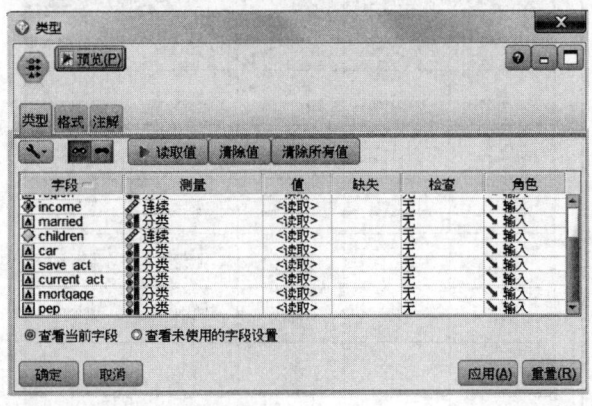

图 7-51 类型节点

之后连接一个 k-means 节点,并编辑,这里取聚类数为"5",即要分成 5 类,其他选项不做修改。k-means 节点是算法节点,如图 7-52 所示。

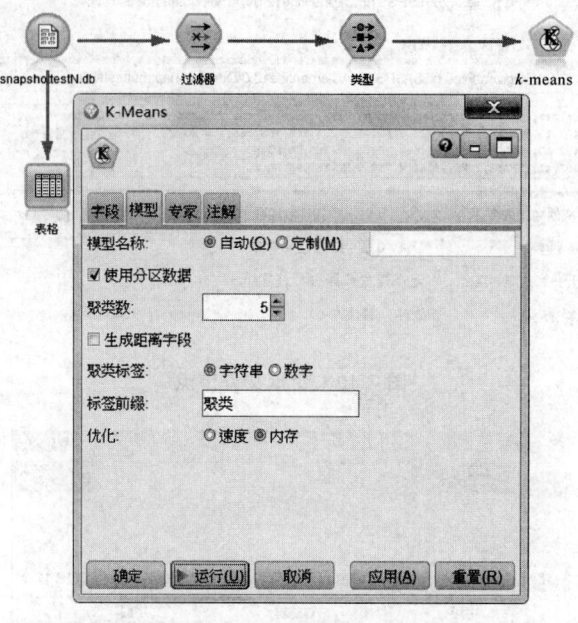

图 7-52 k-means 节点

浏览模型窗口的模型节点,可以看到每一类的具体特征,即聚类中心,如图 7-53 所示。

聚类 标签	聚类-1	聚类-2	聚类-4	聚类-5	聚类-3
描述					
大小	26.7% (80)	21.7% (65)	17.7% (53)	17.3% (52)	16.7% (50)
输入	pep NO (97.5%)	pep YES (100.0%)	pep NO (100.0%)	pep YES (100.0%)	pep NO (60.0%)
	current_act YES (100.0%)	current_act YES (93.8%)	current_act YES (73.6%)	current_act YES (73.1%)	current_act NO (100.0%)
	save_act YES (87.5%)	save_act YES (98.5%)	save_act YES (62.3%)	save_act NO (98.1%)	save_act YES (66.0%)
	car YES (73.8%)	car NO (53.8%)	car NO (100.0%)	car YES (51.9%)	car YES (74.0%)
	mortgage YES (53.8%)	mortgage NO (83.1%)	mortgage NO (98.1%)	mortgage YES (53.8%)	mortgage YES (58.0%)
	married YES (67.5%)	married NO (63.1%)	married YES (84.9%)	married YES (53.8%)	married YES (88.0%)
	income 25,344.56	income 35,335.47	income 26,137.12	income 22,769.92	income 28,912.32
	children 1.11	children 1.25	children 0.87	children 0.44	children 1.02
	age 40.34	age 47.85	age 41.00	age 38.15	age 46.30

图 7-53 聚类特征

在 Spss Modeler 18 中，黄色的模型节点会自动连接进数据流中，我们可以在其后添加表格，对表格进行查看，通过＄KM-K-Means 维度，可以查看数据表中每一个元组属于哪一类，如图 7-54 所示。

	n	car	save_act	current_act	mortgage	pep	$KM-K-Means
1	1	Y...	YES	YES	YES	NO	聚类-1
2	0	NO	YES	NO	NO	NO	聚类-4
3	0	NO	YES	NO	NO	NO	聚类-4
4	3	NO	YES	YES	YES	NO	聚类-1
5	3	NO	YES	YES	NO	YES	聚类-2
6	0	NO	NO	YES	NO	NO	聚类-4
7	2	Y...	YES	YES	NO	YES	聚类-2
8	0	Y...	YES	YES	NO	YES	聚类-2
9	2	Y...	YES	YES	NO	NO	聚类-1
10	1	NO	YES	YES	NO	NO	聚类-4
11	0	NO	YES	YES	NO	NO	聚类-4
12	1	NO	YES	YES	NO	YES	聚类-2
13	2	Y...	NO	YES	NO	YES	聚类-2
14	2	Y...	YES	YES	NO	NO	聚类-1
15	0	Y...	YES	NO	NO	NO	聚类-3
16	0	Y...	YES	YES	YES	NO	聚类-1

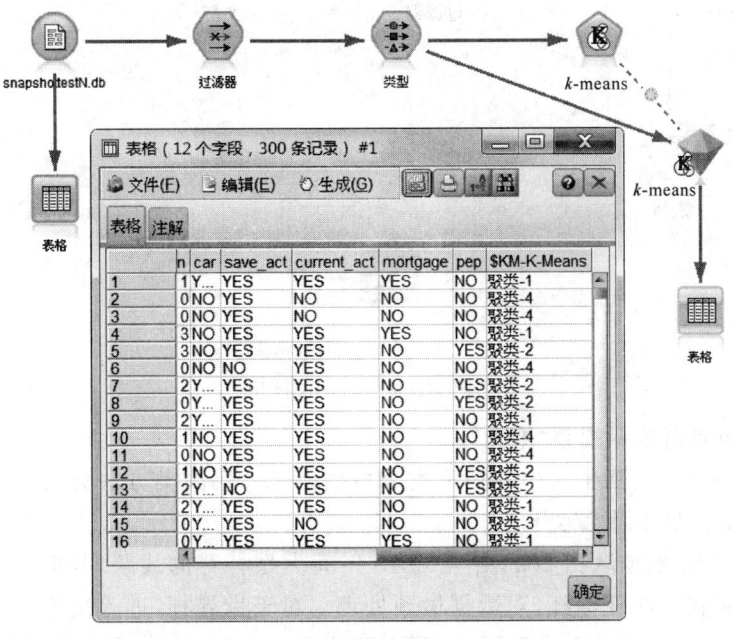

图 7-54 查看类别

如果要查看某一类都有哪些成员，可以添加选择节点进行选择。这里可以在黄色模型节点后添加选择节点，之后进行编辑，如果要想查找“聚类-1”的全部成员，可以在表达式构建器中输入'＄KM-K-Means'='聚类-1'，之后再添加表格，即可得到“聚类-1”全部成员，如图 7-55 所示。

		income	married	children	car	save_act	current_act	mortgage	pep	$KM-K-Means
1	CITY	8162.4...	YES	1	Y...	YES	YES	YES	NO	聚类-1
2		41462....	YES	3	NO	YES	YES	YES	NO	聚类-1
3		25683....	NO	2	Y...	YES	YES	NO	NO	聚类-1
4		16109....	NO	2	Y...	YES	YES	NO	NO	聚类-1
5		42628....	NO	0	Y...	YES	YES	YES	NO	聚类-1
6	CITY	22110....	NO	2	Y...	YES	YES	NO	NO	聚类-1
7	RBAN	21951....	NO	0	Y...	YES	YES	YES	NO	聚类-1
8	CITY	11601....	YES	2	NO	YES	YES	YES	NO	聚类-1
9	CITY	53104....	YES	0	Y...	YES	YES	NO	NO	聚类-1
10		23638....	YES	2	Y...	YES	YES	NO	NO	聚类-1
11		24424....	YES	0	NO	YES	YES	YES	NO	聚类-1
12		24607....	NO	1	NO	YES	YES	YES	NO	聚类-1
13	CITY	34253....	NO	3	Y...	NO	YES	NO	NO	聚类-1
14		19918....	YES	3	NO	YES	YES	YES	NO	聚类-1
15	CITY	47750....	YES	0	Y...	YES	YES	YES	NO	聚类-1
16		11281....	YES	0	NO	YES	YES	YES	NO	聚类-1
17	CITY	20866....	YES	0	Y...	YES	YES	NO	NO	聚类-1
18	CITY	32583....	YES	2	Y...	YES	YES	NO	NO	聚类-1
19	CITY	38248....	NO	3	Y...	NO	YES	YES	NO	聚类-1
20	CITY	38598....	YES	0	Y...	NO	YES	NO	NO	聚类-1
21	CITY	7304.2...	NO	0	Y...	YES	YES	YES	NO	聚类-1
22		20058....	YES	0	NO	YES	YES	YES	NO	聚类-1
23		21612....	YES	0	NO	YES	YES	YES	NO	聚类-1
24	CITY	48950....	YES	0	Y...	YES	YES	YES	NO	聚类-1
25	CITY	11411	YES	1	Y	NO	YES	NO	NO	聚类-1

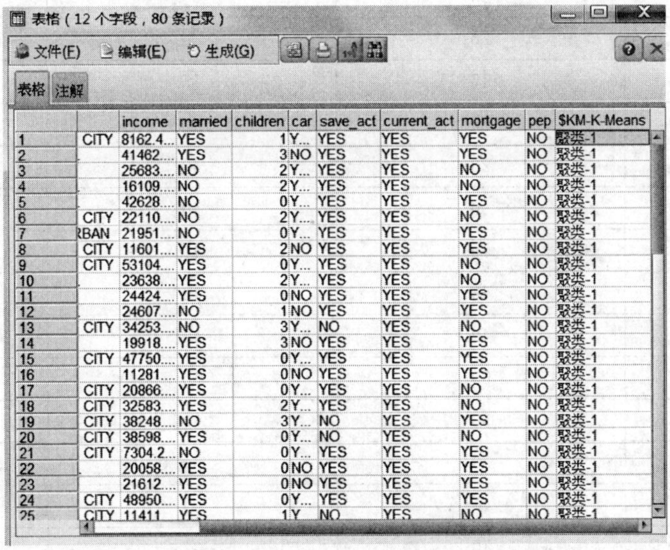

图 7-55 类成员查找

至此，k-means 操作完毕，整个模型如图 7-56 所示。

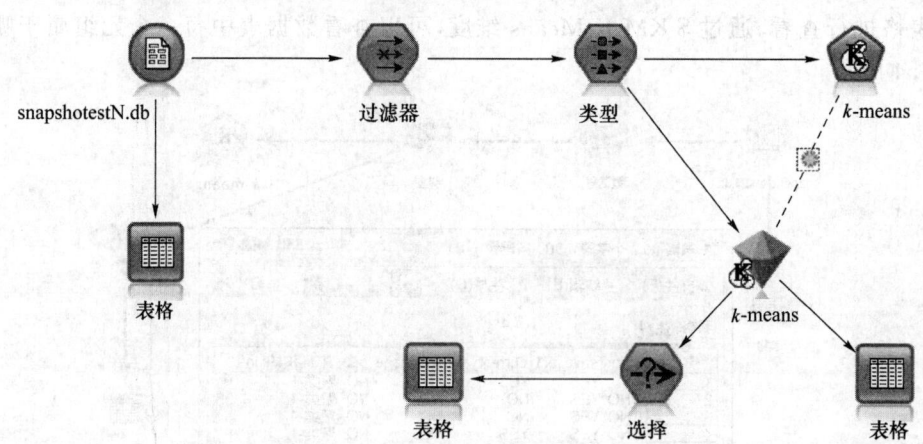

图 7-56　k-means 模型

操作过程可观看演示视频"聚类"。

下面介绍一个在实际生活中应用聚类分析的例子。用聚类方法分析中国足球队在亚洲处于什么水平。

聚类

可依据亚洲 15 支球队在 2005 年至 2010 年间大型杯赛的战绩，其中包括两次世界杯和一次亚洲杯，对数据做预处理。对于世界杯，进入决赛圈则取其最终排名，没有进入决赛圈的，打入预选赛十强赋予 40，预选赛小组未出线的赋予 50。对于亚洲杯，前四名取其排名，八强赋予 5，十六强赋予 9，预选赛没出现的赋予 17。如表 7-7 所示。

表 7-7　亚洲球队积分

	2006 年世界杯	2010 年世界杯	2007 年亚洲杯
中国	50	50	9
日本	28	9	4
韩国	17	15	3
伊朗	25	40	5
沙特	28	40	2
伊拉克	50	50	1
卡塔尔	50	40	9
阿联酋	50	40	9
乌兹别克斯坦	40	40	5
泰国	50	50	9
越南	50	50	5
阿曼	50	50	9
巴林	40	40	9
朝鲜	40	32	17
印尼	50	50	9

之后对数据进行[0,1]标准化,表 7-8 是标准化后的数据。

表 7-8 标准化后的数据

	2006 世界杯	2010 世界杯	2007 亚洲杯
中国	1	1	0.5
日本	0.3	0	0.19
韩国	0	0.15	0.13
伊朗	0.24	0.76	0.25
沙特	0.3	0.76	0.06
伊拉克	1	1	0
卡塔尔	1	0.76	0.5
阿联酋	1	0.76	0.5
乌兹别克斯坦	0.7	0.76	0.25
泰国	1	1	0.5
越南	1	1	0.25
阿曼	1	1	0.5
巴林	0.7	0.76	0.5
朝鲜	0.7	0.68	1
印尼	1	1	0.5

接着用 k-means 算法进行聚类。设 $k=3$,即将这 15 支球队分成三个集团。

现抽取日本、巴林和泰国的值作为三个簇的种子,即初始化三个簇的中心为 A{0.3, 0, 0.19},B{0.7, 0.76, 0.5}和 C{1, 1, 0.5}。下面,计算所有球队分别对三个中心点的相异度,这里以欧氏距离度量。图 7-57 是用程序求取的结果。

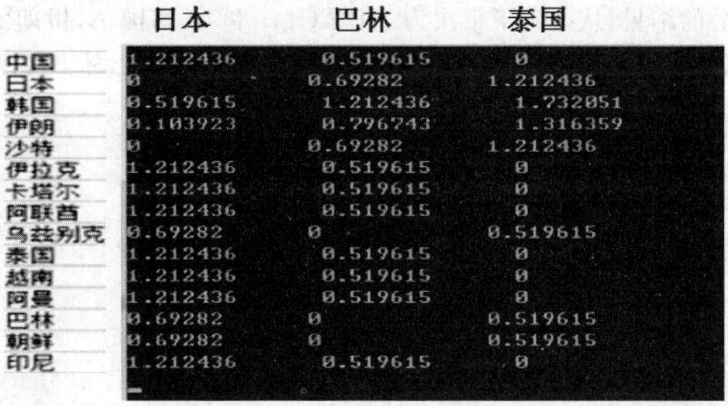

	日本	巴林	泰国
中国	1.212436	0.519615	0
日本	0	0.69282	1.212436
韩国	0.519615	1.212436	1.732051
伊朗	0.103923	0.796743	1.316359
沙特	0	0.69282	1.212436
伊拉克	1.212436	0.519615	0
卡塔尔	1.212436	0.519615	0
阿联酋	1.212436	0.519615	0
乌兹别克	0.69282	0	0.519615
泰国	1.212436	0.519615	0
越南	1.212436	0.519615	0
阿曼	1.212436	0.519615	0
巴林	0.69282	0	0.519615
朝鲜	0.69282	0	0.519615
印尼	1.212436	0.519615	0

图 7-57 各球队对中心点相异度

从左到右依次表示各支球队到当前中心点的欧氏距离,将每支球队分到最近的簇,可对各支球队做如下聚类:中国 C,日本 A,韩国 A,伊朗 A,沙特 A,伊拉克 C,卡塔尔 C,阿联酋 C,乌兹别克斯坦 B,泰国 C,越南 C,阿曼 C,巴林 B,朝鲜 B,印尼 C。

第一次聚类结果如下:
- A 为日本、韩国、伊朗、沙特;

- B 为乌兹别克斯坦、巴林、朝鲜；
- C 为中国、伊拉克、卡塔尔、阿联酋、泰国、越南、阿曼、印尼。

下面根据第一次聚类结果，调整各个簇的中心点。

A 簇的中心点为

$$\{(0.3+0+0.24+0.3)/4=0.21, (0+0.15+0.76+0.76)/4=0.4175,$$
$$(0.19+0.13+0.25+0.06)/4=0.1575\}=\{0.21, 0.4175, 0.1575\}$$

用同样的方法可得到 B 和 C 的新中心点分别为

$$\{0.7, 0.7333, 0.4167\}, \{1, 0.94, 0.40625\}$$

用调整后的中心点再次聚类，得到图 7-58。

```
1.36832       0.519615      0
0.155885      0.69282       1.212436
0.363731      1.212436      1.732051
0.051962      0.796743      1.316359
0.155885      0.69282       1.212436
1.36832       0.519615      0
1.36832       0.519615      0
1.36832       0.519615      0
0.848705      0             0.519615
1.36832       0.519615      0
1.36832       0.519615      0
1.36832       0.519615      0
0.848705      0             0.519615
0.848705      0             0.519615
1.36832       0.519615      0
```

图 7-58　第二次聚类

第二次迭代后的结果，从上到下依次为：中国 C，日本 A，韩国 A，伊朗 A，沙特 A，伊拉克 C，卡塔尔 C，阿联酋 C，乌兹别克斯坦 B，泰国 C，越南 C，阿曼 C，巴林 B，朝鲜 B，印尼 C。

结果无变化，说明结果已收敛，于是可以得出如下最终聚类结果：

- 亚洲一流为日本、韩国、伊朗、沙特；
- 亚洲二流为乌兹别克斯坦、巴林、朝鲜；
- 亚洲三流为中国、伊拉克、卡塔尔、阿联酋、泰国、越南、阿曼、印尼。

聚类结果与大部分球迷的日常经验吻合。

7.4　遗传算法

7.4.1　遗传算法的历史和现状

遗传算法(genetic algorithms)是基于生物进化理论的原理发展起来的一种广为应用的、高效的随机搜索与优化的方法。其主要特点是群体搜索策略和群体中个体之间的信息交换，搜索不依赖于梯度信息。在 20 世纪 60 年代末到 70 年代初主要由美国 Michigan 大学的 John Holland 与其同事、学生们研究并形成了一个较完整的理论和方法。1975 年 Holland 发表开创性的著作"Adaptation in Natural and Artificial Systems"比较系统地论述了遗传算法。随后经过 20 多年的发展,遗传算法取得了丰硕的应用成果和理论研究的进展,并且在 60 年代初期形成进化计算的另两个分支——进化策略(evolutionary strategy)和进化规划(evolutionary programming)。

近几年来,遗传算法主要在复杂优化问题求解和工业工程领域应用,并取得了一些成果,而且在发展过程中,进化策略、进化规划和遗传算法之间的差异越来越小。遗传算法成功的应用包括:作业调度与排序、可靠性设计、车辆路径选择与调度、成组技术、设备布置与分配、交通问题等。

遗传算法是解决搜索问题的一种通用算法,它的特征如下:

(a) 组成一组候选解作为初始种群;
(b) 依据某些条件计算这些候选解的适应度;
(c) 根据适应度保留优良的候选解,淘汰适应值低的候选解;
(d) 对保留的候选解进行遗传操作,生成包含新的候选解的新一代种群。

在遗传算法中,上述几个特征组合在一起将遗传算法与其他搜索算法区别开来。遗传算法具有以下几方面的特点。

(1) 许多传统搜索算法都是单点搜索算法,容易陷入局部的最优解。遗传算法同时处理群体中的多个个体,即对搜索空间中的多个解进行评估,减少了陷入局部最优解的风险。

(2) 遗传算法不需要求导或其他辅助知识,只需要影响搜索方向的目标函数和相应的适应度函数值来评估个体,并在此基础上进行遗传操作。适应度函数不仅不受连续可微的约束,而且其定义域可以任意设定。这一特点使得遗传算法的应用范围大大扩展。

(3) 遗传算法不采用确定性的转换规则,而是强调概率转换规则。

(4) 遗传算法具有自组织、自适应和自学习性(智能性)。遗传算法利用进化过程获得的信息自行组织搜索,适应度大的个体具有较高的生存概率,并具有更适应环境的基因结构。

(5) 遗传算法的本质具有并行性。遗传算法按照并行方式搜索一个种群数目的点而不是单点。它的并行性表现在两方面:一是遗传算法是内在并行的;二是遗传算法的内含并行性。这就使遗传算法能以较少的计算获得较大的收益。

7.4.2 遗传算法常用的操作算子及实施步骤

(1) 遗传算法包含如下常用的操作算子。

① 选择(selection):以适应函数值的大小以及问题的要求来确定哪些染色体适应生存,哪些被淘汰。生存下来的染色体可以繁衍下一代的新种群。

② 复制(reproduction):细胞在分裂时,遗传物质 DNA 通过复制而转移到新产生的细胞中,新的细胞就继承了旧细胞的基因。

③ 交叉(crossover):这一操作随机地选定一个位置,将两个染色体对应位置上的编码(基因)交叉互换来模拟生物的有性繁殖。两个染色体得到两个后代。

④ 变异(突变)(mutation):这一操作随机地改变染色体中某一位置基因的值,来模拟细胞复制时以小概率产生的复制差错,从而使 DNA 发生某种变异,产生出新的染色体表现出新的性状。一个染色体得到一个后代。

(2) 遗传算法的基本步骤就是运用上述这些操作算子来实现算法的搜索过程,步骤如下。

① 染色体表达(编码):是指对优化问题的解进行编码。此处称一个解的编码为一个染色

体,组成编码的元素称为基因。编码的目的主要是优化问题解的表现形式和利于之后遗传算法中的计算。

② 初始种群:在算法运行前随机选定的由多个染色体组成具有一定群体规模的染色体集合或称解的集合。遗传算法将基于这个集合进行遗传操作,每一轮操作(包括交换、突变、选择)后生存下来的染色体组成新的种群,形成可以繁衍下一代的群体。

③ 解码和染色体评估:运用适值函数计算种群(包括初始种群)中各染色体的适应值,计算各染色体的入选(生存)概率。

④ 选择(selection):选择适应值高的染色体繁衍下一代的新种群。判断是否满足中止规则,如果满足则停止操作,否则继续第⑥步以及后面的操作。

⑤ 交叉(crossover):将选择出的两个染色体进行交叉操作。

⑥ 变异(突变):将交叉后产生的子个体进行变异操作,产生新种群的个体。当新种群生成后,重复第④、⑤、⑥步。

(3) 中止规则有以下三种情况。

① 给定一个最大的遗传代数 maxgen,算法迭代在达到它时停止。

② 给定一个下界的计算方法,当进化中达到要求的偏差 x 时,算法终止。

③ 当监控得到的算法再进化已无法改进解的性能时,停止计算。

遗传算法的主要任务和目的,是设法产生或有助于产生优良的个体成员,且这些成员能够表达解空间中的解,从而使算法效率提高并避免早熟收敛现象。但是,实际应用遗传算法时,有时会出现早熟收敛和收敛性能差等。现今的改进方法大都针对基因操作、种群的宏观操作、基于知识的操作和并行化 GA 进行。但到目前为止,采用 GA 求解高维、多约束、多目标的优化问题仍是个没有被很好解决的课题,它的进展将会推动 GA 在许多工程领域的应用。

7.5 文本挖掘

随着信息技术的发展和互联网的普及,文本的信息量急剧增加,中国互联网络信息中心(CNNIC)2008年发布的信息显示,目前,中国的网页总数为 84.7 亿个,年增长率为 89.4%,网页总字节数达到 198 348 GB,这些信息大部分是非结构化或半结构化的信息,其中包含了很多有价值的内容,信息就是财富、知识、生产力,如何从庞大的信息库中提取出有用的信息成为当今研究的热点。

文本挖掘(text mining)为从大量文本数据中提取出有用的信息提供了有力的工具。文本挖掘是指从大量文本数据中抽取出事先未知的、可理解的、最终可用的信息或知识的过程。直观地说,当数据挖掘的对象完全由文本数据类型组成时,这个过程就称为文本挖掘。文本挖掘中最基本的两项工作就是分类和聚类,几乎所有文本挖掘的应用领域都离不开文本的分类和聚类。

文本分类是文本挖掘的一个重要内容,是指按照预先定义的主题类别,为文档集合中的每个文档确定一个类别。通过自动文本分类系统把文档进行归类。文本分类可以帮助人们更好地寻找需要的信息和知识。它是信息组织、主题分析与知识管理的重要工具。传统的文本分类研究有着丰富的研究成果和相当的实用水平,但随着文本信息的快速增长,特别是 Internet 上在线文本信息的激增,文本自动分类已经成为组织和处理大量文本数据的关键技术。文本自动分类的方法很多,如向量空间模型法、神经网络法、遗传算法、基于关联的方法、词表法等。

现在，文本分类正在各个领域得到广泛的应用。但随着信息量的日趋丰富。人们对于内容搜索的准确率、查全率等方面的要求会越来越高，对文本分类技术的需求大为增加，因此，对文本分类技术进行深入研究具有重要的意义。

研究文本聚类的最初目的是提高信息检索系统的查准率和查全率，并将其作为寻找文本最近邻的有效方式。近年来，文本聚类在浏览文本、显示文本集合，或者在响应用户查询时，用于组织搜索引擎返回的结果。文本聚类也被应用于自动产生文本的多层次的类或簇，并利用这些生成的类对新文本进行较高效的归类。人们已经提出大量的文本聚类算法，许多方法也被用作其他方向的聚类分析。文本聚类算法同样也可以分为层次法、划分法，以及基于统计的、基于模型的神经网络等类型。

除了分类和聚类外，文本的自动摘要也是文本挖掘的一个重要方向。也就是利用计算机自动地根据原始文献生成全面、准确的能反映原文中心内容的摘要。自动摘要为文献提供简明、确切的重要内容。随着文献数量的不断增长和急剧膨胀，自动摘要技术越来越展现出它的重要价值。

7.5.1 文本挖掘的主要应用

文本挖掘主要包含以下几大应用方向。

1. 信息过滤

Internet 的高速发展使其成为世界上最丰富的信息资源，已成为人类获得信息的最主要途径之一。随着互联网的不断发展，"垃圾信息"泛滥的问题也变得日益突出。据 2009 年 5 月计算机安全厂商赛门铁克(Symantec)发布的报告显示，在所有的电子邮件中，垃圾邮件的比例已经达到 90.4%。调查显示，美国垃圾邮件每年造成经济损失 700 亿美元。据中国互联网协会反垃圾邮件中心 2007 年公布的统计结果显示，我国网民收到的垃圾邮件总量接近 700 亿封，给我国造成了 188.4 亿元的巨额损失。怎样阻止垃圾信息在网络上传播？怎样保护企业机密、个人隐私不被泄露？怎样从海量的网络资源中挖掘出具有宝贵使用价值的信息？怎样在获取所需信息的同时过滤掉无用的信息？这些问题已成为当今网络安全技术领域的研究热点。文本分类技术作为信息过滤的基础技术。必将得到很大的发展。

2. 搜索引擎

随着网络的普及，搜索引擎在我们生活中所起的作用越来越大，已经成为获取知识、解决问题的一个重要的途径。搜索引擎获取网页依靠网页抓取程序(spider，或称为网络蜘蛛程序、网络爬虫程序)。网络爬虫顺着网页中的超链接，连续地抓取网页。这些通过关键字抓取的网页涉及各个领域，而且信息量非常巨大。但用户所需的仅是某一类的相关信息。怎样准确、高效地返回用户所需的网页，成为搜索引擎设计的关键。而文本分类技术可以对爬虫抓取的网页进行分类，大大提高了信息检索的效率和准确性。

3. 数字图书馆

数字图书馆是一个新兴的研究领域，是指用数字技术处理和存储各种文献的图书馆，涉及数据仓库、数据挖掘、互联网、多媒体等多个技术领域，实质上是一种基于多媒体的分布式信息系统。数字图书馆存储了海量的图书资料。采用自动文本分类技术可以提高图书的检索速度，提供个性化的检索服务。

近几年 Web 2.0 的到来更加促进了互联网上的信息膨胀。Web 2.0 的核心思想是以用户为中心，鼓励人们以互联网为平台建立社区化的网络关系。互联网上信息发布的模式由传统的网站集中式发布转变为用户分布式发布。用户身份从原先单一的互联网使用者转变成互联网内容的生产者和传播者等。博客、虚拟社区和社交网站等 Web 2.0 应用蓬勃发展,成为互联网上最为热门的应用。通过这些应用,用户可以更加自由地在互联网上发布信息和进行信息交互。

在虚拟社区中,用户发布的信息被称为用户产生内容(user generated content)。许多用户产生内容都源于真实世界。用户通过博客记录下每天的生活和感悟,发表对于某个事件的观点和看法,用户在论坛中通过参与话题讨论来发表自己的观点和意见。尽管互联网上的注册用户是虚拟的,但每个用户的背后都是真实的人。用户产生内容在很大程度上体现了他们的真实想法和感悟,虚拟世界与现实世界是紧密联系的。

由于用户产生内容具有较高的真实性。故对虚拟社区中的内容进行研究具有现实的意义。例如,挖掘购物交流论坛以获取产品评价,挖掘时政论坛和博客以评估政治形势,挖掘生活点评网站以获取餐馆评价,等等。

在对虚拟社区进行挖掘时,由于其内容繁杂、数据量庞大,因此首先需要对数据进行整理和筛选。根据数据所属的类别和具体内容对其归类。根据数据的相关信息判断其重要性,滤除琐碎信息。将重要信息作为主要研究对象。在以上两步的基础之上,再尝试进一步挖掘数据中更深层的内容。

在对虚拟社区内容进行整理和归纳方面,话题识别与跟踪对相关概念进行了定义,并推动了一系列研究。在对虚拟社区内容进行筛选方面,可以通过对话题的热度进行评估来实现。在挖掘内容的深层信息方面,近些年兴起的意见挖掘提供了有意义的研究方向。下面介绍一下在互联网社交网络应用中比较典型的几类文本挖掘应用:话题提取、话题热度评估和意见挖掘。

1. 话题提取

在话题提取(TDT)方面,话题识别与跟踪对相关问题进行了定义和研究。话题识别与跟踪是一项对新闻媒体信息进行未知话题识别和已知话题跟踪的技术。信息检索、信息抽取、信息过滤等领域的研究内容与话题提取有相似之处。TDT 是在这些研究基础之上专业性较强的研究,强调在动态的过程中对原事件的跟踪和对新事件的发现。TDT 的语料是多语言的文本和语音新闻。

TDT 具体划分为五个子任务:报道切分任务、话题跟踪任务、话题识别任务、新报道识别任务和关联识别任务。其中,除了第一项任务针对语音形式的新闻广播外。其他四项任务都适用于文本内存,也基本涵盖了社交话题提取问题所面对的任务。

目前,国外许多学者在 TDT 领域进行了大量研究。在关联识别方面,James Allan 和 Schultz 采用向量空间模型描述报道的特征空间,利用余弦夹角计算报道之间的相似性。Leck 和 Yamron 采用语言模型描述报道产生于话题的概率,并通过调换角色计算反向概率,最终得到两者的相关性。在话题跟踪方面。大量基于分类的方法被引入。Zhang 采用 k 近邻算法选择与当前报道最相似的 k 个报道,然后根据这 k 个报道所属的类别判定当前报道所属的话题类别。Carbonell 使用训练报道构造话题类别的决策树,用决策树对当前报道的话题类别进行判断。在话题识别方面,许多研究采用聚类方法对话题进行识别。Papka 对比了不同聚类算法在话题识别中的效果并对各种算法进行融合使效果最优化。在新事件识别方面,Allan 将已知事件用文本形式的模型表示,计算当前报道与所有已知事件模型的相关度,从而判断当前报道中是否包含新事件。

国内在 TDT 领域也开展了大量研究，主要方向集中在引入命名实体、融合时序特性和层次话题识别三个方面。将命名实体引入 TDT，将文本中的人名、地名等命名实体作为特征融合到话题识别与跟踪工作中。

2．话题热度评估

在话题热度评估方面相关的研究相对较少。很多研究建立在 TDT 的研究基础之上或是借鉴了 TDT 的研究方法，例如，使用聚类算法进行话题识别等。有人在一般文本聚类算法的基础上，应用 BBS 特有的点击数、回复数等特征进行热度排序，然后采用基于特征词提取的话题归并，挖掘 BBS 中的热门话题。也有人将影响话题热度的特征划分为数字类特征、权威度特征和时间特征，分别用两个神经网络对这些特征进行线性和非线性加权，计算话题的热度并判断是否为热门话题。在另一项工作中，利用 BP 神经网络算法构造了一个热点话题识别系统。

有人利用增量 TF-IDF 模型和增量聚类算法进行新事件识别，同时提出了事件发展过程中的上升期和平稳期两个属性，并利用这两个属性对事件的热度进行评估。还有人提出从单词空间分布的广泛性和时间轴上的生命周期两个角度来提取热点单词，在此基础上用热点单词、命名实体等多维向量对句子进行表示，并最终用凝聚层次聚类算法对热点句子聚类，从而得到热点话题。

对新闻和 BBS 的文章通过在线聚类进行话题识别和热点话题发现，提出构建话题索引分析和预测热点话题。也有人用单词串表示网络热点信息，通过对切分词进行拼接和对拼接结果进行多级滤噪，来保证热点信息单词串的完整性和准确性。还有人从网络流星分析的角度出发，将网络热点话题表示为由单词、标题等元素组成的多维向量，通过统计单词在单个网络连接中的出现次数来计算热点单词的相似度，并用 DBSCAN 聚类算法将单词汇聚成热点单词簇，从而得到网络热点话题。

3．意见挖掘

意见挖掘(opinion mining)是近几年提出的一个新的研究课题。由于博客、社区等网络应用的迅速发展，互联网上产生了大量来源于用户的主观性文本，其中包含了用户的观点、情感和态度等主观信息。挖掘这类信息中的意见具有实际的意义，比如：挖掘购物网站中商品的评论信息，总结用户的反馈意见；挖掘时政论坛和博客中的用户意见，评估政局形势；等等。意见挖掘在文本挖掘技术的基础上，结合文本理解和自然语言处理的相关技术，具有较强的专业性。由于主观性文本中意见常常为隐式表达形式，有别于传统文本挖掘对象的显式表达形式，因此这方面的研究工作具有较大的技术挑战。

意见挖掘可划分为以下几个子任务：情感分类、基于特征的意见挖掘和摘要、比较型语句和关系挖掘、意见检索、垃圾意见检测。情感分类是指对主观性文本进行极性分类，划分出褒义和贬义两类意见。情感分类主要在文档层，较少涉及更加细致的层次。基于特征的意见挖掘和摘要深入到语句层挖掘更多的细节，比如，具体到用户是否喜爱一个对象的几个方面。与前两项任务不同，比较型语句和关系挖掘面对的不是直接的意见表述，而是对象间的比较型语句。该任务旨在识别比较型语句并挖掘被比较对象间的关系。意见检索是建立在前几项任务基础之上的探索性任务，具体可以分为检索一个对象或对象特征的意见，检索某个意见持有者对一个对象或对象特征的意见。意见检索与传统的信息检索有很大的区别，比如，需要对文档过滤,得到包含意见的主观性文本,在排序时需要考虑意见的多样性,对褒义和贬义两类意见分别排序,等等。垃圾意见的出现原因与链接作弊和垃圾邮件相似,由于商业利益的驱使,一些个人或组织在网络上发布虚假评论。对自己的产品给予好评,对竞争对手的产品恶意中伤。因此,提供产品评论服务的网站需要针对垃圾意见的特点进行垃圾意见检测,制定反垃圾意见的策略。

7.5.2 文本表示方法

文档的内容是人类使用的自然语言。计算机很难处理其语义,因此,现有的数据处理技术无法直接应用到其上,必须对文本进行预处理,抽取代表其特征的元数据。对于内容难以表示的特征,首先要找到一种能够被计算机所处理的表示方式,即目标表示。

目标表示的构造过程就是挖掘模型的构造过程。文本表示是指以一定的特征项来代表文档。在文本挖掘时只需对这些特征项进行处理,从而实现对非结构化文本的处理。

这是一个非结构化向结构化转化的处理步骤,同时文本表示的构造过程也是文本挖掘模型的构造过程。对于中文来说,还必须先对文档进行分词。目标表示模型有多种。常用的有布尔逻辑模型、向量空间模型、概率模型等,近年来应用较多且效果较好的目标表示法是向量空间模型(vector space model,VSM)。

1. 布尔逻辑模型

布尔逻辑模型是最简单的检索模型,也是其他检索模型的基础。在布尔逻辑模型中,将文本文档用一组词条向量($\langle t_1, t_2, \cdots, t_n \rangle$)表示,文本中出现的词用"1"表示,没出现的词用"0"表示,即如果 $t_i=1$,表示词在文档中出现过,否则说明词没有出现。

布尔逻辑模型原理简单、易理解,容易在计算机上实现,并具有检索速度快的优点。但是最终给出的查询结果没有相关性排序,不能全面反映用户的需求,功能不如其他的检索模型。

2. 向量空间模型

向量空间模型(VSM)是由 Gerard Salton 和 Mc Gill 于 1969 年提出的。在布尔逻辑模型中,词出现用"1"表示,不出现用"0"表示,体现不出特征词在文档中的重要程度。而向量空间模型的主要思想是将文本文档视为由一组词条($w_1, w_2, \cdots, w_n$)构成的向量,对于文本中的每一个词条 t_i,都根据其在文档中的重要程度赋以一定的权值 w_i,从而可以将其看成是一个 n 维坐标系,$(w_1, w_2, \cdots, w_n)$ 为对应的坐标值,因此每一篇文档都可映射为由一组词条矢量组成的向量空间中的一个点。所有用户目标或未知文档都可用词条特征矢量来表示,从而将文档信息的分类问题转化为向量空间中的向量匹配问题进行处理。

7.5.3 中文的分词

词是文本中最小的具有意义的语言成分,是构造向量空间模型的基础,文本分词的效果会直接影响到文本分类的结果。在文本的组织上,中文与以英语为代表的欧美语言有着很大的不同,在西方语言中,词与词是使用空格隔开的,因此不需要进行分词处理,而在中文文本中,字、词是连在一起的,一个语句就是一连串的字、词组合,词与词之间没有明显的界线。因此,中文文本挖掘往往首先需要分词,且分词难度较大。分词困难具体反映在以下几个方面。

(1) 分词规范的困难

汉语自动分词的首要困难是词的概念不清楚。书面汉语是字的序列,词之间没有间隔标记,使得词的界定缺乏自然标准,而分词结果是否正确需要有一个通用、权威的分词标准来衡量。汉语分词标准的问题实际上是词与语素、词与词组的界定问题,这是汉语语法的一个基本、长期的问题。

不同应用对词的切分规范要求不同。汉语自动分词规范必须支持各种不同目标的应用,但不同目标的应用对词的要求是不同的,甚至是矛盾的。

(2) 分词算法的困难

中文分词技术面临的两个最大问题就是切分歧义和未登录词识别问题。前者要解决自然语言理解的问题,根据上下文环境,在不同切分结果中选择最优解。未登录词即未包括在分词词表中但必须切分出来的词,包括各类专有名词和某些术语、缩略词、新词等。分词过程中还要解决词典中未收录词的识别问题。因为各种汉语处理系统都需要使用词频等信息,如果自动分词中对未登录词的识别不对,统计到的信息就会有很大误差。虽然可以在机械匹配的基础上通过规则的方法来解决上述两个问题,然而规则方法很难覆盖真实文本的各种现象。

除此之外,分词与理解的先后也是汉语分词所要解决的问题。计算机无法像人在阅读汉语文章时那样边理解边分词,而只能是先分词后理解,因为计算机理解文本的前提是识别出词、获得词的各项信息。这就是逻辑上的两难:分词要以理解为前提,而理解又以分词为前提。由于计算机只能在对输入文本尚无理解的条件下进行分词,故任何分词系统都不可能有百分之百的切分正确率。

常用的分词算法主要有基于词典的分词方法、基于理解的分词方法、基于统计的分词方法。

1. 基于词典的分词方法

基于词典的分词方法又叫作机械分词方法,它是按照一定的策略将待切分的字符串与词典中的词条进行匹配,若在词典中找到某个字符串,则认为匹配成功,即识别出一个词。按照扫描方向的不同,基于词典的分词方法可以分为正向匹配和逆向匹配;按照不同长度优先匹配的情况,可以分为最大匹配和最小匹配;按照是否与词性标注过程相结合,又可以分为单纯分词方法和分词与标注相结合的一体化方法。常用的几种基于词典的分词方法有正向最大匹配法(由左到右的方向)、逆向最大匹配法(由右到左的方向)、逐词遍历法。在实际应用中,常常将上述方法结合起来使用。例如,可以将正向最大匹配方法和逆向最大匹配方法结合起来构成双向匹配法。由于汉语单字成词的特点,正向最小匹配和逆向最小匹配一般很少使用。一般说来,逆向匹配的切分精度略高于正向匹配,遇到的歧义现象也较少。

另一种方法是改进扫描方式,称为特征扫描或标志切分,即优先在待分析字符串中识别和切分出一些带有明显特征的词。以这些词作为断点。可将原字符串分为较小的串,然后再进行机械分词,从而减少匹配的错误率。还有种方法是将分词和词类标注结合起来,利用丰富的词类信息对分词决策提供帮助,并在标注过程中反过来对分词结果进行检验、调整,从而极大地提高切分的准确率。

目前实用的自动分词系统基本上都是以机械分词为主,辅以少量词法、语法和语义信息的分词系统。该方法的优点是易于实现,但精度较低,远远不能满足实际的需要。实际使用的分词系统,都是把机械分词作为一种初分手段,再利用各种其他的语言信息来进一步提高切分的准确率。

2. 基于理解的分词方法

基于理解的分词方法又称人工智能分词法,这种分词方法是通过计算机模拟人对句子的理解来达到识别词的效果。其基本思想就是在分词的同时进行句法、语义分析,利用句法信息和语义信息来处理歧义现象。它通常包括三个部分:分词子系统、句法语义子系统、总控部分。在总控部分的协调下,分词子系统可以获得有关词、句子等的句法和语义信息来对分词歧义进行判断,即它模拟了人对句子的理解过程。这种分词方法需要使用大量的语言知识和信息。由于汉语语言知识的笼统性、复杂性,难以将各种语言信息组织成机器可直接读取的形式,因此,目前基于理解的分词系统还处在试验阶段。

3. 基于统计的分词方法

基于统计的分词方法的思想是:找出输入字符串的所有可能的切分结果,对每种切分结果利用能够反映语言特征的统计数据计算它的出现概率,然后从结果中选取概率最大的一种。

词是稳定的字的组合。因此,在上下文中,相邻的字共现的次数越多,就越有可能构成一个词。字与字相邻出现的频率或概率能够较好地反映成词的可信度。对语料中相邻共现的各个字的组合频度进行统计,可以计算它们的互现信息。互现信息体现了汉字之间结合关系的紧密程度。当紧密程度高于某一个阈值时,便可认为此字组可能构成了一个词。这种方法只需对语料中的字组频度进行统计,不需要切分词典,因而又叫作无词典分词法或统计取词法。

但这种方法也有一定的局限性,会经常抽出一些共现频率高但并不是词的常用字组,并且对常用词的识别精度差、耗时长。实际应用的统计分词系统都要使用一部基本的分词词典进行串匹配分词,同时使用统计方法识别一些新的词,即将串频统计和串匹配结合起来,既发挥匹配分词切分速度快、效率高的特点,又利用了无词典分词结合上下文识别生词、自动消除歧义的优点。

对于任何一个成熟的中文分词系统来说,不可能单独依靠某一种算法来实现分词,需要综合不同的算法来处理不同的问题。经过分词处理的文本,并不是所有的特征都对构造向量空间模型和分类有帮助。相反,将对文本分类没有帮助的词作为特征项,会对分类的精度造成很大的影响。

另外,去停用词可以在很大程度上减小特征项的数量,所以在构造向量空间模型前,要对那些对分类无帮助的词进行尽可能彻底的清理。

停用词主要是指文本中存在的助词、副词、连词、代词、介词、叹词、量词、数词等。例如:助词中的"的""得""地""吧""呢";副词中的"非常""很""十分""都";连词中的"和""及""或者""又""既";代词中的"我""你""他""大家";介词中的"把""从""为了""对于";叹词中的"啊""喂""哎呀";量词中的"只""辆""棵""斤""次";数词中的"一""二""第一""第二""一倍"。

可以看出,这些词在不同文本中的词频和在同一文本中的词频是非常大的,如果不除去,会对特征选取造成很大的影响。去停用词在技术上的实现并不复杂,只需建立一个停用词词典,将分词后得到的每个词与停用词词典内的词条进行匹配,如果匹配成功,则将该词去掉即可。值得注意的是,汉语的词语非常丰富,停用词词典不可能一次构建完善。这需要我们在平时的研究中进行积累。一个有效的方法是使用一个容量较大的测试文本库,对这个文本库中的词的词频进行统计,然后输出到文本。排在词频序列最前面(出现次数最多)的词往往是对文本分类无帮助的词,具体的分辨需要人为判断决定,然后将这些对分类无帮助的特征词添加到停用词词典中。

7.6 Web 挖掘与电子商务

7.6.1 Web 挖掘定义

Web 数据挖掘(web data mining),是数据挖掘技术在 Web 环境下的应用,是从大量的 Web 文档集合和在站点内浏览的相关数据中发现潜在的、有用的模式或信息。它是一项综合技术,涉及 Internet 技术、人工智能、计算机语言学、信息学、统计学等多个领域。对应于不同的 Web 数据,Web 挖掘也分成三类:Web 内容挖掘(Web content mining)、Web 结构挖掘(Web structure mining)和 Web 使用模式挖掘(Web usage mining)。图 7-59 为 Web 挖掘结构图。

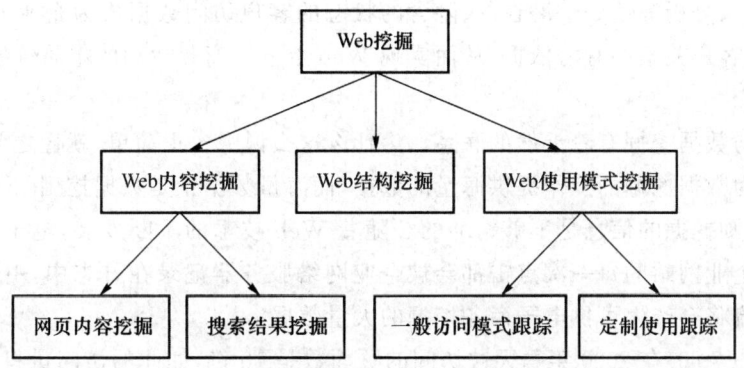

图 7-59 Web 挖掘结构图

Web 内容挖掘就是对网络页面的内容进行挖掘分析。目前 Web 内容挖掘包括对文本、图像、音频、视频、元组数据的挖掘,但目前多数是基于文本信息的挖掘,这又可以进一部分为网页内容挖掘和搜索结果挖掘,前者是传统的依据内容来搜索网页,后者是在前者搜索结果的基础上进一步搜索网页。Web 内容挖掘和通常的平面文本挖掘的功能和方法比较类似,但由于互联网上的数据基本上都是 HTML 格式的文件数据格式流,因此,可以利用文档中的 HTML 标记来提高 Web 文本挖掘的性能。

Web 结构挖掘是对网络页面之间的结构进行挖掘,从网页的实际组织结构中获取信息。在整个 Web 空间中,有用的知识不仅包含在页面内容中,也包含在页面的结构中。Web 结构挖掘主要就是针对页面的超链接结构进行分析,通过分析一个网页链接和被链接数量以及对象来建立 Web 自身的链接结构模式。这种模式可以用于网页归类,并且由此可以获得有关不同网页间相似度及关联度的信息。如果发现有较多的超链接都指向某一页面,那么该页面就是重要的,发现的这种知识可以用来改进搜索路径等。

Web 使用模式挖掘是对用户和网络交互的过程中抽取出来的第二手数据进行挖掘,包括网络服务器访问记录、代理服务器日志记录、浏览器日志记录、客户简介、注册信息、客户对话或交易信息、客户提问方式等。最常用到的是网络服务器访问记录挖掘,它通过挖掘 Web 日志文件及客户交易数据来发现有意义的客户访问模式和相关的潜在客户群。其主要特点是对客户信息数据进行抽取、转换、分析和其他模型化处理,从中提取辅助商业决策的关键性数据。这里需要特别指出的是,Web 使用模式挖掘还可以进一步分为一般访问模式跟踪和定制使用跟踪,前者是一种查看网页访问历史记录的使用模式挖掘,后者可以是一般化的,也可以针对特定的使用或使用者。

7.6.2 Web 挖掘与电子商务

数据挖掘的兴起为电子商务提供了强大的数据支撑,电子商务的发展使得越来越多的企业开始了以前从未有过的网上交易,电子商务网站的服务器日志、后台数据库中与客户相关的数据,以及大量交易记录等数据资源中都蕴含着大量待充分挖掘的信息,由此可见电子商务是数据挖掘应用的一个极佳的对象。

面向电子商务的数据挖掘是 Web 挖掘的一个典型应用,Web 上的日志文件,如客户的访问行为、访问频度、浏览内容及时间等,其中包括很多可挖掘内容。可以对这些客户内容进行提取、清洗、加工、分析等使处于潜在的、隐含的状态的客户访问数据成为企业分析市场、制定经营策略、管理客户关系的有力依据,从而实现 Web 上电子商务活动的本质价值,获得商务的增值。

电子商务与数据挖掘有着天然的联系。为什么这么说呢?很简单,就像之前提到的,电子商务网站能够为数据挖掘的工作提供海量的数据,而海量数据正是数据挖掘的一个必要条件,如果数据量少,则挖掘的信息是不够精准的。随着 Web 技术的不断发展,电子商务活动日渐频繁。客户对企业网站的每一次点击都会被企业网络服务器记录在日志中,由此产生了点击流数据。点击流将会产生可供电子商务挖掘的大量数据。

Yahoo!(图 7-60)在 2000 年每天被访问的页面数是 10 亿,如此的访问量将会产生巨大的 Web 日志,该日志能够记载页面的访问情况,简单来说,每小时产生的 Web 日志量就达到 10 GB!

图 7-60　Yahoo! 页面

抛开 Yahoo！不说，即便是很小的电子商务网站也会在极短的时间内产生大量数据。假如一个小型电子商务站点每小时卖出 4 件产品，顾客平均买一件产品需要访问 9 个页面，且所有顾客中真正买东西的人的比例为 2%，那么，该网站一个月能产生多少页面访问量呢？

我们来计算下：$4 \times 24 \times 30 \times 9 / 0.02 = 1\,296\,000$ 页。

如果电子商务站点设计得好，可以获得各种商务信息或者用户访问信息，例如：

(1) 商品的属性；

(2) 商品的归类信息（如果展示多种商品，商品的归类信息将会非常有用）；

(3) 促销信息；

(4) 访问量信息（如访问计数等）；

(5) 客户相关信息（如客户年龄、性别、兴趣等，可以通过客户登陆/注册获取）。

电子商务网站不仅能够为数据挖掘提供海量数据，还能够提供"干净的"数据。因为许多相关的信息是从网站上直接提取的，无须从历史系统中集成，避免了很多错误。良好的站点设计可以帮助人们直接获得跟数据挖掘有关的数据，而不用分析、计算、预处理要用的数据。电子商务网站的数据非常可靠，无须人工输入，从而避免了很多错误。此外，还可以通过良好的站点设计来控制数据采样的颗粒度。

数据挖掘技术之所以可以服务电子商务，是因为它能够挖掘出活动过程中的潜在信息以指导电子商务营销活动，其在电子商务领域其作用主要有以下几个方面：

(1) 挖掘客户活动规律，针对性地在电子商务平台下提供"个性化"的服务；

(2) 可以在电子商务网站的访问者中挖掘出潜在的客户；

(3) 优化电子商务网站的信息导航，方便客户浏览；

(4) 通过对访问者活动信息的挖掘，可以更加深入地了解客户需求。

电子商务的数据挖掘能够使得挖掘的成果非常容易应用。很多其他的数据挖掘研究虽然有很多的知识发现，但是这些知识大多不能轻松地在商业领域中应用并产生效果。因为要应用这些知识可能意味着需要进行复杂的系统更改、流程更改，或改变人们日常的办事习惯，这在现实中是相对困难的。而在电子商务领域，挖掘的很多知识都可以直接应用。例如：改变站点设计（改变布局，适当进行个性化设计），针对特定目标或消费群进行促销，根据对广告效果的统计数据改变相应的广告策略，根据数据特点进行捆绑式销售，等等。

总之，尽管 Web 挖掘的形式和研究方向层出不穷，但随着电子商务的兴起和迅猛发展，Web 挖掘的一个重要应用方向将是电子商务系统。电子商务是数据挖掘技术最恰当的应用领域，因为电子商务可以很容易满足数据挖掘所必需的因素，拥有丰富的数据源，能自动收集的可靠数据，并且可将挖掘的结果转化成商业行为，商业投资可以及时评价。

7.6.3 Web 挖掘的数据来源与类型

在 Web 上可以用作数据挖掘分析的数据量比较大，而且类型众多，总结起来有以下几种类型的数据可用于 Web 数据挖掘技术。

1. 服务器数据

客户访问站点时会在 Web 服务器上留下相应的日志数据，这些日志数据通常以文本文件的形式存储在服务器上。一般包括 sever logs、error logs、cookie logs 等。通常文件的格式为

Date、Client、_IP、User_name、Bytes、Server、Request、Status、Servicename、Time、Protocol_version、User_agent、Cookie、Referrer。如果可以对这些文件中存储的数据进行语法上的分析,那么就能获得一些信息,例如,分析 DNS 就可以知道客户来源的区域。

2. 查询数据

查询数据是电子商务站点在服务器上产生的一种典型数据。例如,对于在线客户也许会搜索一些产品或某些广告信息,这些查询信息就通过 cookie 或是登记信息连接到服务器的访问日志上。

3. 在线市场数据

在线市场数据主要是传统关系数据库里存储的有关电子商务站点信息、客户购买信息、商品信息等的数据。

4. Web 页面数据

Web 页面数据主要是指 HTLM 和 XML 页面的内容,包括本文、图片、语音、图像等。

5. Web 页面超级链接关系

Web 页面超级链接关系主要是指页面之间存在的超级链接关系,这也是一种重要的资源。

6. 客户登记信息

客户登记信息是指客户通过 Web 页输入的要提交给服务器的相关信息,这些信息通常是关于用户的人口特征的。在 Web 的数据挖掘中,客户登记信息需要和访问日志集成,以提高数据挖掘的准确度,使之能更进一步地了解客户。

在面向电子商务的数据挖掘中,将客户登记信息和服务器日志有效地结合起来进行分析,可以提高挖掘的精度和深度,得出更理想的结果。另外,电子商务在 Internet 上分布着大量异质的数据源,其中也隐含着其他有用的信息,挖掘后提供给有兴趣的客户也可以支持商业决策。

7.6.4 Web 使用模式挖掘

三类 Web 挖掘中与电子商务关系最为密切的是 Web 使用模式挖掘(图 7-61)。下面详细介绍 Web 使用模式挖掘。

Web 使用模式挖掘的对象是用户和网络交互过程中抽取出来的二手数据,这些数据主要是用户在访问 Web 时在 Web 日志里留下的信息,以及其他一些交互信息。

Web 使用模式挖掘是 Web 数据挖掘中最重要的应用之一,其数据源通常是服务器的日志信息。Web 服务器的日志(Web Log)记载了用户访问站点的信息,这些信息包括:访问者的 IP 地址、访问时间、访问方式(GET/POST)、访问的页面、协议、错误代码以及传输的字节数等信息。例如:

222.198.122.53[06/Dec/2020:10:13:10+0800]"GET/mp3/zhufu.mp3HTTP/1.1"

这就是一条简单的 Web 日志记录,它表示 IP 地址为 222.198.122.53 的用户于上午 10 点 13 分 10 秒以 GET 方法访问了文件 mp3/zhufu.mp3,HTTP/1.1 表示 HTTP 协议的版本。每当网页被请求一次,Web Log 就在日志数据库内追加相应的记录。站点的规模和复杂程度与日俱增,利用普通的概率方法来统计、分析和安排站点结构已经不能满足要求。通过挖掘服务器的日志文件,分析用户访问站点的规律,来改进网站的组织结构及其性能,增加个性化服务,实现网站的自适应,发现潜在的用户群体。

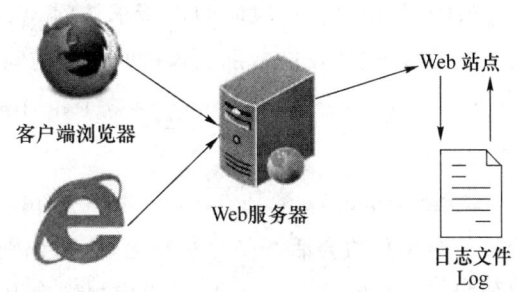

图 7-61　Web 使用模式挖掘

Web 使用模式挖掘对电子商务网站起着非常积极的作用:
(1) 提高站点的质量;
(2) 改善 Web 缓存,缓解网络交通,提高网络性能;
(3) 定位目标用户,挖掘潜在客户;
(4) 发现细节,为进一步分析提供了可能性。

面向电子商务的数据挖掘过程可以分为预处理数据、模式发现和模式分析三个步骤。下面来讲解一下 Web 使用模式挖掘的步骤,前面已经介绍过数据挖掘的基本过程,这里就 Web 使用模式挖掘的主要步骤进行一个较为深入的讲解。

1. 预处理数据

首先要做一些数据清洗。其次由于日志文件中只记录了主机或代理服务器的地址,我们需要运用 cookie 技术和一些启发规则来帮助识别用户。接着我们还要确认 Web 日志中是否有重要的访问页面被遗漏,如果有,需要进行相关的路径补充。最后要进行事务识别工作,即将用户的会话针对挖掘活动的特定需要进行定义、细分,使挖掘更加精确,得到想要的知识。

数据清洗,即把日志文件中一些与数据分析的无关项处理掉,例如,剔除 Web 请求方法中不是"get"的记录,以及删除 Web 服务器日志中与挖掘算法无关的数据。一般来说只有服务器日志中的 HTML 与挖掘相关,挖掘 Web 日志文件的目的是获取用户的行为模式,通过检查 URL 的后缀,可以删除不相关的数据。例如,将日志文件中后缀名为 JPG、GIF 的图片文件删除,将后缀名为 CGI 的脚本文件删除。具体到实际系统可以用一个缺省的后缀名列表帮助删除文件,列表可以根据正在分析的站点类型进行修改。

有时会出现一种情况是:一些页面用户在提出请求,但 Web 服务器拒绝该页面的请求,那我们在数据清洗时应该过滤掉非法请求的页面,只对正常的页面进行数据处理。

数据清洗之后,使用基于日志的方法同时辅助以一些启发式规则,可以识别出每个访问网站的用户,这个过程就叫作用户识别。例如,可做如下规则:若用户 IP 地址不同则认为用户不同;若用户 IP 地址相同,而使用的浏览器或操作系统不同则代表用户不同;若用户的 IP 地址、操作系和浏览器均相同,则应根据网站的拓扑结构进行用户识别,如果被用户请求的某个页面不能通过已经访问过的任何页面到达,则判定这可能是一个新的用户。

在时间区段跨越较大的 Web 日志中,某一用户可能多次访问该站点,这就要用到会话识别。其目的是将用户的访问记录分为单个会话(Session)。那么如何来分呢?可以做如下设

定,用二元组 S 表示一个用户会话:

$$S=<userid,RS>$$

其中:userid 是用户标识;RS 是用户在一段时间内请求访问 Web 页面的集合。RS 内包含用户请求页面的标识符 Pid 及请求时间 time,那么这段时间的访问集合 RS 即可划分为

$$RS=\{<Pid_1,time_1>,<Pid_2,time_2>\cdots<Pid_n,time_n>\}$$

于是,用户会话可表示为

$$S=<userid,\{<Pid_1,time_1>,<Pid_2,time_2>\cdots<Pid_n,time_n>\}>$$

由此可以看出分成的每一个单独的会话。在此基础上,会话识别的任务就是要从大量会话中识别出属于同一用户的同一次访问请求。在此,可设定规则来识别会话:一个新用户的出现必然会有一个新会话的产生;如果从一个页面到另一个页面的时间超过某个设定的时间阈值,则认为是产生了一个新会话;如果一个用户会话中引用的页面为空,则认为是产生了一个新的会话。

路径补充:由于代理服务器本地缓存和代理服务器缓存的存在,服务器的日志会遗漏一些重要的页面请求,路径补充就是利用引用日志和站点的拓扑结构将这些遗漏的请求补充到用户会话中,设遗漏的请求为 $<Pid_k,time_k>$,其中请求时间 $time_k$ 为设备前后两次请求的平均值,那么,用户会话即可表示为

$$S=<userid,\{<Pid_1,time_1>,<Pid_2,time_2>\cdots<Pid_k,time_k>\cdots<Pid_n,time_n>\}>(k<n)$$

在实际操作中,路径补充可遵循规则:如果当前访问的页面和以前访问过的某个页面存在超链接关系,则可以认为用户是通过本地缓存调出页面历史记录并链接到当前页面的;如果服务器日志中有多个页面和当前页面存在超链接关系,那么可以认为用户是通过这多个页面中最近被访问的页面链接到当前页面的。

事务识别:上面讲到的用户会话是 Web 日志挖掘中唯一具备的自然事物元素,但对于某些挖掘算法来说可能它的颗粒太粗,区分度较低,为此需要利用分割算法将其转换为更小的事物,即进行事务识别。

HTML 通过"Frame"标记支持多窗口页面,每个窗口里装载的页面都对应一个 URL,Frame 页面用来定义页面的大小、位置及内容,"Subframe"用来定义被 Frame 包含的子窗口页面,当用户访问 URL 对应的是一个 Frame 页面时,浏览器通过解释执行页面源程序,会自动向 Web 服务器请求该 Frame 页面包含的所有 Subframe 页面,这一过程可以重复进行,直到所有 Subframe 页面都被请求。如果在这样的用户会话文件上进行挖掘,Frame 页面和 Subframe 页面作为频繁遍历路径出现的概率很高,这自然就降低了挖掘的结果价值。为此应当消除 Frame 页面对挖掘的影响,得到用户真正感兴趣的挖掘结果。

2. 模式发现

数据预处理之后,可以对"干净整齐"的数据进行挖掘,即找出有用的模式和规则。下面主要讲解四种常用的 Web 使用模式挖掘办法:关联分析、分类与预测、聚类分析、时间序列分析。

(1) 关联分析

关联分析即通过分析用户访问网页间的潜在联系而归纳出一种规则,就像之前提到的啤

酒和尿布的例子。再比如，80%的用户访问页面 company/product1 时，也访问了页面 company/product2，这说明了两个页面的相关性。那么可以进行一个页面的预取，来减少等待时间。用{A,B}来表示两个页面，那么在用户访问 A 时，我们可以把页面 B 提前调入缓存中，从而改善了 Web 缓存，改善了网络交通，提高了性能。若 A 和 B 表示两个产品页面，则两种产品对客户来说有很大的相关性。我们可以利用这一点做出很有效的促销和广告策略。

关联规则的算法思想是 Apriori 算法或其变形，由此可以挖掘出访问页面中频繁在一起被访问的页面集，这种频繁在一起被访问的页面就成为关联页面，可用 A⇒B 表示。那么，若有

$$A⇒B⇒C, A⇒B⇒D, A⇒B⇒E, A⇒B⇒F⇒G, \cdots$$

则说明 A⇒B。

(2) 分类和预测

可以根据客户对某一类产品的访问情况，或其抛弃购物车的情况，来对客户分类(即客户对哪一类产品感兴趣)。更深入一点，可以为客户添加一些属性，如性别、年龄、爱好等(可在网站注册信息中获得)，并将对哪一类产品感兴趣定义为目标属性，那么基于这些属性可以用决策树算法来进行分类，可以得出符合目标属性的人的特点，如 30 岁以上的男性更容易购买皮鞋等，这样可以更精准地捕捉客户并制定营销策略。

(3) 聚类分析

在使用模式挖掘中主要有两种聚类。一种是页聚类，即将内容相关的页面归到一个网页组，这有助于网上搜索引擎对网页的搜索。另一种是客户聚类，即将具有相似访问特性的客户归为一组，那么可以分析出喜好类似的客户群，从而可以动态地为客户群制定网页内容或提供浏览意见，如通过对众多浏览"camera"网页的客户进行分析，可以发现经常在该网页上花一段时间去浏览的客户，再通过对这部分客户的登记资料进行分析，可以知道这些客户是相机的潜在客户群体，从而可以调整"camera"网页的内容和风格，以适应客户的需要。这在电子商务市场的分割和为客户提供个性化服务中起到了很大的作用。

(4) 时间序列分析

时间序列分析即挖掘出数据的前后时间顺序关系，分析是否存在一定趋势，以预测未来的访问模式。序列模式可以用来做客户的浏览趋势分析，即找出一组数据项之后出现的另一组数据项是什么，从而形成一组按时间排序的会话来预测未来访问模式。这有利于针对特别客户安排特定的内容。

在时间序列分析中一个重要的思想方法是相似时序，需要在 Web 日志中发现所有满足客户规定的最小支持度的大序列模式。序列模式的发现就是要在有序的事务集中，找到那些一个项跟随着另一个项的内部事务模式。

3. 模式分析

在挖掘出一系列客户的访问模式和规则后，还需要进一步观察发现的规则、模式和统计值。之后确定下一步怎么办，是发布模式还是对数据挖掘过程进行进一步调整。如果经过模式分析发现该模式不是想要的有价值的模式，则需要对挖掘过程进行调整，再转入第二步重新

开始。反之,即发现感兴趣的规则模式,则可采用可视化技术以图形界面的方式提供给使用者。

思 考 题

1. 请描述典型的分类算法有哪些。
2. 请描述有教师学习过程和无教师学习过程的差异,并举例说明。
3. 利用 apriori 算法试分析表 7-9 中可能存在的关联规则。

表 7-9 某超市购物清单

事务号	购物清单
1	啤酒、烤鸭、薄饼、面酱
2	烤鸭、面酱
3	面酱
4	烤鸭、薄饼、面酱
5	啤酒、薄饼、牛奶

4. 画出神经元模型结构图,并描述其数学模型。
5. 描述 ID3 算法的基本思想。

第8章 大 数 据

"大数据"作为时下最火热的IT行业的词汇,随之而来的数据仓库、数据安全、数据分析、数据挖掘等围绕大数据的商业价值的利用逐渐成为行业人士争相追捧的利润焦点。

8.1 大数据的基本内涵

"大数据"这个术语最早期的引用可追溯到Apache的开源项目Nutch。当时,大数据用来描述为更新网络搜索索引需要同时进行批量处理或分析的大量数据集。随着谷歌MapReduce和Google File System(GFS)的发布,大数据不再仅用来描述大量的数据,还涵盖了处理数据的速度。

早在1980年,著名未来学家阿尔文·托夫勒便在《第三次浪潮》一书中,将大数据热情地赞颂为"第三次浪潮的华彩乐章"。不过,大约从2009年开始,"大数据"才成为互联网信息技术行业的流行词汇。美国互联网数据中心指出,互联网上的数据每年将增长50%,每两年便将翻一番,而目前世界上90%以上的数据是最近几年才产生的。此外,数据又并非单纯指人们在互联网上发布的信息,全世界的工业设备、汽车、电表上有着无数的数码传感器,随时测量和传递着有关位置、运动、震动、温度、湿度乃至空气中化学物质的变化,也产生了海量的数据信息。

8.1.1 大数据概念

大数据(big data),或称巨量数据、海量数据,是由数量巨大、结构复杂、类型众多的数据构成的数据集合,是基于云计算的数据处理与应用模式,通过数据的集成共享,交叉复用形成的智力资源和知识服务能力。

还有机构如此定义"大数据":大数据是需要新处理模式才能具有更强的决策力、洞察发现力和流程优化能力的海量、高增长率和多样化的信息资产。

从某种程度上说,大数据是数据分析的前沿技术。从各种各样类型的数据中,快速获得有价值信息的能力,就是大数据技术。

8.1.2 大数据的典型特征

大数据有以下四个方面的典型特征。

(1) 数据体量巨大(Volume)。截至目前,人类生产的所有印刷材料的数据量是200 PB(1 PB=210 TB),而历史上全人类说过的所有话的数据量大约是5 EB(1 EB=210 PB)。当前,典型个人计算机硬盘的容量为TB量级,而一些大企业的数据量已经接近EB量级。

数据最小的基本单位是B,按顺序给出所有单位:B、KB、MB、GB、TB、PB、EB、ZB、YB、BB、NB、DB,它们按照进率1024(2的十次方)来计算:

$$1\ KB = 1\ 024\ B$$
$$1\ MB = 1\ 024\ KB = 1\ 048\ 576\ B$$
$$1\ GB = 1\ 024\ MB = 1\ 048\ 576\ KB$$
$$1\ TB = 1\ 024\ GB = 1\ 048\ 576\ MB$$
$$1\ PB = 1\ 024\ TB = 1\ 048\ 576\ GB$$
$$1\ EB = 1\ 024\ PB = 1\ 048\ 576\ TB$$
$$1\ ZB = 1\ 024\ EB = 1\ 048\ 576\ PB$$
$$1\ YB = 1\ 024\ ZB = 1\ 048\ 576\ EB$$
$$1\ BB = 1\ 024\ YB = 1\ 048\ 576\ ZB$$
$$1\ NB = 1\ 024\ BB = 1\ 048\ 576\ YB$$
$$1\ DB = 1\ 024\ NB = 1\ 048\ 576\ BB$$

(2) 数据类型繁多(Variety)。这种类型的多样性也让数据被分为结构化数据和非结构化数据。相对于以往便于存储的以文本为主的结构化数据,非结构化数据越来越多,包括产品评论、网络日志、音频、视频、图片、地理位置信息等,多类型数据对数据的处理能力提出了更高要求。

(3) 价值密度低(Value)。价值密度的高低与数据总量的大小成反比。以视频为例,一部1小时的视频,在连续不间断的监控中,有用数据可能仅有一二秒。如何通过强大的机器算法更迅速地完成数据的价值"提纯"成为目前大数据背景下亟待解决的难题。

(4) 处理速度快(Velocity)。这是大数据区分于传统数据挖掘的最显著特征。根据 IDC 的"数字宇宙"的报告,预计到 2020 年,全球数据使用量将达到 35.2 ZB。在如此海量的数据面前,处理数据的效率就是企业的生命。

最后这一点与传统的数据挖掘技术有着本质的不同。业界将上述特征归纳为四个"V"——Volume(大量)、Velocity(高速)、Variety(多样)、Value(价值)。

8.2 大数据技术演进

计算机诞生后,数据存储经历了人工管理阶段、文件系统阶段和数据库系统阶段,本节就从数据库系统说起。

8.2.1 关系理论与关系型数据库

首先了解关系数据库的一些基本知识和常用术语。

1. 数据库的三种模型

根据数据组织方式的不同,数据库管理系统分成三种模型:层次模型、网状模型和关系模型。这里主要介绍关系模型。

关系模型用二维表格的形式来组织数据,其表达方式简洁、直观,而且数据间的联系也是用关系表存储的,数据的增删改操作很方便,所以关系模型很快就得到了广泛应用,即关系模型数据库管理系统(RDBMS)。

2. 关系模型的组成三要素

关系模型由关系数据结构、关系操作集合和关系完整性约束三部分组成。

(1) 关系数据结构,就是二维表格。

(2) 关系操作集合,包括选择、投影、连接、除、并、交、差等查询操作和增删改操作,其中查询的表达能力是最重要的部分。关系操作的对象和结果都是集合。

(3) 关系完整性约束,包括实体完整性、参照完整性和域完整性,其中实体完整性和参照完整性是关系模型必须满足的完整性约束条件,由关系系统自动支持。

3. 关系数据库术语与性质

关系数据库是由若干个二维表组成的集合,表是关系型数据库组织数据的基本形式。例如,图 8-1 所示的数据库就是由"学生表""成绩表"两个二维表所组成的。

(1) 关系数据库术语

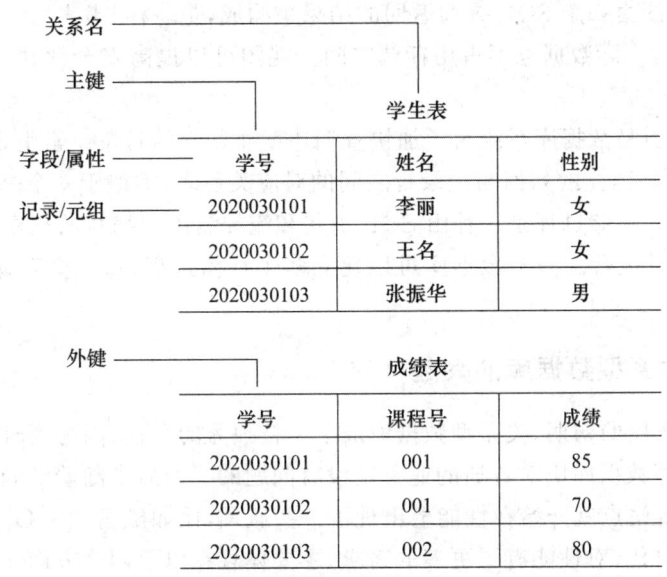

图 8-1　关系数据库术语

① 关系。每个二维表称为一个关系。"学生表""成绩表"都是关系。表由行和列组成。

② 字段/属性。每一列称为一个字段或属性,同一个表内的字段名称不能重复。例如,"学号""姓名""成绩"等都是字段名。

③ 记录/元组。二维表中的一行称为一条记录,也称元组。例如,"学生表"由三条记录组成。

④ 表结构。每个二维表格的第一行就是这个表的表结构,定义一个表通常就是定义表结构。

⑤ 候选键。其值能够唯一标识一行记录的字段,称为候选键。例如,"学生表"中"学号"字段值可以唯一确定一行记录,它可以唯一标识每一名学生,"学号"就是该表的候选键。

⑥ 主键。如果一个表有多个候选键,则选定其中一个为主键。

⑦ 外键。设 F 是关系 R 中的一个字段(组),它不是 R 的候选键,如果 F 与另一个关系 S 的主键相对应,则称 F 为 R 的外键。R 称为参照关系,S 称为被参照关系。例如,"成绩表"的"学号"字段称为外键,它参照"学生表"的主键"学号"。

(2) 关系的性质

关系是若干个元组的集合,每个元组列具有相同的属性。关系具有以下性质:

① 表中每一列名称必须是唯一的;

② 表中每一列必须有相同的数据类型；
③ 表中不允许出现内容完全相同的行；
④ 表中行和列的顺序,可以任意排列。

4. 主要的数据库对象

数据库可以理解成一个大的容器,很多数据库对象就存放在这个容器里。常用的数据库对象类型如下。

(1) 表。表是最重要的数据库对象,由行和列组成,用于存储数据库数据。有时候也称数据表、数据库表、关系。

(2) 视图。视图由一个 SQL 查询返回的结果集构成,是一种"虚表"。在数据库中只保存视图的定义,不包含实际数据也不占用存储空间。视图可以提高安全性并降低用户数据的复杂性。

(3) 索引。索引是数据库系统为了加快查询速度而建立的对象。索引是根据表中一列或若干列按照一定顺序建立的列值与记录行之间的对应关系表,类似于一个书目录。

(4) 存储过程。存储过程是一种由 SQL 语句和流控制语句编写的程序,经编译后存储在数据库中,被调用时执行。一个数据库可以建立多个存储过程,每一个存储过程完成特定的功能。

8.2.2 非关系型数据库的兴起

在 Web 应用发展的初期,关系型数据库成了一枝独秀的存在,因为当时 Web 站点的访问和并发不高,关系型数据库应对普通的业务是没有问题的。而后来随着访问量的提升,使用关系型数据库的 Web 站点就开始在性能上出现了一些瓶颈,比如磁盘的 I/O。尤其在目前云计算、大数据盛行的时代,对性能有了更多的需求,主要体现在以下四个方面：

(1) 低延迟的读写速度；
(2) 支撑海量的数据和流量；
(3) 大规模集群的管理；
(4) 庞大运营成本的考量。

为了克服这些问题,NoSQL 数据库应运而生,它同时具备了高性能、强扩展性、高可用性等优点,广泛受到开发人员和仓库管理人员的青睐。NoSQL 数据库的产生就是为了应对当前大数据带来的挑战,尤其应对大数据应用的难题。

1. 认识 NoSQL

NoSQL 可以理解为"not only SQL",或者是"non-relational",泛指非关系型的数据库。

2. NoSQL 与传统关系数据库的比较

下面从存储方式、存储结构、存储扩展、一致性等多方面对 NoSQL 与传统关系数据库进行比较,如表 8-1 所示。

表 8-1　NoSQL 与传统关系数据库的比较

对比	传统关系数据库	NoSQL
存储方式	二维表格,单表提取数据很方便,但涉及多表数据就很麻烦	整块数据(文档、键值或者图结构),更加便于读写

续表

对比	传统关系数据库	NoSQL
存储结构	预定义结构,可靠、稳定,但修改数据困难	动态结构,很容易适应数据类型和结构的变化
存储扩展	纵向扩展,操作的性能瓶颈可能涉及多个表,需要提升计算机性能,易达到上限	横向扩展,天然就是分布式的,可以通过给资源池添加更多的普通数据库服务器来分担负载
一致性	保持数据一致性(事务)	无一致性要求,不提供对事务的处理
SQL 语句	支持	不支持,有一定学习成本
查询速度	将数据存在硬盘中(慢)	将数据存在缓存中,而且不需要使用 SQL 中复杂的 JOIN 操作(快)
维护成本	Oracle 需花费大量成本	简单,易部署,基本都是开源软件,价格便宜
技术资源	有十几年的技术支持	维护和资料有限
常见产品	Oracle、SQL Server、DB2、MySQL 等	HBase、MongoDB、Redias 等

8.2.3 典型的 NoSQL 系统及其特点

NoSQL 可能是下一阶段数据库技术的主流。但是各种 NoSQL 的架构、环境、技术都大相径庭,下面介绍 Redis、HBase、MongoDB 和 Couchbase 几种 NoSQL 系统的特点和适用场景。

1. Redis

Redis 是现在最受欢迎的 NoSQL 数据库之一。它是一个使用 ANSI C 编写的开源的包含多种数据结构、支持网络、可基于内存的 Key-Value 数据库。Redis 提供多种语言的 API。

(1) Redis 的特点

① 丰富的数据类型。Redis 提供五种数据类型,包括 String 类型、Hash 类型、list 类型、sets 类型和 stored sets 类型,而且操作很简单。

② 性能。Redis 数据库完全在内存中,因此处理速度非常快,但由于数据量大可能导致内存不够用。

③ 一致性。Redis 能确保数据的一致性,也就是说,如果两个客户端同时访问 Redis 服务器,读到的都是干净的数据。

④ 持久化。Redis 可以支持数据持久化,这是通过定时快照和基于语句的追加两种方式实现的,它将内存中的数据存储到磁盘上,方便在宕机等突发情况下快速恢复,不过代价非常高。

(2) 适用场景

Redis 适用于数据变化快且数据库大小可预见(适合内存容量)的应用程序,具体主要使用在以下场景:

① 热点数据的缓存;

② 限时业务的运用,即特定时间内的特定项目;

③ 计数器、排行榜的相关问题;

④ 延时操作,即处理过期项目。

目前阿里巴巴、百度等都在使用 Redis。

2. HBase

HBase 是 Apache Hadoop 中的子项目，属于 BigTable 的开源版本，是用 Java 语言来实现的。HBase 的表可以作为 MapReduce 任务的输入和输出，既可以通过 Java API 访问，也可以通过 REST、Avro 或 Thrift 的 API 来访问。

（1）HBase 的特点

① 数据格式。HBase 的数据存储是基于列的，它允许表下某行或某列值为空时既不做任何存储也不占位，从而减少了空间占用，也提高了读性能。不过鉴于其他 NoSQL 数据库也具有同样的数据存储结构，该优势并不出彩。

② 性能。HBase 存储的核心是 HStore，它由 MemStore 和 StoreFiles 两部分组成。用户写入的数据先放入 MemStore，当 MemStore 写满后再 Flush 成一个 StoreFile，当 StoreFile 文件数量增长到一定阈值时，再将多个 StoreFiles 合并成一个 StoreFile，所以 MemStore 其实就是一个 buffer，从而保证了 HBase 很高的 I/O 高性能，但同时占用内存很大。

③ 数据版本。可以通过版本进行检索，能搜到历史版本的数据。

（2）适用场景

鉴于 HBase 本身的特点，它主要适用于以下场景：

① BigTable 类型的数据存储；

② 对数据有版本查询需求；

③ 应对超大数据量要求扩展简单的需求。

目前，HBase 在电商、金融、交通和移动等领域都有着广泛的应用。

3. MongoDB

MongoDB 是一个高性能、开源、无模式的文档型数据库，开发语言是 C++，它在许多场景下可用于替代传统的关系型数据库或键/值存储方式。

（1）MongoDB 的特点

① 数据格式。文档是对数据的抽象，表现形式是 BSON（Binary JSON）。BSON 是为效率而设计的，它只需要使用很少的空间，同时其编码和解码都是非常快速的，所以数据模式简单而强大。

② 性能。存储引擎为内存映射引擎。当 MongoDB 启动时，会将所有的数据文件映射到内存中，然后操作系统会托管所有的磁盘操作。所以，MongoDB 内存管理的代码非常精简，而且服务器使用的虚拟内存非常巨大，这些都是由操作系统负责处理的。

③ 持久化。新版本开始支持 Journal，即重写日志，用于故障恢复和持久化。系统会映射一块内存区域供 Journal 使用，称之为 Private View，MongoDB 默认每 100 ms 刷新 PrivateView 到 Journal，所以如果断电或宕机，有可能丢失这 100 ms 数据，一般都是可以忍受的。

④ 一致性。MongoDB 不支持事务，无法保证事件的原子性，所以进行开发时需要注意，哪些功能需要使用数据库提供的事务支持。

（2）适用场景

① 实时数据处理。MongoDB 适用于实时的插入、更新与查询需求，并具备实时数据存储所需的复制及高度伸缩性。

② 作为信息基础设施的缓存层。这是由 MongoDB 的高性能决定的。

③ 文档化格式的存储及查询。

④ 高伸缩性的场景。MongoDB 非常适合由多台服务器组成的数据库。

⑤ 如果对性能的关注超过对功能的要求,那么 MongoDB 倒是不错的选择。

4. Couchbase

Couchbase 集众家之长,是目前最先进的 Cache 系统,其开发语言是 C/C++。Couchbase 由 CouchDB 和 Membase 组成,所以它既能像 CouchDB 那样存储 JSON 文档,也能像 Membase 那样高速存储键值对。

Couchbase Server 是个面向文档的数据库,能够实现水平伸缩,并且对于数据的读写来说都能提供低延迟的访问。

(1) Couchbase 的特点

① 数据格式。Couchbase 与 MongoDB 一样都是面向文档的数据库,不过 Couchbase 在插入数据前,需要先建立 Bucket(可理解为"库"或"表")。

因为 Couchbase 数据基于 Bucket 而导致缺乏表结构的逻辑,故如果需要查询数据,应先建立 View(跟 RDBMS 的视图不同,View 是将数据转换为特定格式结构的数据形式,如 JSON)来执行。

② 性能。Couchbase 的精髓就在于依赖内存最大化降低硬盘 I/O 对吞吐量的负面影响,所以其读写速度非常快,可以达到亚毫秒级的响应。

鉴于内存资源肯定远远少于硬盘资源,所以如果数据量小,那么全部数据都放在内存上自然是最优选择,这时候 Couchbase 的效率也是异常高的。

但是数据量大的时候过多的数据就会被放在硬盘之中。当然,最终所有数据都会写入硬盘,不过有些被频繁使用的数据提前放在内存中自然会提高效率。

③ 持久化。Couchbase 的前身之一 Memcached 是完全不支持持久化的,而 Couchbase 添加了对异步持久化的支持。

(2) 适用场景

① 对读写速度要求较高,但服务器负荷和内存花销可预见的需求。

② 需要支持 Memcached 协议的需求。

总之,NoSQL 不像传统关系型库有着统一标准,也不具有普适性。所以要根据应用和数据的存取特征来选择适合的 NoSQL。比如:如果使用的是 Hadoop 大数据分析,数据基本上不存在修改,只是插入和查询,HBase 会是很好的选择;如果以前没有接触过 NoSQL,MongoDB 是一个比较好的选择,它支持的索引和查询能力是所有 NoSQL 中最强大的,缺点是索引成本和文档大小有限制。

8.3 大数据的作用

大数据时代到来,认同这一事实的人越来越多。那么大数据意味着什么,它到底会改变什么? 仅仅从技术角度回答,已不足以解惑。大数据离开了人这个主语,它再大也没有意义。我们需要把大数据放在人的背景中加以透视,理解它作为时代变革的力量。

众所周知,企业数据本身就蕴藏着价值,但是将有用的数据与没有价值的数据进行区分可能是一个棘手的问题。

显然,企业所掌握的人员情况、工资表和客户记录对于企业的运转至关重要,但是其他数据也拥有转化为价值的力量。一段记录人们如何在商店浏览购物的视频、人们在购买服务前后的所作所为、如何通过社交网络联系客户、是什么吸引合作伙伴加盟、客户如何付款以及供应商喜欢的收款方式……所有这些都提供了很多指向,将它们抽丝剥茧,将其与其他数据集进行对照,或者以与众不同的方式对其进行分析解剖,就能让企业的行事方式发生天翻地覆的转变。

但是屡见不鲜的是,很多公司仍然只是将信息简单堆在一起,仅将其当作为满足公司治理规则而必须要保存的信息加以处理,而不是将它们作为战略转变的工具。

毕竟,数据和人员是业务部门仅有的两笔无法被竞争对手复制的财富。在善用数据的人手中,好的数据是所有管理决策的基础,其带来的是对客户的深入了解和竞争优势。数据是业务部门的生命线,必须让数据在决策和行动时无缝且安全地流到人们手中。

所以,数据应该随时为决策提供依据。政府公开道路和公共交通的使用信息,这些数据为一些私营公司提供了巨大的价值,这些公司能够使用这些数据,创造满足潜在需求的新产品和服务。

有效管理来自新旧来源的数据以及获取能够破解庞大数据集含义的工具只是企业索取回报的一部分,但是这种挑战不容低估。产生的数据在数量上持续膨胀;音频、视频和图像等富媒体需要新的方法来发现;电子邮件、IM、社交网络等合作和交流系统以非结构化文本的形式保存数据,必须用一种智能的方式来解读。

但是,应该将这种复杂性看成是一种机会而不是问题。处理方法正确时,产生的数据越多,结果就会越成熟可靠。传感器、GPS系统和社交数据的新世界将带来运营的惊人新视角和机会。

有些人会说,数据中蕴含的价值只能由专业人员来解读。但是数字经济并不只是数据科学家和高级程序员的天下。

数据的价值在于将正确的信息在正确的时间交付到正确的人手中。未来将属于那些能够驾驭数据的公司,这些数据与公司自身的业务和客户相关,通过对数据的利用,发现新的洞见,帮助他们找出竞争优势。

8.3.1 数据机遇

自从有了 IT 部门,董事会就一直在要求信息管理专家提供洞察力。实际上,早在 1951 年,对预测小吃店蛋糕需求的诉求就催生了计算机的首次商业应用。自那以后,我们利用技术来识别趋势和制定战略战术的能力不断呈指数级日臻完善。

今天,商业智能(使用数据模式看清曲线周围的一切)稳居 CXO 们工作的重中之重。在理想的世界中,IT 是巨大的杠杆,它能改变公司的影响力,带来竞争差异、节省金钱、增加利润、愉悦买家、奖赏忠诚用户,将潜在客户转化为客户,增加吸引力、打败竞争对手、开拓用户群并创造市场。

大数据分析是商业智能的演进。当今,传感器、GPS 系统、QR 码、社交网络等正在创建新的数据流。所有这些都可以得到发掘,正是这种真正具有广度和深度的信息在创造不胜枚举的机会。要使大数据言之有物,以便让大中小企业都能通过更加贴近客户的方式取得竞争优势,数据集成和数据管理是核心所在。

IT 部门领导需要在掘金大数据中打头阵,新经济环境中的赢家将会是最好地理解哪些指标能影响其大步前进的人。

当然,企业仍将需要聪明的人员做出睿智的决策,了解他们面临着什么,在充分利用大数据的情况下,大数据可以赋予人们近乎超感官知觉的能力。在《习惯的力量》一书中,美国零售商 Target 发现妇女在怀孕的中间三个月会经常购买没有气味的护肤液和某些维生素。通过锁定这些购物者,商店可向这些妇女提供优惠券,使其成为忠诚客户。实际上,Target 知道一位妇女怀孕时,那位妇女甚至还没有告诉她的亲朋好友,更不要说商店了。

很明显,在可以预见的将来,隐私将仍是重要的考量,但是归根结底,用于了解行为的技术会为方方面面带来双赢,让卖家了解买家,让买家喜欢买到的东西。

再看一下作家兼科学家 Stephen Wolfram 的例子,他收集有关自身习惯的数据,以分析他的个人行为,预测事件在未来的可能性。

大数据将会放大我们的能力,使我们了解看起来难以理解的、随机的事物,将改变企业运作的方式。

8.3.2 数据回报

简而言之,企业可以通过思考数据战略的总体回报来应对大数据的挑战,抓住大数据的机会。Informatica 所指的"数据回报率",是为帮助高级 IT 和业务部门领导者进行大数据基本的战术和战略含义讨论而设计的一个简单概念。如果您提高数据对业务部门的价值,同时降低管理数据的成本,从数据中得到的回报就会增加。

$$数据回报率 = 数据价值/数据成本$$

在技术层面,数据回报率为数据集成、数据管理、商业智能和分析方面的投入提供了业务背景和案例。它还与解决业务的基础有关:挣钱、省钱、创造机会和管理风险。它涉及对效率的考虑,同时推动了市场规则的改变。

对于很多企业来说,向数据回报模型的转变不会一蹴而就。管理数据并将其成本降低的要求将会是短期内的首要焦点,同样还需要打破障碍以了解数据。企业只有这样才可以开始从传统和新兴数据集中获得更多价值。

8.4 大数据应用案例

大数据已经出现,因为我们生活在一个有更多信息的社会中。全球有 46 亿移动电话用户,有 20 亿人访问互联网。人们与数据或信息的交互比以往任何时候都更频繁和深入。1990 年至 2005 年,全球超过 1 亿人进入中产阶级,这意味着越来越多的人收益的钱将反过来导致更多的信息增长。

大数据的影响除了有经济方面的,同时它也能在政治、文化等方面产生深远的影响,大数据可以帮助人们开启循"数"管理的模式,也是我们当下"大社会"的集中体现,三分技术,七分数据,得数据者得天下。下面介绍一些国内外大数据应用的经典案例。

8.4.1 塔吉特百货孕妇营销分析

最早关于大数据的故事发生在美国第二大超市——塔吉特百货。孕妇对零售商来说是个含金量很高的顾客群体,但是她们一般会去专门的孕妇商店。人们一提起塔吉特,往往想到的都是日常生活用品,却忽视了塔吉特有孕妇需要的一切。在美国,出生记录是公开的,等孩子出生了,新生儿母亲就会被铺天盖地的产品优惠广告包围,那时候再行动就晚了,因此必须赶在孕妇怀孕前期就行动起来。

塔吉特的顾客数据分析部门发现,怀孕的妇女一般在怀孕第三个月的时候会购买很多无香乳液。几个月后,她们会购买镁、钙、锌等营养补充剂。根据数据分析部门提供的模型,塔吉特制订了全新的广告营销方案,在孕期的每个阶段给客户寄送相应的优惠券。结果,孕期用品的销售数量呈现了爆炸性的增长。2002年到2010年间,塔吉特的销售额从440亿美元增长到了670亿美元。大数据的巨大威力轰动了全美。

这个案例说明大数据在企业营销上的成功,利用大数据技术分析客户的消费习惯,判断其消费需求,从而进行精确营销。这种营销方式的关键在于其对时机的把握,要正好在客户有相关需求时进行营销活动,这样才能保证较高的成功率。

8.4.2 试衣间的大数据应用

传统奢侈品牌Prada正在向大数据时代迈进。其在纽约开始了大数据行动。在纽约的旗舰店里,每件衣服上都有RFID码,每当顾客拿起衣服进试衣间时,这件衣服上的RFID会被自动识别,试衣间里的屏幕会自动播放模特穿着这件衣服走台步的视频。人们一看见模特,就会下意识地认为自己穿上衣服就会是那样的,会不由自主地认可手中所拿的衣服。

而在顾客试穿衣服的同时,这些数据会传至Prada总部,包括每一件衣服在哪个城市、哪个旗舰店、什么时间被拿进试衣间,以及在试衣间内停留了多长时间,数据都被存储起来加以分析。如果有一件衣服销量很低,以往的做法是直接废弃它。但如果RFID传回的数据显示这件衣服虽然销量低,但进试衣间的次数多。那就说明存在一些问题,衣服或许还有改进的余地。

这项应用在提升消费者购物体验的基础上,还帮助Prada提升了30%以上的销售量。传统奢侈品牌在大数据时代采取的行动,体现了其对大数据运用的重视,也是公司对大数据时代的积极回应。

案例中,物联网和大数据的结合是成功的关键,利用物联网技术来收集数据,用大数据技术进行分析,进而得出与市场需求相关的结论。在服装领域,大数据等新技术正在发挥着巨大的作用。

8.4.3 路易斯维尔利用大数据治理空气污染问题

美国堪萨斯州的路易斯维尔地区,大约有10万人饱受哮喘困扰。根据2012年路易斯维尔市发布的当地健康报告显示,受访的500个成年人中,有15%都声称他们患有哮喘。这也让人们对当地的空气质量状况产生了担忧。

因此,路易斯维尔市政府与IBM以及Asthmapolis合作,共同推出了"路易斯维尔哮喘数据创新计划"。该计划选取了500名哮喘病患者,让他们使用Asthapolis的传感器。每个哮喘病人可以得到Walgreen药店价值35美元的购物卡以及500美元的抽奖机会。

传感器被装在哮喘病人日常使用的呼吸器上,可以记录病人使用呼吸器的情况,这种记录要比病人每天自己记录的使用日志准确得多。传感器的数据可以上传到病人的智能手机上,而通过智能手机,数据可以被传到病人的医生那里。此外,通过Asthmapolis的移动应用,病人也可以看到针对刚才发送的数据的反馈和指导意见。由于哮喘病的情况因人而异,因此,这样的个性化指导对于控制哮喘病发病有很重要的意义。

哮喘数据创新计划采集的数据将和其他数据结合起来,研究其相关性并研究重点发病地区。通过研究呼吸机数据与空气质量、交通状况、污染情况等数据的相关性,城市管理者可以更好地进行城市规划以及公众健康保护。

健康问题一直是人们关注的热点领域,智慧医疗和大数据的结合对于未来医疗技术的发展具有重大推动作用,有助于提高医疗效果,减少医患纠纷。

8.4.4 阿里信用贷款和淘宝数据魔方

中国最大的电子商务公司阿里巴巴已经在利用大数据技术提供服务——阿里信用贷款与淘宝数据魔方。

每天有数以万计的交易在淘宝上进行。与此同时相应的交易时间、商品价格、购买数量会被记录,更重要的是,这些信息可以与买方和卖方的年龄、性别、地址、甚至兴趣爱好等个人特征信息相匹配。各大中小城市的百货大楼做不到这一点,大大小小的超市做不到这一点,而互联网时代的淘宝网可以。

淘宝数据魔方就是淘宝平台上的大数据应用方案。通过这一服务,商家可以了解淘宝平台上行业的宏观情况、自己品牌的市场状况、消费者的行为情况等,并可以据此进行生产、库存决策,而与此同时,更多的消费者也能以更优惠的价格买到更心仪的宝贝。

而阿里信用贷款则是阿里巴巴通过其掌握的企业交易数据,借助大数据技术自动分析判定是否给予企业贷款,全程不会出现人工干预。截至目前,阿里巴巴已经放贷300多亿元,坏账率约0.3%左右,大大低于商业银行。

目前国内的互联网金融行业正处于发展阶段,而大数据技术对互联网金融的发展具有至关重要的作用。互联网金融不可避免地会产生海量的数据,如何利用大数据技术对这些数据进行合理的分析是互联网金融成功发展的关键。

8.4.5 大数据时代的总统选举,奥巴马团队如何处理数据

数据驱动的决策对奥巴马——这位美国第44位总统的续任起到了巨大作用,也是研究2012年美国总统选举中的一个关键元素。它是一个信号——表明华盛顿那些基于直觉与经验决策的竞选人士的优势在急剧下降,取而代之的是数据分析专家与电脑程序员的工作,他们可以在大数据中获取信息。正如一位官员所说,"决策者们坐在一间密室里,一边抽雪茄,一边说:'我们总是会在《60分钟》节目上投广告。'的时代已经结束。"

支撑着奥巴马各种竞选策略出台的,是一个由几十人组成的数据分析与挖掘团队。这支团队在2008年奥巴马竞选时就已存在并发挥作用。而这次,他们更动用了之前五倍的人员规模,且进行了更大规模与更深入的数据挖掘。它帮助奥巴马在获取有效选民、投放广告、募集资金方面起到一定作用。事实证明,奥巴马募集到的资金规模尽管与对手罗姆尼募集的不相上下,但前者从普通民众直接募集到的资金是后者的近两倍。

在奥巴马获胜几小时后,《时代》杂志刊发报道,揭示了这支团队的部分运作方式。

1. 首席科学家带队

从一开始,竞选活动经理Jim Messina已经打算要搞一次完全不同的、以度量驱动的竞选活动,该竞选的目的是政治,但是政治直觉可能并不是手段,而数据是手段。"我们要用数据去衡量这场竞选活动中的每一件事情",他说。在接受这份工作后,他雇用了一个分析部门,其规模是2008年竞选时的五倍。芝加哥竞选总部还任命Rayid Ghani为"首席科学家"。此人是埃森哲技术实验室的分析性研究带头人,他是知识发现和数据发掘这一应用科学领域的领军人物,其技术常用于公司处理海量数据、发掘客户所好,比如,将超市促销的效率最大化。

2011年,Ghani在一次谈话中透露在政治活动中运用数据分析这一工具。他说难点在于如何充分利用在竞选中可获得的选民行动、行为、支持偏向方面的大量数据。现在选民名册与在公开市场上可得的用户资料紧密相连,选民的姓名和住址则可以与很多资料相互参照,从杂志订阅、房屋所有权证明,到狩猎执照、信用积分(都有姓名和住址登记)。

除了这些资料,还有拉票活动、电话银行的来电所提供的信息,以及其他任何与竞选活动相联系并自主提供的私人信息。Ghani和他的团队将试图挖掘这一连串数据并预计出选民的选举模式,这将使奥巴马竞选团队的花费更加精确和有效率。

2. 利用数据分析获取有效选民

在2012年春季晚些时候,在幕后支持巴拉克·奥巴马获取胜利的数据处理团队注意到,乔治·克鲁尼在西岸对40～49岁的女性粉丝有莫大吸引力,她们无疑是为了在好莱坞与克鲁尼以及奥巴马共进晚餐而最愿意掏钱的一个群体(2012年5月10日,乔治·克鲁尼为奥巴马举办筹资聚会,当晚筹得竞选连任资金1500万美元)。

所以,就像他们对待所有其他收集、存储、分析的数据一样(这些数据是他们为了奥巴马的再次竞选而在过去两年收集的),奥巴马竞选连任的最高班底决定试试以上这个观察是否正确。他们从东岸的名人里选择了一个对这个群体有相似吸引力的人,以图复制"克鲁尼竞标"中产生的千万美金效应。"我们有丰常多的选择,但我们选择了女星莎拉·杰西卡·帕克。"一名高级竞选顾问解释说。所以接下来与奥巴马晚餐的竞标诞生了:一个与他在帕克的纽约西村私宅吃上一顿的机会。(席位的公开售价是每位8万美元。)

对公众而言,他们不可能知道,"帕克竞标"的想法来自竞选团队对支持者的数据挖掘:他们喜欢竞赛、小型宴会和名人。

3. 如何筹集10亿美金

新的大数据库能让竞选团队筹集到比他们曾预料的更多的资金。到2012年8月,奥巴马阵营里的每个人都认为他们达不到10亿美金的筹集目标。结果后来,互联网效应爆炸了。

网上筹集到的资金极大一部分通过一个复杂的、以度量驱动的电邮营销活动而来。在此时,数据收集与分析变得异常重要。很多给支持者的邮件只是测试,它们采用了不同的标题、发送者与讯息内容。在2012年春天时,米歇尔·奥巴马的邮件表现得最好,有时,竞选总指挥Messina的邮件表现得比副总统拜登的好。在很多时候,表现最佳的募集人能够得到十倍于其他募集人的资金。

芝加哥总部发现,参与了"快速捐献"计划(该计划允许在网上或者通过短信重复捐钱,而无须重新输入信用卡信息)的人,捐出的资金是其他捐献者的四倍。于是该计划开始被推广,以各种方式加以激励。在2012年10月底时,该计划成为竞选团队对支持者传递信息的重要组成部分,第一次捐助的人如果参加该计划的话可以得到一个免费的保险杆贴纸。

4. 预测结果

随后,那些意在打开钱包的戏法接着又用于去拉动选票。分析团队用了四组民调数据,建立了一个关键州的详细图谱。据说,在过去的一个月内,分析团队做了俄亥俄州29 000人的民调,这是一个巨大的样本,占了该州全部选民的0.5%,这可以让团队深入分析特定人口、地区组织在任何给定时间段里的趋势。这是一个巨大的优势:当第一次辩论后民意开始滑落的时候,他们可以去看哪些选民改变了立场,而哪些没有。

正是这个数据库,帮助竞选团队在2012年10月激流涌动的时候明确意识到:大部分俄亥俄州人不是奥巴马的支持者,更像是罗姆尼因为9月的失误而丢掉的支持者。"我们比其他人镇定多了",一个官员说。民调数据与选民联系人数据每晚都在所有可能想象的场景下被电脑处理、再处理。"我们每天晚上都在运行 66 000 次选举",一个高级官员说。他描述了计算机如何模拟竞选,以推算出奥巴马在每个"摇摆州"的胜算。"每天早上,我们都会得出数据处理结果,告诉我们赢得这些州的机会在哪,从而便于我们去进行资源分配。"

线上,动员投票的工作首次尝试大规模使用 Facebook,以达到上门访问的效果。在竞选的最后几周里,下载了 Facebook App 的人们,会收到一些他们在摇摆州的朋友发送的带有图片的信息。该讯息告诉他们,只要点击一个按钮,程序则会自动向目标选民发出鼓励,推动他们采取恰当的行动,比如,登记参选、早点参选或奔赴投票站。竞选团队发现,通过 Facebook 上的朋友接收到如此信息的人有五分之一会响应,很大程度上因为这个讯息是来自他们认识的人。

5. 大数据帮助竞选广告的购买投放

与其依赖外部媒体顾问来决定广告应该在哪里出现,Messina 觉得不如将他的购买决策建立在内部大数据库上。一个官员说:"我们可以通过一些真的很复杂的模型,精准定位选民。比如说,迈阿密戴德 35 岁以下的女性选民如何定位?"结果是,竞选团队买了一些非传统类剧集(如《混乱之子》《行尸走肉》《23 号公寓的坏女孩》)之间的广告时间,而回避了跟地方新闻挨着的广告时间。奥巴马团队 2012 年的广告购买比 2008 年高了多少呢?芝加哥方面说:"电视广告效率提高了 14%……这确保我们是通过广告在与我们可劝服的选民对话。"

正是这样一个令人津津乐道的故事使得大数据,一个原本的技术概念,迅速为商业和普通大众所熟悉并热捧。虽然新的概念总能让人充满激动,但隐藏在其背后的原理和工具才是我们要学习和掌握的核心。

参考文献

[1] HAN J, KAMBER M, PEI J. 数据挖掘概念与技术[M]. 3版. 范明,孟小峰,译. 北京:机械工业出版社,2012.

[2] 苏新宁,杨建林,江念南,等. 数据仓库和数据挖掘[M]. 北京:清华大学出版社,2006.

[3] 伊朝庆. 人工智能方法与应用[M]. 武汉:华中科技大学出版社,2007.

[4] 李雄飞,李军. 数据挖掘与知识发现[M]. 北京:高等教育出版社,2010.

[5] INMON, W H. Building the Data Warehouse[M]. 4th ed. New Jersey:Technics Publications LLC,2011.

[6] 汪楠. 商务智能[M]. 北京:北京大学出版社,2012.

[7] 何玉洁,张俊超. 数据仓库与OLAP实践教程[M]. 北京:清华大学出版社,2008.

[8] MICHALSKI R S, BRATKO I, KUBAT M,等. 机器学习与数据挖掘:方法和应用[M]. 朱明,等译. 电子工业出版社,2004.

[9] 奥特,朗格内克. 统计学方法与数据分析引论[M]. 张忠占,等译. 北京:科学出版社,2003.

[10] 杨淑莹. 模式识别与智能计算:Matlab技术实现[M]. 北京:电子工业出版社,2011.

[11] DUDA R O, HART P E, STOK D G. Pattern Classification[M]. 2nd ed. New York:John Wiley & Sons, Inc., 2000.

[12] RAJARAMAN A, ULLMAN J D. 大数据:互联网大规模数据挖掘与分布式处理[M]. 王斌,译. 北京:人民邮电出版社,2012.

[13] LIU B. Web数据挖掘[M]. 俞勇,薛贵荣,韩定一,译. 北京:清华大学出版社,2009.

[14] WBITE T. Hadoop权威指南[M]. 2版. 周敏奇,王晓玲,金澈清,等译. 北京:清华大学出版社,2011.

[15] 夏火松. 数据仓库与数据挖掘技术[M]. 2版. 北京:科学出版社,2009.

[16] 周根贵. 数据仓库与数据挖掘[M]. 2版. 杭州:浙江大学出版社,2011.

[17] 谢邦昌. 数据挖掘基础与应用(SQL Server 2008)[M]. 北京:机械工业出版社,2012.

[18] 朱明. 数据挖掘[M]. 北京:中国科学技术大学出版社,2008.

[19] 张文彤. IBM SPSS数据分析与挖掘实战案例精粹[M]. 北京:清华大学出版社,2013.